适用于 Illustrator CC 版本

# 新手学
# Illustrator
# 全面精通

崔亚量　主编

U0313951

北京日报出版社

图书在版编目（CIP）数据

新手学 Illustrator 全面精通 / 崔亚量主编. -- 北京 : 北京日报出版社, 2017.5
ISBN 978-7-5477-2431-6

Ⅰ. ①新… Ⅱ. ①崔… Ⅲ. ①图形软件 Ⅳ. ①TP391.412

中国版本图书馆 CIP 数据核字(2017)第 016238 号

**新手学 Illustrator 全面精通**

出版发行：北京日报出版社
地　　址：北京市东城区东单三条 8-16 号东方广场东配楼四层
邮　　编：100005
电　　话：发行部：（010）65255876
　　　　　总编室：（010）65252135
印　　刷：北京市燕山印刷厂
经　　销：各地新华书店
版　　次：2017 年 5 月第 1 版
　　　　　2017 年 5 月第 1 次印刷
开　　本：787 毫米×1092 毫米　1/16
印　　张：22.75
字　　数：472 千字
定　　价：58.00 元（随书赠送光盘 1 张）

# 前　言

Illustrator CC是由Adobe公司推出的一款功能强大的矢量图形绘制软件，它集图形制作、文字编辑和高品质输出等特点于一体，现已被广泛应用于企业标识、卡片设计、版式设计、插画设计、广告设计和包装设计等领域，是目前世界上专业矢量绘图软件之一。

本书的主要特色有：

完备的功能查询：工具、按钮、菜单、命令、快捷键、理论、实战演练等应有尽有，内容详细、具体，是一本自学手册。

丰富的案例实战：本书中安排了190个精辟范例，230多分钟同步教学视频，对Illustrator CC软件功能进行了非常全面、细致的讲解，读者可以边学边用。

细致的操作讲解：90多个专家提醒放送，1340多张图片全程图解，让读者可以掌握软件的核心功能与各种图形处理的高效技巧。

## 本书的细节特色有

13章技术专题精解：本书体系完整，由浅入深地对Illustrator CC进行了13章专题的软件技术讲解，内容包括：数字化图形入门、Illustrator基本操作、绘图与上色、图像描摹与高级上色、路径与钢笔工具、渐变与渐变网格、混合与封套扭曲、文字与图表、图层与蒙版等。

190个技能实例奉献：本书通过大量的技能实例来辅助讲解软件，共计190个，帮助读者在实战演练中逐步掌握软件的核心功能与操作技巧。与同类书相比，读者可以省去学习无用理论的时间，更能掌握超出同类书大量的实用技能和案例，让学习更加高效。

90多个专家提醒放送：作者在编写本书时，将平时工作中总结的实战技巧、设计经验等毫无保留地奉献给读者，不仅大大丰富和提高了本书的含金量，更方便读者提升软件的实战技巧与应用经验，从而大大提高读者学习与工作效率，学有所成。

230多分钟语音视频演示：本书中的软件操作技能实例全部录制了带有语音讲解的演示视频，时间长度达230多分钟（近4个小时），重现了书中所有实例的操作，读者可以结合本书边学边练，也可以独立观看视频演示，像看电影一样进行学习，让学习变得更加轻松。

370多个素材效果奉献：随书光盘重包含了201个素材文件，177个效果文件。其中素材涉及各类矢量人物、矢量节日、广告设计、生活百科、现代科技、文化艺术、生物、卡通、餐饮、图标、自然景观、标志VI以及商业素材等，应有尽有，供读者使用。

1340多张图片全程图解：本书采用了1340多张图片，对软件技术、实例讲解、效果展示进行了全程图解。通过这些大量、清晰的图片，让实例的内容变得更加通俗易懂，读者可以一目了然，快速领会，举一反三，制作出更精美专业的图形作品。

## 版权声明

编者

# 内容提要

　　本书全面、细致地讲解了Illustrator CC的操作方法与使用技巧，内容精华、学练结合、图文对照、实例丰富，可以帮助学习者轻松地掌握软件的所有操作并运用于实际工作中。

　　本书共13章，内容包括："数字化图形入门：走进Illustrator CC的世界"、"玩转简单图形设计：Illustrator基本操作"、"深度剖析图形设计与制作：绘图与上色"、"探索高级绘图方法：图像描摹与高级上色"、"成就绘图高手之路：路径与钢笔工具"、"极具时尚感的色彩：渐变与渐变网格"、"玩转高级变形工具：混合与封套扭曲"、"准确直观的视觉效果：文字与图表"、"呈现丰富的图形效果：图层与蒙版"、"让绘图更简单、精彩：画笔与符号"、"酷炫特效：效果、外观与图形样式"、"优化输出图形：动作、切片与打印"、"设计实践：商业项目综合实战案例"等内容，读者学后可以融会贯通、举一反三，制作出更加精彩、完美的效果。

　　本书结构清晰、语言简洁，特别适合Illustrator的初、中级用户阅读，有一定Illastrator使用经验的用户从中也可学到大量高级功能和Illustrator CC新增功能，也适合从事平面设计、广告设计、照片处理、网页设计等行业的专业人士参考学习，同时还可作为各类艺术设计院校和相关培训机构的学习用书和教材。

# 目 录

# CHAPTER 3

深度剖析图形设计与制作：
绘图与上色 .....................................77

# CHAPTER 7
## 玩转高级变形工具：
## 混合与封套扭曲 ...............................207

# CHAPTER 8
## 准确直观的视觉效果：
## 文字与图表 ......................................238

# CHAPTER 9
## 呈现丰富的图形效果：
## 图层与蒙版 ...............................268

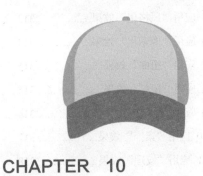

# CHAPTER 10
## 让绘图更简单、精彩：
## 画笔与符号 ...............................298

# CHAPTER 11
## 酷炫特效：
## 效果、外观与图形样式 ...............309

## CHAPTER 12
优化输出图形：
动作、切片与打印....................322

## CHAPTER 13
设计实践：
商业项目综合实战案例....................339

# CHAPTER 1

# 数字化图形入门：走进 Illustrator CC 的世界

青春活力　激情四射

## 章前知识导读

　　Illustrator 是 Adobe 公司开发的工业标准矢量绘图软件，被广泛应用于平面广告设计和网页图形设计领域，其功能非常强大，无论对于新手还是对于插画家来说，它都能提供所需的工具，从而获得专业的图形质量效果。

## 新手重点索引

　✎ Illustrator CC 的安装与卸载　　✎ 浏览图像

　✎ Illustrator CC 的新增功能　　　✎ 辅助工具的使用方法

　✎ 人性化的工作界面

# ➤ 1.1 Illustrator CC 的安装与卸载

安装与卸载 Illustrator CC 前，用户应先关闭正在运行的所有应用程序，包括其他 Adobe 应用程序、Microsoft Office 和浏览器窗口。

## ◢ 1.1.1 Illustrator CC 的安装

Illustrator CC 是一款大型矢量图形制作软件，同时也是一个大型的工具软件包，对于不经常使用软件的用户，建议认真阅读实战中的安装介绍，以便在日后的使用中了解软件的安装步骤。

下面介绍安装 Illustrator CC 的操作方法。

| 素材文件 | 无 |
| --- | --- |
| 效果文件 | 无 |
| 视频文件 | 光盘 \ 视频 \ 第 1 章 \1.1.1 Illustrator CC 的安装 .mp4 |

【操练+视频】——安装 Illustrator CC

**STEP 01** 进入 Illustrator CC 安装文件夹，选择 Illustrator CC 安装程序，如图 1-1 所示。

**STEP 02** 在 Illustrator CC 安装程序上单击鼠标右键，在弹出的快捷菜单中选择"打开"选项，如图 1-2 所示。

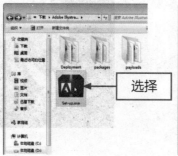

图 1-1 进入 Illustrator CC 安装文件夹　　图 1-2 选择"打开"选项

**专家指点**

在 Windows 系统中，Illustrator CC 的部分安装要求如下：

* 处理器：Intel Pentium 4 或 AMD Athlon 64 处理器。

* 系统：Microsoft Windows 7（含 Service Pack 1）、Windows 8 或 Windows 8.1、Windows10。

* 内存：32 位系统需要 1GB 的内存（建议使用 3GB）；64 位系统需要 2GB 的内存（建议使用 8GB）。

* 硬盘空间：需要 2GB 的可用硬盘空间，而且在安装期间还需要额外的可用空间。

**STEP 03** 弹出对话框，系统提示正在初始化安装程序，并显示初始化安装进度，如图 1-3 所示。

**STEP 04** 待程序初始化完成后，即可进入"欢迎"界面，在下方单击"试用"按钮，如图 1-4 所示。

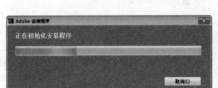

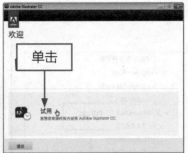

图 1-3 显示初始化安装进度　　　　　　图 1-4 单击"试用"按钮

**STEP 05** 进入"需要登录"界面，单击"登录"按钮，如图 1-5 所示。

**STEP 06** 此时界面中提示无法连接到 Internet，单击界面下方的"以后登录"按钮，如图 1-6 所示。（在此，需要注意的是安装前需将网络断开。）

图 1-5 单击"登录"按钮　　　　　　图 1-6 单击"以后登录"按钮

**STEP 07** 稍后进入"Adobe 软件许可协议"界面，在其中请用户仔细阅读许可协议条款的内容，然后单击"接受"按钮，如图 1-7 所示。

**STEP 08** 进入"选项"界面，在上方面板中选中需要安装的软件复选框，在界面下方单击"位置"右侧的按钮 █，如图 1-8 所示。

图 1-7 单击"接受"按钮　　　　　　图 1-8 单击"位置"右侧的█按钮

**STEP 09** 弹出"浏览文件夹"对话框，在其中选择 Illustrator CC 软件需要安装的位置，设置完成后单击"确定"按钮，如图 1-9 所示。

**STEP 10** 返回"选项"界面，在"位置"下方显示了刚设置的软件安装位置，如图 1-10 所示。

图 1-9 单击"确定"按钮

图 1-10 显示软件安装位置

STEP 11 单击"安装"按钮，开始安装 Illustrator CC 软件，并显示安装进度，如图 1-11 所示。

STEP 12 稍等片刻，待软件安装完成后，进入"安装完成"界面，单击"关闭"按钮，如图 1-12 所示，即可完成 Illustrator CC 软件的安装操作。

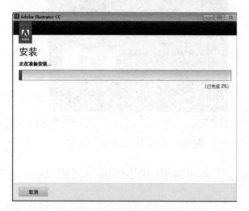

图 1-11 显示软件安装进度

图 1-12 单击"关闭"按钮

## 1.1.2 Illustrator CC 的卸载

当不需要再使用 Illustrator CC 软件时，可以将 Illustrator CC 进行卸载操作，以提高电脑的运行速度。

下面介绍卸载 Illustrator CC 的操作方法。

| | 素材文件 | 无 |
|---|---|---|
| | 效果文件 | 无 |
| | 视频文件 | 光盘 \ 视频 \ 第 1 章 \1.1.2  Illustrator CC 的卸载 .mp4 |

【操练 + 视频】——卸载 Illustrator CC

STEP 01 打开 Windows 菜单，单击"控制面板"命令，如图 1-13 所示。

STEP 02 打开"控制面板"窗口，单击"程序和功能"按钮，如图 1-14 所示。

STEP 03 在弹出的"卸载或更改程序"窗口中选择 Adobe Illustrator CC 选项，然后单击"卸载"

按钮，如图 1-15 所示。

图 1-13 单击"控制面板"命令　　　　图 1-14 单击"程序和功能"按钮

**STEP 04** 在弹出的"卸载选项"窗口中选中需要卸载的软件，然后单击右下角的"卸载"按钮，如图 1-16 所示。

图 1-15 单击"卸载"按钮　　　　　　图 1-16 单击"卸载"按钮

**STEP 05** 系统开始卸载，进入"卸载"窗口，显示软件卸载进度，如图 1-17 所示。

**STEP 06** 稍等片刻，弹出相应的窗口，单击右下角的"关闭"按钮，如图 1-18 所示，即可完成软件卸载。

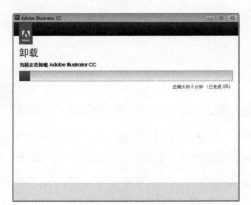

图 1-17 显示卸载进度　　　　　　　图 1-18 单击"关闭"按钮

# ▶ 1.2 Illustrator CC 的新增功能

Illustrator CC 新增了大量实用性较强的功能，可以让用户体验更加流畅的创作流程，随着灵感快速设计出优秀的作品。如今，Illustrator CC 通过同步色彩、同步设置、存储至云端等功能可以让多台电脑之间的色彩主题、工作区域和设置专案保持同步。

除此之外，在 Illustrator CC 中还可以将作品直接发布到 Behance（著名设计社区），可以从世界各地的创意人士那里获得意见和回应。

## ◢ 1.2.1 Creative Cloud 云同步设置

用户可以将 Illustrator CC 的首选项、预设、画笔和库等设置同步到 Creative Cloud，当在其他计算机上使用 Illustrator CC 时，只需将 Creative Cloud 中保存的设置同步到新计算机中，即可获得同样的操作体验，如图 1-19 所示。

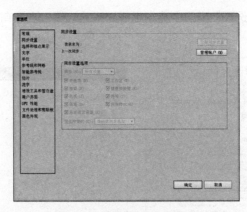

图 1-19 "同步设置"相关选项

## ◢ 1.2.2 自动边角生成

Illustrator CC 的自动边角包括以下 4 种类型：

\* 自动居中：边线拼贴以边角为中心在周围伸展。

\* 自动居间：边线拼贴的副本从各个方向扩展至边角内，每个副本位于一侧。

\* 自动切片：边线拼贴沿对角线切割，各个切片拼接在一起，类似于木制相框的斜面连接。

\* 自动重叠：拼贴的副本在边角处重叠。

## ◢ 1.2.3 画笔图形功能

在 Illustrator CC 中，可以嵌入一幅图像将其定义为画笔，还可以对它们的形状进行调整或修改。

Illustrator CC 支持图像的画笔类型有"散点"、"艺术"和"图案"。用户可以将图像直接拖入"画笔"面板，然后在弹出的"新建画笔"对话框中选择"散点"、"艺术"或"图案"类型，即可创建自定义的图像画笔，如图 1-20 所示。

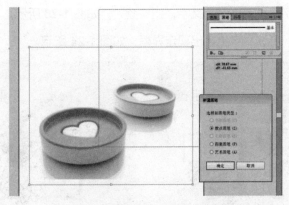

图 1-20 创建自定义图像画笔类型

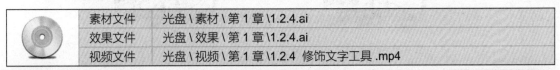

专家指点

在社会生活中，随处可见的报纸、杂志、海报、招贴等媒介都广泛应用了平面设计技术，可见平面设计在生活中是多么的重要，而要制作这些精美的图形画面，仅仅掌握 Illustrator 软件操作还不够，软件只是制作出你想要的效果，更多的是要掌握与图形相关的平面设计知识，如色彩、创意等。

## 1.2.4 修饰文字工具

使用 Illustrator CC 中新增的修饰文字工具可以编辑文本中的每一个字符，对其进行移动、旋转和缩放操作，是一种全新的创造性文本处理方式。

下面介绍修饰文字工具的使用方法。

| | 素材文件 | 光盘 \ 素材 \ 第 1 章 \1.2.4.ai |
| --- | --- | --- |
| | 效果文件 | 光盘 \ 效果 \ 第 1 章 \1.2.4.ai |
| | 视频文件 | 光盘 \ 视频 \ 第 1 章 \1.2.4 修饰文字工具 .mp4 |

【操练 + 视频】——修饰文字工具

STEP 01 单击"文件"|"打开"命令，打开一幅素材图像，如图 1-21 所示。

STEP 02 选取工具面板中的修饰文字工具 ，如图 1-22 所示。

图 1-21 打开素材图像

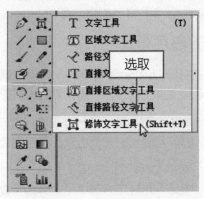

图 1-22 选取修饰文字工具

**STEP 03** 使用修饰文字工具单击一个文字，如"蓝"，如图 1-23 所示。

**STEP 04** 执行操作后，所选文字上会出现定界框，如图 1-24 所示。

图 1-23 单击一个文字

图 1-24 出现定界框

**STEP 05** 拖曳控制点可以对文字进行缩放，如图 1-25 所示。

**STEP 06** 使用修饰文字工具拖动控制点还可以进行旋转操作，从而生成美观而突出的效果，并使用选择工具调整文字至合适位置，如图 1-26 所示。

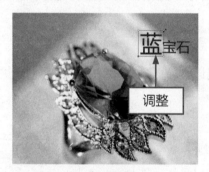

图 1-25 缩放文字

图 1-26 旋转文字

---

专家指点

Illustrator 可以打开不同格式的文件，如 AI、CDR 和 EPS 等矢量文件，以及 JPEG 格式的位图文件。此外，使用 Adobe Bridge 也可以打开和管理文件。其中，AI 是 Adobe Illustrator 的专用格式，现已成为业界矢量图的标准，可在 Illustrator、CorelDRAW 和 Photoshop 中打开并编辑。在 Photoshop 中打开编辑时，将由矢量格式转换为位图格式。

## 1.2.5 白色叠印

以往在打印 Illustrator 图稿时，如果图稿中包含应用了叠印的白色对象，就可能出现白字压在其他颜色或底图上的现象，通常需要重新印刷，这会浪费时间和成本。

Illustrator CC 对此进行了一些改进，用户只需在"文档设置"或"打印"对话框中进行设置，即可在使用打印和输出时无须检查和更正图稿中的白色对象叠印。

例如，单击"文件"｜"打印"命令，弹出"打印"对话框，在左侧列表框中选择"高级"选项，在其右侧"叠印"选项下方选中"放弃白色叠印"复选框，如图 1-27 所示，这样在打印和输出时无须检查和更正图稿中的白色对象叠印。

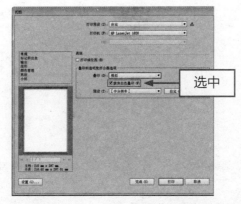

图 1-27 选中"放弃白色叠印"复选框

## 1.2.6 "分色预览"面板

在 Illustrator CC 中，可以通过"分色预览"面板查看印刷色和专色，如图 1-28 所示，而且色板中所有可用的专色都会显示在其中。

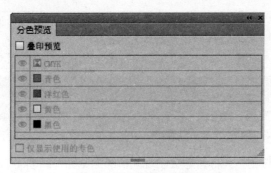

图 1-28 "分色预览"面板

在"分色预览"面板中选中"仅显示使用的专色"复选框后，图稿中未使用的所有专色都会被移出列表。

## 1.2.7 参考线

在 Illustrator CC 中，对参考线的功能进行了增强：

（1）在标尺上双击，可在标尺的特定位置创建一个参考线，如图 1-29 所示。

（2）如果按住【Shift】键并双击标尺上的特定位置，则在该处创建的参考线会自动与标尺上最接近的刻度（刻度线）对齐，如图 1-30 所示。

（3）可以同时创建水平和垂直参考线，创建方式如下：

\* 在 Illustrator 窗口的左上角单击标尺的交叉点，按住【Ctrl】键并将鼠标指针拖曳到 Illustrator 窗口中的任何位置。

\* 鼠标指针变成十字形状，表示可在此处创建水平和垂直参考线。

\* 释放鼠标左键即可创建参考线。

图 1-29　创建参考线

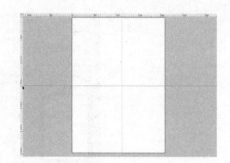

图 1-30　参考线自动与标尺上最接近的刻度对齐

## 1.2.8　多文件置入

通过 Illustrator CC 中新增的多文件置入功能可以同时导入多个文件。同时置入多个文件时，如果要放弃某个图稿，可按方向键（【↑】键、【→】键、【↓】键和【←】键）导航到该图稿，然后按【Esc】键进行确认。

下面介绍多文件置入的操作方法。

| 素材文件 | 光盘 \ 素材 \ 第 1 章 \1.2.8（1）.jpg、1.2.8（2）.jpg |
| --- | --- |
| 效果文件 | 光盘 \ 效果 \ 第 1 章 \1.2.8.ai |
| 视频文件 | 光盘 \ 视频 \ 第 1 章 \1.2.8 多文件置入 .mp4 |

【操练 + 视频】——多文件置入

STEP 01 新建一幅空白文档，单击"文件"｜"置入"命令，弹出"置入"对话框，在其中选择多个素材图像，如图 1-31 所示。

STEP 02 单击"置入"按钮，光标旁边会出现图稿的缩览图，如图 1-32 所示。

图 1-31　选择素材图像

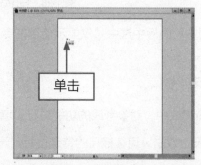

图 1-32　出现图稿缩览图

专家指点

如果要将外部文件导入 Illustrator 文档，最直接的方法就是执行"置入"命令。置入文件后，可以使用"链接"面板来识别、选择、监控和更新文件。

用户可以通过"置入"命令一次置入一个或多个文件，使用此功能选择多个图像，然后在 Illustrator 文档中逐一置入这些图像即可。

STEP 03 每单击一下鼠标，便会以原始尺寸置入图稿，如图 1-33 和图 1-34 所示。

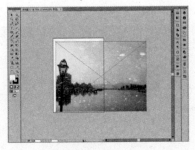

图 1-33 置入图稿（1）

图 1-34 置入图稿（2）

**STEP 04** 若要自定义图稿的大小，可通过单击并拖曳鼠标的方式来操作（置入的文件与原始资源的大小成比例），如图 1-35 所示。

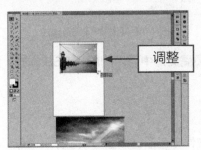

图 1-35 自定义图稿大小

## 1.2.9 导出 CSS 的 SVG 图形样式

Illustrator CC 可以将用户的图稿存储为 SVG 文件，而且可以将所有 CSS 样式与其关联的名称一同导出，以便于识别和重复使用。

单击"文件"|"存储为"命令或按【Shift + Ctrl + S】组合键，如图 1-36 所示，弹出"存储为"对话框，在"保持类型"下拉列表中选择 SVG（*.SVG）选项，如图 1-37 所示。

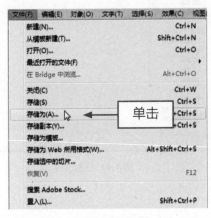

图 1-36 单击"存储为"命令

图 1-37 选择 SVG（*.SVG）选项

单击"保存"按钮，弹出"SVG 选项"对话框，设置相应的选项，如图 1-38 所示。单击"确定"按钮，即可导出 CSS 的 SVG 图形样式，如图 1-39 所示。

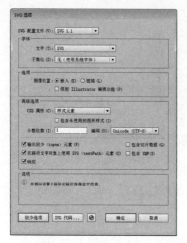

图 1-38 "SVG 选项"对话框

图 1-39 导出 SVG 图形样式

此外，在 Illustrator CC 中，可以选择导出图稿文件中可用的所有 CSS 样式，而不仅限于在图稿中使用的样式。

## 1.2.10 打包文件

在 Illustrator CC 中，可以将所有使用过的文件（包括链接图形和字体）通过"打包"命令整理到单个文件夹中，以实现快速传递。

单击"文件"|"打包"命令，弹出"打包"对话框，设置相应的位置和文件夹名称，如图 1-40 所示。单击"打包"按钮，即可将所有资源收集到单个文件夹中，如图 1-41 所示。

图 1-40 "打包"对话框

图 1-41 打包文件

## 1.2.11 取消嵌入图像

在 Illustrator CC 中嵌入图像后，可以将其替换为指向提取该文件的 PSD 或 TIFF 文件的链接。选择一个嵌入的图像，并从"链接"面板菜单中选择"取消嵌入"选项，或在控制面板中单击"取消嵌入"按钮，如图 1-42 所示。执行操作后，即可取消嵌入图像。

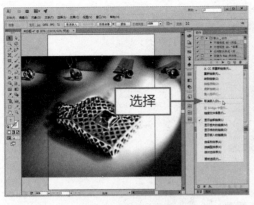
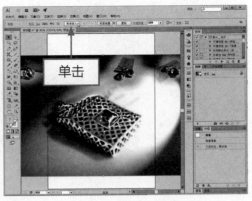

选择"取消嵌入"选项　　　　　　　　　　　　　单击"取消嵌入"按钮

图 1-42 取消嵌入图像的相关操作

### 1.2.12 "链接"面板改进

在 Illustrator CC 中，可以直接在"链接"面板中查看和跟踪置入图稿的其他信息，如图 1-43 所示。

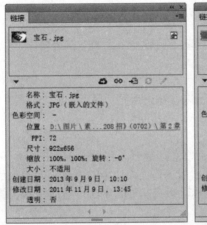
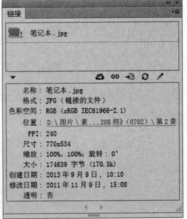

图 1-43 "链接"面板

## 1.3 人性化的工作界面

Illustrator CC 的工作界面典雅而实用，工具的选取、面板的访问、工作区的切换等都十分方便。不仅如此，用户还可以自定义工具面板，调整工作界面的亮度，以便凸显图稿。诸多设计的改进为用户提供了更加流畅和高效的编辑体验。

### 1.3.1 认识 Illustrator CC 的工作界面

运行 Illustrator CC 后，单击"文件"|"打开"命令，打开一个文件，如图 1-44 所示。可以看到，Illustrator CC 的工作界面由标题栏、菜单栏、控制面板、状态栏、文档窗口、面板和工具面板等组成。

标题栏
菜单栏

控制面板

文档窗口

面板

工具面板

状态栏

图 1-44  Illustrator CC 工作界面

\* 标题栏：在此可以设置文档排列方式、GPU 性能、工作区等选项。当文档窗口以最大化显示时，以上项目将显示在程序窗口的菜单栏中。

\* 菜单栏：包含可以执行的各种命令，单击菜单名称即可打开相应的菜单。

\* 控制面板：显示与当前所选工具有关的选项。

\* 工具面板：包含用于创建和编辑图像、图稿和页面元素的各种操作工具。

\* 状态栏：显示打开文档的大小、尺寸、当前工具和窗口缩放比例等信息。

\* 文档窗口：用于编辑和显示图稿的区域。

\* 面板：用于帮助用户编辑图像，设置编辑内容和设置颜色属性。

专家指点

启动 Illustrator CC 后，默认状态下工具面板是嵌入在屏幕左侧的，用户可以根据需要将其拖动到任意位置。工具面板提供了大量具有强大功能的工具，如绘制路径、编辑路径、制作图表、添加符号等都可以通过工具面板来实现，熟练地运用这些工具可以创作出许多精致的艺术作品。

在 Illustrator CC 中，并不是所有工具的按钮都直接显示在工具面板中，如弧线工具、螺旋线工具、矩形网格工具和极坐标网格工具就存在于同一个工具组中。工具组中只会有一个工具图标按钮显示在工具面板中，若当前工具面板中出现矩形网格工具，那么其他 4 个工具将隐藏在工具组中。

另外，在工具面板展开的工具组中单击右侧带有三角形的按钮，可将该工具组变为浮动工具条状态，这样就可以在工作界面中自由放置该工具组。工具面板中提供了常用的图形编辑工具、处理工具等，当不需要使用工具面板时可以将其隐藏起来，以获得较大的文档窗口。

### 1.3.2 选择预设工作区

Illustrator CC 为用户提供了适合不同任务的预设工作区，可以更好地利用和编排它。在"窗口"|"工作区"菜单命令中包含了 Illustrator CC 提供的预设工作区，它们是专门为简化某些任务而设计的。

下面介绍选择预设工作区的操作方法。

| 素材文件 | 光盘\素材\第1章\1.3.2.ai |
| --- | --- |
| 效果文件 | 无 |
| 视频文件 | 光盘\视频\第1章\1.3.2 选择预设工作区 .mp4 |

**STEP 01** 单击"文件"|"打开"命令，打开一幅素材图像，如图 1-45 所示。

**STEP 02** 单击"窗口"|"工作区"|"自动"命令，如图 1-46 所示。

图 1-45 打开素材图像

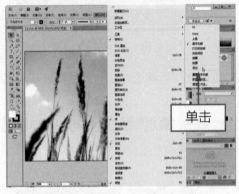

图 1-46 单击"自动"命令

**STEP 03** 执行操作后，即可使用"自动"工作区模式，如图 1-47 所示。

图 1-47 "自动"工作区模式

## 1.3.3 设置自定义工作区

创建自定义工作区时可以将经常使用的面板组合在一起，以简化工作界面，从而提高工作的效率。下面介绍设置自定义工作区的操作方法。

| 素材文件 | 光盘\素材\第1章\1.3.3.ai |
| --- | --- |
| 效果文件 | 无 |
| 视频文件 | 光盘\视频\第1章\1.3.3 设置自定义工作区 .mp4 |

**STEP 01** 单击"文件"|"打开"命令，打开一幅素材图像，如图 1-48 所示。

STEP 02 单击"窗口"|"工作区"|"新建工作区"命令，如图 1-49 所示。

图 1-48 打开素材图像

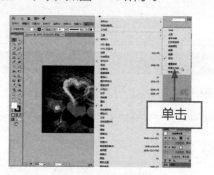

图 1-49 单击"新建工作区"命令

STEP 03 弹出"新建工作区"对话框，在"名称"文本框中设置工作区的名称为 01，如图 1-50 所示。

STEP 04 单击"确定"按钮，即可完成自定义工作区的创建，如图 1-51 所示。

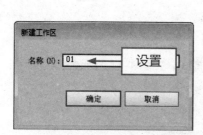

图 1-50 设置工作区名称

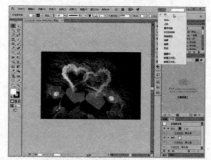

图 1-51 创建自定义工作区

STEP 05 单击"窗口"|"工作区"|"管理工作区"命令，如图 1-52 所示。

STEP 06 执行操作后，弹出"管理工作区"对话框，如图 1-53 所示。

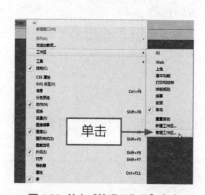

图 1-52 单击"管理工作区"命令

图 1-53 "管理工作区"对话框

STEP 07 选中一个工作区后，它的名称就会显示在该对话框下面的文本框中，如图 1-54 所示。

STEP 08 此时可在文本框中修改名称，如图 1-55 所示。

图 1-54 选中一个工作区　　　　图 1-55 修改名称

**STEP 09** 单击"新建工作区"按钮 ▣，可以新建一个工作区，如图 **1-56** 所示。

**STEP 10** 选择"设计"工作区，单击"删除工作区"按钮 ▥，即可删除所选择的工作区，如图 **1-57** 所示。

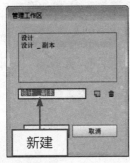

图 1-56 新建工作区　　　　图 1-57 删除工作区

## ◪ 1.3.4 熟悉菜单栏的使用方法

菜单栏位于 Illustrator CC 工作界面中的顶部，为了方便用户使用，Illustrator CC 将各命令按照其所管理的操作类型进行排列划分，如图 **1-58** 所示。

文件(F)　编辑(E)　对象(O)　文字(T)　选择(S)　效果(C)　视图(V)　窗口(W)　帮助(H)

图 1-58 菜单栏

菜单栏中的各项命令及其功能如下：

* 文件：基本的文件操作命令，包括文件的新建、打开、保存、关闭等。

* 编辑：包括对象的复制、剪贴等基本的对象编辑命令。

* 对象：针对对象进行的操作，包括变换、路径和混合等命令。

* 文字：有关文本的操作命令，包括字体、字号和段落等。

* 选择：有效确定选取范围。

* 效果：可以将对象进行扭曲，以及添加阴影、光照等效果。

* 视图：一些辅助绘图的命令，包括显示模式、标尺和参考线等。

＊ 窗口：控制工具面板和所有浮动面板的显示和隐藏。

＊ 帮助：有关 Illustrator CC 的帮助和版本信息。

在使用菜单命令时，需要注意以下几点：

＊ 菜单命令呈灰色时，表示该命令在当前状态下不可使用。

＊ 菜单命令后标有黑色小三角按钮符号，表示该菜单命令中还有下级子菜单。

＊ 菜单命令后标有快捷键，表示按该快捷键即可执行该项命令。

＊ 菜单命令后标有省略符号，表示选择该菜单命令将会打开一个对话框。

下面介绍菜单栏的常用操作方法。

| 素材文件 | 无 |
| --- | --- |
| 效果文件 | 无 |
| 视频文件 | 光盘 \ 视频 \ 第 1 章 \1.3.4 熟悉菜单栏的使用方法 .mp4 |

【操练 + 视频】——熟悉菜单栏的使用方法

STEP 01 在 Illustrator CC 中，单击一个菜单即可打开菜单，如单击"编辑"命令，如图 1-59 所示。

STEP 02 菜单中带有黑色三角标记的命令表示包含下一级子菜单，如"编辑颜色"子菜单，如图 1-60 所示。

图 1-59 打开菜单

图 1-60 打开子菜单

STEP 03 在菜单栏中，命令名称右侧带"…"状符号的表示执行该命令时会弹出一个对话框，如单击"文件"|"新建"命令，即可弹出"新建文档"对话框，如图 1-61 所示。

图 1-61 执行相应的菜单命令

## ☑ 1.3.5 熟悉工具面板的使用方法

Illustrator CC 的工具面板中包括了用于创建和编辑图像的上百个工具，使用这些工具可以进行选择、绘制、编辑、观察、测量、注释和取样等操作，如图 1-62 所示。单击工具面板顶部的双箭头按钮，可将其切换为单排或双排显示，如图 1-63 所示。

图 1-62 工具面板　　　图 1-63 切换为单排显示

单击一个工具，即可选择该工具，如图 1-64 所示。如果工具右下角有三角形图标，表示这是一个工具组，在这样的工具上单击鼠标右键可以显示隐藏的工具，如图 1-65 所示。

图 1-64 选择工具　　　图 1-65 显示隐藏的工具

专家指点

如果用户想要查看某工具的名称和快捷键，可以将鼠标指针移到想要查看的工具上，系统会自动显示该工具的名称和快捷键。

将鼠标指针移动到一个工具上后单击鼠标左键，即可选择隐藏的工具，如图 1-66 所示。按住【Alt】键单击一个工具组，可以循环切换各个隐藏的工具，如图 1-67 所示。

展开工具组，将鼠标指针移至工具组最右侧的按钮上单击鼠标左键，即可将该工具组与工具面板分开，显示隐藏的工具，如图 1-68 所示。

图 1-66 选择隐藏的工具　　　　图 1-67 循环切换各个隐藏的工具

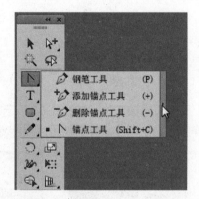

图 1-68 弹出独立的工具面板

　　将鼠标指针放在面板标题栏上单击并向工具面板边界处拖曳，即可将其与工具面板停放在一起，如图 1-69 所示。如果经常使用某些工具，可以将它们整合到一个新的工具面板中，以方便使用。单击"窗口"|"工具"|"新建工具面板"命令，如图 1-70 所示。

图 1-69 组合工具面板　　　　图 1-70 单击"新建工具面板"命令

　　弹出"新建工具面板"对话框，单击"确定"按钮，如图 1-71 所示。执行操作后，即可创建一个新的工具面板。将所需工具拖入该面板的加号处，即可将其添加到面板中，如图 1-72 所示。

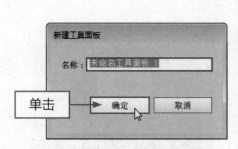

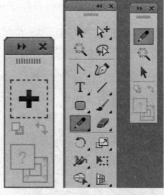

图 1-71 "新建工具面板"对话框　　　　图 1-72 新建工具面板

## 1.3.6 熟悉面板的使用方法

　　Illustrator CC 提供了 30 多个面板，它们的功能各不相同，有的用于配合编辑图稿，有的用于设置工具参数和选项。默认情况下，面板位于工作界面的右侧，用户可以通过按住鼠标左键并拖曳的方式使其浮动在工作界面中。通过单击"窗口"菜单中相应的面板命令，可以显示或隐藏面板。

　　＊按【Tab】键，可隐藏或显示面板、工具面板和控制面板；按【Shift ＋ Tab】键，可隐藏或显示工具面板和控制面板以外的其他面板。

　　＊若要将隐藏的工具面板或面板暂时显示出来，只需将鼠标指针移至应用程序窗口边缘，然后将鼠标指针悬停在出现的条带上，工具面板或面板组将自动弹出。

　　下面介绍面板的一些常用操作方法。

| 素材文件 | 无 |
| --- | --- |
| 效果文件 | 无 |
| 视频文件 | 光盘 \ 视频 \ 第 1 章\1.3.6 熟悉面板的使用方法 .mp4 |

【操练＋视频】——熟悉面板的使用方法

**STEP 01** 默认情况下，面板位于工作界面的右侧，如图 1-73 所示。

**STEP 02** 单击面板右上角的"折叠为图标"按钮 ▶▶，可以将面板折叠成图标状，如图 1-74 所示。

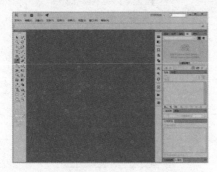

图 1-73 面板位于工作界面右侧　　　　　图 1-74 将面板折叠成图标状

**STEP 03** 单击一个图标面板，即可展开相关的面板，如图 1-75 所示。

**STEP 04** 在面板组中上下左右拖曳面板的名称可以重新组合面板，如选择"颜色"面板并向上拖曳，拖至合适位置后显示蓝色虚框，如图 1-76 所示。

图 1-75 展开相关面板

图 1-76 显示蓝色虚框

**STEP 05** 释放鼠标左键，即可组合面板，如图 1-77 所示。

**STEP 06** 将一个面板名称拖曳到窗口的空白处，可以将其从面板组中分离出来，使其成为浮动面板，如图 1-78 所示。

图 1-77 组合面板

图 1-78 显示浮动面板

**STEP 07** 拖曳浮动面板的标题栏，可以将它放在窗口中的任意位置，如图 1-79 所示。

**STEP 08** 单击浮动面板顶部的 圖 按钮，可以逐级显示或隐藏面板选项，如图 1-80 所示。

图 1-79 移动浮动面板

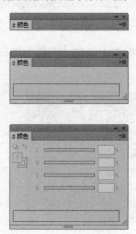

图 1-80 逐级显示或隐藏面板选项

**STEP 09** 拖曳面板右下角的大小框标记 ▦，可以调整面板的大小，如图 1-81 所示。

**STEP 10** 若要改变停放中的所有面板宽度，可以将鼠标指针放在面板左侧边界，单击并向左侧拖曳鼠标即可，如图 1-82 所示。

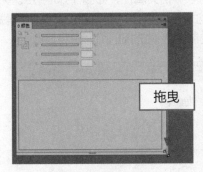

图 1-81 调整面板大小

图 1-82 改变所有面板宽度

**STEP 11** 单击面板右上角的 ▤ 按钮，可以打开面板菜单，如图 1-83 所示。

**STEP 12** 若要关闭浮动面板，可以单击它右上角的▤按钮；若要关闭面板组中的面板，可在它的标题栏上单击鼠标右键，在弹出的快捷菜单中选择"关闭选项卡组"选项即可，如图 1-84 所示。

图 1-83 打开面板菜单

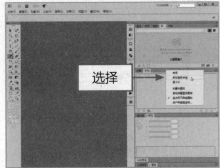

图 1-84 选择"关闭选项卡组"选项

**STEP 13** 若要选择控制面板，可单击控制面板中相应的面板图标，或单击"窗口"菜单中相应的命令。例如，若要用"画笔"工具中的相关命令，可单击控制面板中的"画笔"面板图标，也可单击"窗口"|"画笔"命令，如图 1-85 所示。

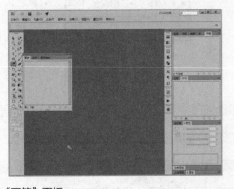

图 1-85 打开"画笔"面板

## 1.3.7 熟悉控制面板的使用方法

控制面板的功能非常广，如在使用工具面板中的矩形工具制作图形时，可在控制面板中设置所要绘制图形的填充颜色、描边粗细，以及画笔笔触等相关属性，如图 1-86 所示。另外，在使用选择工具在图形窗口中选择某一图形时，该图形的填色、描边、描边粗细、画笔笔触等属性也将显示在控制面板中的相关选项中，并且可以使用控制面板对选择的图形进行修改。

图 1-86 控制面板

下面介绍控制面板的一些常用操作方法。

| | 素材文件 | 无 |
| --- | --- | --- |
| | 效果文件 | 无 |
| | 视频文件 | 光盘 \ 视频 \ 第 1 章 \1.3.7 熟悉控制面板的使用方法 .mp4 |

【操练 + 视频】——熟悉控制面板的使用方法

**STEP 01** 单击带有下划线的蓝色文字，可以打开面板或对话框，如图 1-87 所示。在面板或对话框以外的区域单击鼠标左键，可将其关闭。

**STEP 02** 单击菜单箭头按钮，可以打开下拉菜单或下拉面板，如图 1-88 所示。

图 1-87 单击带有下划线的蓝色文字

图 1-88 单击菜单箭头按钮

**STEP 03** 在文本框中双击选中字符，如图 1-89 所示。

**STEP 04** 重新输入数值并按【Enter】键，即可修改数值，如图 1-90 所示。

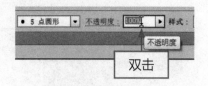

图 1-89 选中字符

图 1-90 修改数值

**STEP 05** 拖曳控制面板最左侧的手柄栏 ▌，如图 1-91 所示。

**STEP 06** 执行操作后，可以将其从停放中移出，放在窗口底部或其他位置，如图 1-92 所示。

**STEP 07** 单击"窗口"|"控制"命令，如图 1-93 所示。

**STEP 08** 执行操作后，即可隐藏控制面板，如图 1-94 所示。

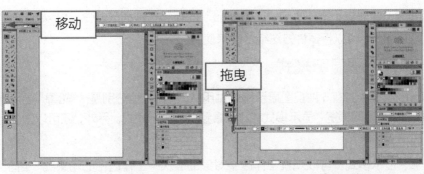

图 1-91　拖曳手柄栏　　　　　　　　图 1-92　拖曳手柄栏

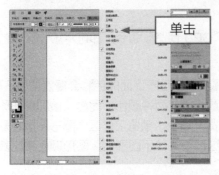

图 1-93　单击"控制"命令

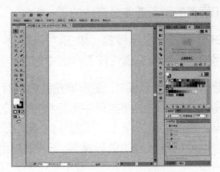

图 1-94　隐藏控制面板

**STEP 09** 显示控制面板，单击最右侧的 ▼≣ 按钮，可以打开面板菜单，菜单中带有"√"号的选项为当前在控制面板中显示的选项，如图 1-95 所示。

**STEP 10** 选择一个选项去掉"√"号，可以在控制面板中隐藏该选项，如图 1-96 所示。

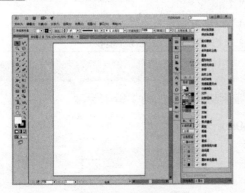

图 1-95　打开面板菜单

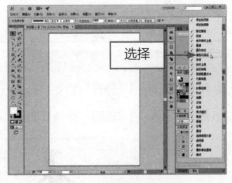

图 1-96　隐藏控制面板选项

专家指点

移动控制面板后，若要将其恢复到默认位置，可以执行该面板菜单中的"停放到顶部"或"停放到底部"命令。

# ▸▸1.4　浏览图像

编辑图像时，需要经常放大或缩小窗口的显示比例、移动显示区域，以便更好地观察和处理对象。Illustrator CC 提供了缩放工具、"导航器"面板和各种缩放命令，可以根据需要选择其中的一项来浏览图像，也可以将多种方法结合起来使用。

## 1.4.1 修改视图显示模式

在 Illustrator CC 中共有 5 种视图显示模式供用户使用，它们分别是："轮廓"显示模式、"GPU 预览"显示模式、"叠印预览"显示模式和"像素预览"显示模式。另外，还可以根据自己的需要，创建合适的视图显示模式。

\* "轮廓"显示模式：可以观察工作区中对象的层次，工作区中的轮廓线一目了然，这样将大大方便用户清除工作区中多余的没有添加填充和轮廓属性的轮廓线，并且这种视图显示模式的显示速度和屏幕的刷新速度是最快的。

\* "GPU 预览"显示模式：单击"视图"|"GPU 预览"命令，即可将工作区中的图形或图像以其应用的色彩和填充属性在工作区中显示。

\* "叠印预览"显示模式：图形填充颜色相互叠加时，位于上面的色彩会覆盖位于下面的色彩。这样在印刷过程中往往会将图形中颜色叠加的位置印刷成两种颜色，而影响该图形在印刷后应有的色彩效果。因此，可以单击"视图"|"叠印预览"命令，预览工作区中图形图像色彩套印后的颜色效果，以便进行相应的色彩调整。一般使用这种模式显示图形后，图形颜色会比其他视图显示模式暗一些。

\* "像素预览"显示模式：使用"像素预览"命令可将工作区中的矢量图形以其位图图像方式显示。

下面介绍修改视图显示模式的操作方法。

| | 素材文件 | 光盘 \ 素材 \ 第 1 章 \1.4.1.ai |
|---|---|---|
| | 效果文件 | 光盘 \ 效果 \ 第 1 章 \1.4.1.ai |
| | 视频文件 | 光盘 \ 视频 \ 第 1 章 \1.4.1 修改视图显示模式 .mp4 |

【操练 + 视频】——修改视图显示模式

STEP 01 单击"文件"|"打开"命令，打开一幅素材图像，如图 1-97 所示。

STEP 02 单击"视图"|"轮廓"命令，如图 1-98 所示。

图 1-97 打开素材图像　　图 1-98 单击"轮廓"命令

STEP 03 执行操作后，即可将工作区中的图形或图像以其轮廓线方式显示，如图 1-99 所示。

图 1-99 "轮廓"显示模式

## 1.4.2 使用工具浏览图像

选取工具面板中的抓手工具 , 在图形窗口中单击鼠标左键并拖曳, 即可将图形窗口中的图形或工作区内的图形拖动到窗口中的任何一个位置, 以便查看图形的局部显示。

若在选取其他工具的同时需要临时使用抓手工具移动图形显示, 按空格键即可达到临时采用抓手工具拖动图形的目的。

下面介绍使用工具浏览图像的操作方法。

| | | |
|---|---|---|
| | 素材文件 | 光盘 \ 素材 \ 第 1 章 \1.4.2.ai |
| | 效果文件 | 无 |
| | 视频文件 | 光盘 \ 视频 \ 第 1 章 \1.4.2 使用工具浏览图像 .mp4 |

【操练 + 视频】——使用工具浏览图像

 单击"文件"|"打开"命令, 打开一幅素材图像, 如图 1-100 所示。

STEP 02 在工具面板中选择抓手工具 ![], 如图 1-101 所示。

图 1-100 打开素材图像

图 1-101 选取抓手工具

STEP 03 100% 显示图像, 将鼠标指针移至素材图像上, 指针将呈手势的形状 ![], 如图 1-102 所示。

**STEP 04** 单击鼠标左键并向下拖曳，拖至合适位置后释放鼠标，即可完成工作区的移动操作，如图 1-103 所示。

图 1-102 抓手工具形状

图 1-103 移动工作区

专家指点

　　当所编辑的图像在工作区中无法完全显示或放大显示时，利用抓手工具可以快速地移动工作区的显示。可以双击工具面板中的抓手工具 <kbd>🖐</kbd>，编辑窗口将自动以最合适的大小或最合适的显示比例显示图像。

## 1.4.3 调整缩放倍数

　　在 Illustrator CC 中，可通过使用"视图"菜单中相关命令（如图 1-104 所示）、状态栏中的窗口缩放比例列表（如图 1-105 所示）以及工具面板中的缩放工具 <kbd>🔍</kbd> 来对图形进行缩放操作。

图 1-104 图像显示相关的菜单命令　　　图 1-105 状态栏中的窗口缩放比例列表

　　例如，在"视图"菜单命令中单击"放大"、"缩小"、"适合窗口"或"实际大小"命令，可以调整所需图形的显示比例。每单击一次"放大"命令，图形将以 50% 的显示比例递增放大显示；每单击一次"缩小"命令，视图将以 50% 的显示比例递减显示。也可以按【Ctrl ＋ ＋】组合键或按【Ctrl ＋ −】组合键执行"放大"和"缩小"命令，调整视图显示比例。

　　在 Illustrator CC 中，除了使用上述方法缩放图形外，还可以使用工具面板中的缩放工具在工作区中进行操作，以实现图形显示比例的缩放。

选取工具面板中的缩放工具，移动鼠标指针至文件编辑窗口，在窗口中每单击一次鼠标左键，图形将以 50% 的显示比例递增放大显示；若在工作区中按住【Alt】键的同时单击鼠标左键，则每单击一次，图形会以 50% 的显示比例递减显示。

下面介绍调整缩放倍数的操作方法。

| | | |
|---|---|---|
| 素材文件 | 光盘 \ 素材 \ 第 1 章 \1.4.3.ai |
| 效果文件 | 无 |
| 视频文件 | 光盘 \ 视频 \ 第 1 章 \1.4.3 调整缩放倍数 .mp4 |

【操练 + 视频】——调整缩放倍数

STEP 01 单击"文件" | "打开"命令，打开一幅素材图像，如图 1-106 所示。

STEP 02 选取工具面板中的缩放工具 🔍 ，将鼠标指针移至素材图像上，指针呈 🔍 形状，如图 1-107 所示。

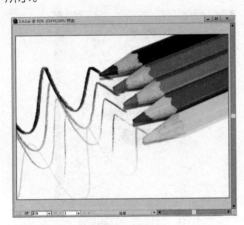

图 1-106 素材图像

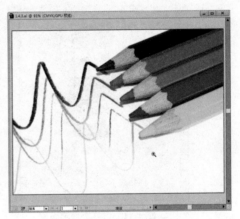

图 1-107 鼠标指针呈🔍形状

STEP 03 连续两次单击鼠标左键，即可放大工作区显示，效果如图 1-108 所示。

STEP 04 当按住【Alt】键时，缩放工具的图标呈 🔍 形状，在素材图像上单击鼠标左键，即可缩小工作区显示，效果如图 1-109 所示。

图 1-108 放大工作区

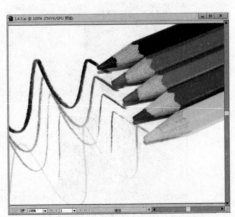

图 1-109 缩小工作区

## 1.4.4 使用"导航器"面板查看图像

在 Illustrator CC 中，通过使用"导航器"面板不仅可以很方便地对工作区中显示的图形文件进行移动、显示观察，还可以对图形显示的比例进行缩放操作。

下面介绍使用"导航器"面板查看图像的操作方法。

| 素材文件 | 光盘 \ 素材 \ 第 1 章 \1.4.4.ai |
|---|---|
| 效果文件 | 无 |
| 视频文件 | 光盘 \ 视频 \ 第 1 章 \1.4.4 使用"导航器"面板查看图像 .mp4 |

【操练 + 视频】——使用"导航器"面板查看图像

STEP 01 单击"文件"丨"打开"命令，打开一幅素材图像，如图 1-110 所示。

STEP 02 单击"窗口"丨"导航器"命令，显示"导航器"浮动面板，如图 1-111 所示。

图 1-110 打开素材图像

图 1-111 "导航器"浮动面板

STEP 03 200% 显示图像，将鼠标指针移至浮动面板预览窗口中，当指针呈手势形状 🖐 时单击鼠标左键并拖曳，即可移动面板中的红色矩形框，如图 1-112 所示。

STEP 04 工作区中的显示也将有所调整，如图 1-113 所示。

图 1-112 移动红色矩形框

图 1-113 工作区图像效果

在"导航器"浮动面板中也可以控制工作区的显示大小；单击"缩小"按钮 ，图像将缩小 50%；若单击"放大"按钮 ，则图像放大一倍。

放大工作区还有以下两种方法：

* 命令：单击"对象"|"放大"命令，放大工作区。
* 鼠标：按住【Ctrl】键的同时向前滚动鼠标滚轮，即可放大图像工作区。

缩小工作区还有以下两种方法：

* 命令：单击"对象" |"缩小"命令，缩小工作区。
* 鼠标：按住【Ctrl】键的同时向后滚动鼠标滚轮，即可缩小图像工作区。

## 1.4.5 在多个画板之间导航

画板和画布是用于绘图的区域，如图 1-114 所示。画板由实线定界，画板内部的图稿可以打印，画板外面是画布，画布上的图稿不能打印。

图 1-114 画板和画布

下面介绍在多个画板之间导航的操作方法。

| | 素材文件 | 无 |
| --- | --- | --- |
| | 效果文件 | 无 |
| | 视频文件 | 光盘 \ 视频 \ 第 1 章 \1.4.5 在多个画板之间导航 .mp4 |

【操练 + 视频】——在多个画板之间导航

STEP 01 单击"文件" |"新建"命令，新建"未标题 -1"文档，如图 1-115 所示。

STEP 02 在工具面板中选取画板工具 ，工作界面的显示有所改变，如图 1-116 所示。

选取

图 1-115 新建文档　　　　　图 1-116 选取画板工具

**STEP 03** 在画板控制面板上单击"预设"文本框右侧的下拉按钮，在弹出的下拉列表中选择 A4 选项，如图 1-117 所示。

**STEP 04** 单击"新建画板"按钮 ▣，再在工作界面灰色区域的合适位置单击鼠标左键，即可创建一个 A4 大小的 02 号画板，如图 1-118 所示。

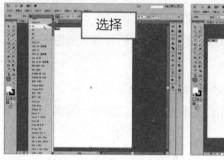

图 1-117 选择 A4 选项                 图 1-118 创建画板

**STEP 05** 创建并选中画板后，在控制面板上单击"画板选项"按钮 ▣，如图 1-119 所示。

**STEP 06** 弹出"画板选项"对话框，在其中进行相应的设置，如设置"预设"为 A3，如图 1-120 所示。

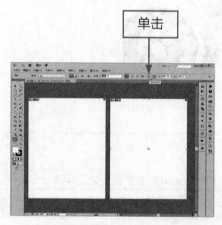

图 1-119 单击"画板选项"按钮        图 1-120 "画板选项"对话框

**STEP 07** 单击"确定"按钮，所选择画板的显示形式有所改变，如图 1-121 所示。

图 1-121 编辑画板

> **专家指点**
>
> 　　使用画板工具 ⊞ 最多可以创建 100 个大小各异的画板区域，并可以对它们任意进行重叠、并排或堆叠，也可以单独或一起存储、导出或打印画板文件。
>
> 　　在编辑画板的过程中，一定要选取画笔工具 ⊞，才能对所选择的画板进行编辑或移动操作；若选择其他工具，则工作窗口将返回软件的默认工作状态。

## ▶▶ 1.5 辅助工具的使用方法

　　在 Illustrator CC 中，标尺、参考线和网格等都属于辅助工具，它们不能编辑对象，其用途是帮助用户更好地完成编辑任务。

### ◢ 1.5.1 使用标尺

　　在 Illustrator CC 中，标尺的用途是为当前图形作参照，用于度量图形的尺寸，同时对图形进行辅助定位，使图形的设置或编辑更加方便与准确。

　　在 Illustrator CC 中，水平与垂直标尺上标有 0 处相交点的位置称为标尺坐标原点，系统默认情况下标尺坐标原点的位置在工作界面的左下角。当然，用户可以根据自己需要自行定义标尺的坐标原点。

　　若想定义标尺的坐标原点，可移动鼠标指针至标尺的 X 轴和 Y 轴的 0 点位置单击并拖曳鼠标至适当的位置释放鼠标，X 轴和 Y 轴的坐标原点就会定位在释放鼠标的位置。在拖曳前的坐标原点位置双击鼠标左键，即可恢复坐标原点的默认位置。

　　下面介绍使用标尺的操作方法。

| 素材文件 | 光盘 \ 素材 \ 第 1 章 \1.5.1.ai |
|---|---|
| 效果文件 | 无 |
| 视频文件 | 光盘 \ 视频 \ 第 1 章 \1.5.1 使用标尺 .mp4 |

**【操练 + 视频】——使用标尺**

**STEP 01** 单击"文件"｜"打开"命令，打开一幅素材图像，如图 1-122 所示。

**STEP 02** 在菜单栏中单击"视图"｜"标尺"｜"显示标尺"命令，如图 1-123 所示。

图 1-122 打开素材图像

图 1-123 单击"显示标尺"命令

**STEP 03** 执行上述操作后，即可显示标尺，如图 1-124 所示。

**STEP 04** 移动鼠标指针至水平标尺与垂直标尺的相交处，如图 1-125 所示。

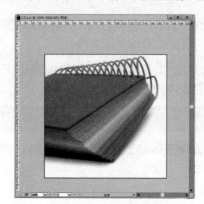 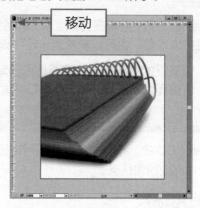

图 1-124 显示标尺　　　　图 1-125 移动鼠标指针至水平标尺与垂直标尺相交处

**STEP 05** 单击鼠标左键并拖曳至图像编辑窗口中的合适位置，如图 1-126 所示。

**STEP 06** 释放鼠标左键，即可更改标尺原点位置，如图 1-127 所示。

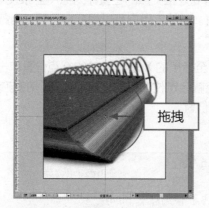 

图 1-126 拖曳鼠标至合适位置　　　　图 1-127 更改标尺原点位置

## 1.5.2 使用参考线和智能参考线

参考线与网格一样，也可以用于对齐对象，但它比网格更方便，用户可以将参考线创建在图像的任意位置上。

当创建、操作对象或画板时，显示的临时对齐参考线就是智能参考线，它可以帮助用户对齐文本和图形对象。

下面介绍使用参考线和智能参考线的操作方法。

| 素材文件 | 光盘 \ 素材 \ 第 1 章 \1.5.2.ai |
| --- | --- |
| 效果文件 | 光盘 \ 效果 \ 第 1 章 \1.5.2.ai |
| 视频文件 | 光盘 \ 视频 \ 第 1 章 \1.5.2 使用参考线和智能参考线 .mp4 |

【操练 + 视频】——使用参考线和智能参考线

**STEP 01** 单击"文件"｜"打开"命令，打开一幅素材图像，如图 1-128 所示。

**STEP 02** 单击"视图"｜"标尺"｜"显示标尺"命令，显示标尺，如图 1-129 所示。

图 1-128 打开素材图像

图 1-129 显示标尺

**STEP 03** 移动鼠标指针至水平标尺上，单击鼠标左键的同时向下拖曳鼠标至图像编辑窗口中的合适位置，如图 1-130 所示。

**STEP 04** 释放鼠标左键，即可创建水平参考线，如图 1-131 所示。

图 1-130 拖曳鼠标

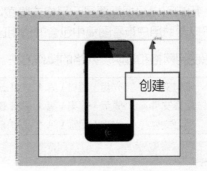

图 1-131 创建水平参考线

**STEP 05** 移动鼠标指针至垂直标尺上，单击鼠标左键的同时向右侧拖曳鼠标至图像编辑窗口中的合适位置后释放鼠标左键，即可创建垂直参考线，如图 1-132 所示。

**STEP 06** 单击"视图"｜"智能参考线"命令，启用智能参考线，如图 1-133 所示。

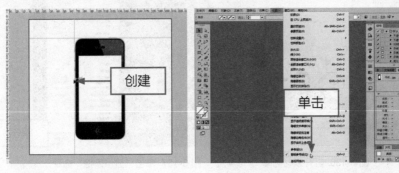

图 1-132 创建垂直参考线            图 1-133 单击"智能参考线"命令

**STEP 07** 使用选择工具单击并拖曳对象将其移动，此时可借助智能参考线使对象对齐到参考线或路径上，如图 1-134 所示。

**STEP 08** 依据智能参考线调整对象的位置，如图 1-135 所示。

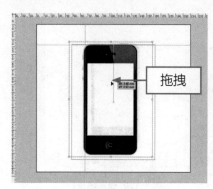

图 1-134 拖曳对象

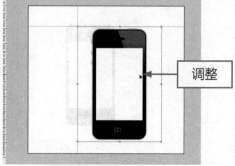

图 1-135 调整对象位置

### 1.5.3 使用网格和透明度网格

在 Illustrator CC 中，网格由一连串的水平和垂直点组成，常用来协助绘制图像时对齐窗口中的任意对象。用户可以根据需要显示网格或隐藏网格，在绘制图像时使用网格来进行辅助操作。透明度网格可以帮助用户查看图稿中包含的透明区域。

下面介绍使用网格和透明度网格的操作方法。

| 素材文件 | 光盘 \ 素材 \ 第 1 章 \1.5.3.ai |
| --- | --- |
| 效果文件 | 光盘 \ 效果 \ 第 1 章 \1.5.3.ai |
| 视频文件 | 光盘 \ 视频 \ 第 1 章 \1.5.3 使用网格和透明度网格 .mp4 |

【操练 + 视频】——使用网格和透明度网格

**STEP 01** 单击"文件" | "打开"命令，打开一幅素材图像，如图 3-136 所示。

**STEP 02** 在菜单栏中单击"视图" | "显示网格"命令，如图 3-137 所示。

图 3-136 打开素材图像

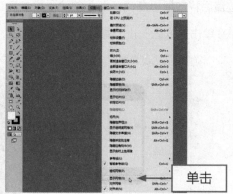

图 3-137 单击"显示网格"命令

**STEP 03** 执行上述操作后，即可显示网格，如图 3-138 所示。

**STEP 04** 在菜单栏中单击"视图"|"隐藏网格"命令，即可隐藏网格，如图 3-139 所示。

图 3-138 显示网格　　　　　　　　　　　　图 3-139 隐藏网格

**STEP 05** 在菜单栏中单击"视图"｜"显示透明度网格"命令，即可显示透明度网格，效果如图 3-140 所示。

**STEP 06** 选取工具面板中的选择工具，单击相应的对象将其选择，如图 3-141 所示。

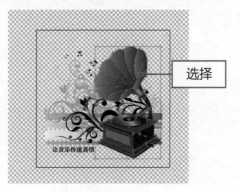

选择

图 3-140 显示透明度网格　　　　　　　　　图 3-141 选择对象

**STEP 07** 单击"窗口"｜"透明度"命令，打开"透明度"面板，设置"不透明度"为 50%，如图 3-142 所示。

**STEP 08** 此时，通过透明度网格可以清晰地观察图像的透明度效果，如图 3-143 所示。

设置

图 3-142 设置"不透明度"　　　　　　　　图 3-143 透明度效果

# CHAPTER

## 玩转简单图形设计：
## Illustrator 基本操作

**2**

## 章前知识导读

本章主要介绍与 Illustrator 文档有关的各种操作，如选择对象、组织与排列对象、变换操作等。虽然都是 Illustrator 入门的基本知识；但其中大部分都是通过实例进行讲解，因为动手实践才是学习 Illustrator 的最佳途径。

## 新手重点索引

- 对象的选择操作
- 组织与排列对象
- 变换操作

# ▶ 2.1 对象的选择操作

在 Illustrator CC 中，如果要编辑对象，首先应将其选择。Illustrator CC 提供了许多选择工具和命令，适合不同类型的对象。

## 2.1.1 使用选择工具

在任何一种软件中，选择对象都是使用频率最高的操作。在操作过程中，不论是修改对象还是删除对象等，都必须先选择相应的对象，才能对对象进行进一步操作。因此，选择对象是一切操作的前提。

下面介绍使用选择工具的操作方法。

| 素材文件 | 光盘\素材\第2章\2.1.1.ai |
|---|---|
| 效果文件 | 无 |
| 视频文件 | 光盘\视频\第2章\2.1.1 使用选择工具.mp4 |

【操练+视频】——使用选择工具

**STEP 01** 单击"文件"｜"打开"命令，打开一幅素材图像，如图 2-1 所示。

**STEP 02** 使用选择工具 ➡ 在需要选择的图形上单击鼠标左键，即可选中该图形，如图 2-2 所示。

图 2-1 打开素材图像　　　　　　　图 2-2 选择图形

## 2.1.2 使用直接选择工具

直接选择工具主要是用来选择路径或锚点，并对图形的路径段和锚点进行调整。在经过编组操作的图形中，使用直接选择工具也可以进行选取。

下面介绍使用直接选择工具的操作方法。

| 素材文件 | 光盘\素材\第2章\2.1.2.ai |
|---|---|
| 效果文件 | 无 |
| 视频文件 | 光盘\视频\第2章\2.1.2 使用直接选择工具.mp4 |

【操练+视频】——使用直接选择工具

**STEP 01** 单击"文件"｜"打开"命令，打开一幅素材图像，如图 2-3 所示。

**STEP 02** 选取工具面板中的直接选择工具 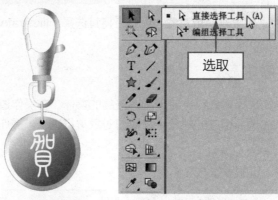，如图 2-4 所示。

图 2-3 打开素材图像　　　　图 2-4 选取直接选择工具

**STEP 03** 将鼠标指针移至图像窗口中需要选择的图形上，如图 2-5 所示。

**STEP 04** 单击鼠标左键，即可观察使用直接选择工具选中图形的状态，如图 2-6 所示。

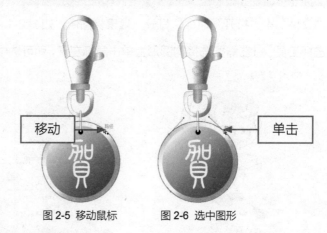

图 2-5 移动鼠标　　　　图 2-6 选中图形

## 2.1.3 使用编组选择工具

在使用 Illustrator CC 绘制或编辑图形时，有时需要将几个图形进行编组。图形在编组后，若再想选择其中的某一个图形，使用普通的选择工具是无法办到的，而工具面板中的编组选择工具 可用于选择一个编组中的任一对象或者嵌套在编组中的组对象。

下面介绍使用编组选择工具的操作方法。

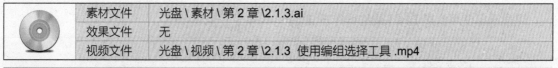

| 素材文件 | 光盘\素材\第 2 章\2.1.3.ai |
|---|---|
| 效果文件 | 无 |
| 视频文件 | 光盘\视频\第 2 章\2.1.3 使用编组选择工具 .mp4 |

【操练 + 视频】——使用编组选择工具

**STEP 01** 单击"文件"｜"打开"命令，打开一幅素材图像，如图 2-7 所示。

**STEP 02** 选取工具面板中的编组选择工具 ，如图 2-8 所示。

图 2-7 打开素材图像

图 2-8 选取编组选择工具

**STEP 03** 将鼠标指针移至一个图形上单击鼠标左键，即可选中该图形，如图 2-9 所示。

**STEP 04** 再次单击鼠标左键，即可选中包含已选图形在内的所有图形组，如图 2-10 所示。

图 2-9 选择图形

图 2-10 选择整个组的图形

**专家指点**

在绘制或编辑图形的过程中，为了管理图形常会将一些图形进行编组。若要选择其中的一个图形，使用选择工具是无法选取图形的，而使用编组选择工具则可以选中经过编组或嵌套操作的图形或路径。

在选择路径段和锚点以便调整时，直接选择工具最为合适；在选择编组或嵌套组中的路径或对象时，编组选择工具则最为合适。

## 2.1.4 使用魔棒工具

使用魔棒工具可以选择填充色、透明度和画笔笔触等属性相同或相近的矢量图形对象，其基本功能与 Photoshop 中的魔棒工具相似。

使用魔棒工具可以选择与当前单击图形对象相同或相近属性的图形，其相似程度由"魔棒"面板所决定。单击"窗口"|"魔棒"命令，或双击工具面板中的魔棒工具，弹出"魔棒"面板，如图 2-11 所示。

该面板中的主要选项含义如下：

\* 填充颜色：选中该复选框，可以选择与当前所选图形对象具有相同或相似填充颜色的图形对象。其右侧的"容差"选项用于设置其他选择图形对象与当前所选对象相似的程度，其数值越小，相似程度越大，选择范围越小。

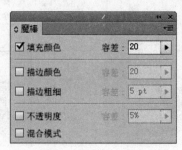

图 2-11 "魔棒"面板

＊描边颜色：选中该复选框，可以选择与当前所选图形对象具有相同或相似轮廓颜色的对象，选择对象的相似程度可在其右侧的"容差"选项中进行设置。

＊描边粗细：选中该复选框，可以选择轮廓粗细与当前所选图形对象相同或相似的图形对象。

＊不透明度：选中该复选框，可以选择与当前所选图形对象具有相同透明度设置的图形对象。

＊混合模式：选中该复选框，可以选择与当前所选对象具有相同混合模式的图形对象。

下面介绍使用魔棒工具的操作方法。

| 素材文件 | 光盘 \ 素材 \ 第 2 章 \2.1.4.ai |
| 效果文件 | 无 |
| 视频文件 | 光盘 \ 视频 \ 第 2 章 \2.1.4 使用魔棒工具 .mp4 |

【操练＋视频】——使用魔棒工具

STEP 01 单击"文件"｜"打开"命令，打开一幅素材图像，如图 2-12 所示。

STEP 02 选取工具面板中的魔棒工具 ，如图 2-13 所示。

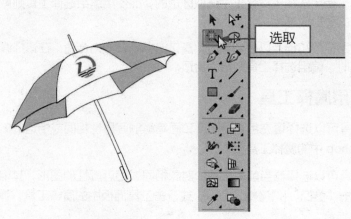

图 2-12 打开素材图像　　　　图 2-13 选取魔棒工具

STEP 03 将鼠标指针移至雨伞图形的淡黄色区域上，如图 2-14 所示。

STEP 04 单击鼠标左键，即可选中与淡黄色区域相同或相近属性的图形，如图 2-15 所示。

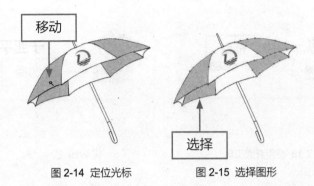

图 2-14 定位光标      图 2-15 选择图形

### 2.1.5 使用套索工具

套索工具用于选择图形的部分路径和锚点。该工具的操作方法非常简单，只需在工具面板中选择套索工具，移动鼠标指针至图形窗口，在窗口中需要选择的路径或部分路径锚点处单击鼠标左键并拖曳，此时将绘制一个类似于圆形的曲线图形，即可选中与该曲线图形相交的图形对象。

在使用套索工具选择图形时，按住【Shift】键可以增加选择，按住【Alt】键可以减去选择。另外，不管使用哪一种选择工具选择图形，只要在图形窗口中的空白区域单击鼠标左键（或按【Ctrl + Shift + A】组合键），即可取消选择。

下面介绍使用套索工具的操作方法。

| | | |
|---|---|---|
| 素材文件 | 光盘\素材\第 2 章\2.1.5.ai | |
| 效果文件 | 无 | |
| 视频文件 | 光盘\视频\第 2 章\2.1.5 使用套索工具 .mp4 | |

【操练 + 视频】——使用套索工具

STEP 01 单击"文件"|"打开"命令，打开一幅素材图像，如图 2-16 所示。

STEP 02 选取工具面板中的套索工具 🔲，如图 2-17 所示。

图 2-16 打开素材图像      图 2-17 选取套索工具

STEP 03 将鼠标指针移至图像窗口中的合适位置，单击鼠标左键并拖曳，即可绘制一条不规则的线条，如图 2-18 所示。

STEP 04 拖至合适位置后释放鼠标左键，即可选中线条范围内的图形，如图 2-19 所示。

图 2-18 使用套索工具

图 2-19 选中图形

使用工具选择图形时，不仅可以单击工具面板中相应的工具，还可以按快捷键，如选择工具的快捷键为【V】、直接选择工具的快捷键为【A】、魔棒工具的快捷键为【Y】，套索工具的快捷键为【Q】。

若当前使用的工具为选择工具以外的其他工具时，按【Ctrl】键便可切换至上一次所使用的选择工具。

## 2.1.6 根据堆叠顺序选择对象

在 Illustrator CC 中绘图时，新绘制的图像总是位于前一个图形的上方。当多个图像堆叠在一起时，可通过"选择"菜单中的相应命令选择它们。

下面介绍根据堆叠顺序选择对象的操作方法。

| | | |
|---|---|---|
| 素材文件 | 光盘 \ 素材 \ 第 2 章 \2.1.6.ai |
| 效果文件 | 无 |
| 视频文件 | 光盘 \ 视频 \ 第 2 章 \2.1.6 根据堆叠顺序选择对象 .mp4 |

【操练 + 视频】——根据堆叠顺序选择对象

**STEP 01** 单击"文件" | "打开"命令，打开一幅素材图像，如图 2-20 所示。

**STEP 02** 使用工具面板中的选择工具在图形窗口中选择相应的对象，如图 2-21 所示。

图 2-20 打开素材图像　　图 2-21 选择对象

**STEP 03** 若单击"选择" | "下方的下一个对象"命令，如图 2-22 所示。

**STEP 04** 执行操作后，即可选择它下方最近的对象，如图 2-23 所示。

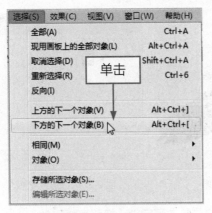

图 2-22 单击相应命令

图 2-23 选择对象

**STEP 05** 撤销操作，若单击"选择"｜"上方的下一个对象"命令，如图 2-24 所示。

**STEP 06** 执行操作后，即可选择它上方最近的对象，如图 2-25 所示。

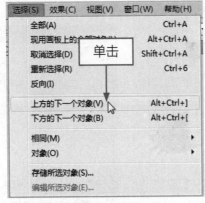

图 2-24 单击相应命令

图 2-25 选择对象

## 2.1.7 使用"图层"面板选择对象

在编辑复杂的图稿时，小图形经常会被大图形遮盖，想要选择被遮盖的对象比较困难，遇到这种情况时，可以通过"图层"面板来选择对象。

下面介绍使用"图层"面板选择对象的操作方法。

| 素材文件 | 光盘 \ 素材 \ 第 2 章 \2.1.7.ai |
| --- | --- |
| 效果文件 | 无 |
| 视频文件 | 光盘 \ 视频 \ 第 2 章 \2.1.7 使用"图层"面板选择对象 .mp4 |

【操练 + 视频】——使用"图层"面板选择对象

**STEP 01** 单击"文件"｜"打开"命令，打开一幅素材图像，如图 2-26 所示。

**STEP 02** 单击"窗口"｜"图层"命令，展开"图层"面板，如图 2-27 所示。

图 2-26 打开素材图像

图 2-27 "图层"面板

STEP 03 单击"背景 图像"图层右侧的"单击可定位（拖移可移动外观）"按钮 ◎，如图 2-28 所示。

STEP 04 执行操作后，该图标会变为 ◎□，如图 2-29 所示。

图 2-28 单击相应按钮

图 2-29 图标变化

STEP 05 同时，还可以选择"背景 图像"图层中的相应对象，如图 2-30 所示。

图 2-30 选中图层中的全部图形

## 2.1.8 全选、反选和重新选择

在使用 Illustrator CC 绘制或编辑图形时，若需要选择所有绘制的图形，单击"选择"|"全部"命令或按【Ctrl + A】组合键，即可选择所有的图形。

"反向"命令的主要作用是对所选择的图形进行反向选择。进行反向操作后，所选择的图形为操作之前未被选择的图形，而操作之前被选择的图形则被取消选择。若需要将所选择的图形进行反转，则单击"选择"｜"反向"命令，即可选择当前图形窗口中所有未选择的图形对象，同时还会取消选择之前选择的图形对象。

在使用 Illustrator CC 绘制或编辑图形时，选择的图形不小心被取消选择后，若想选择上次选择的图形，则单击"选择"|"重新选择"命令，即可重新选择上次选择操作中取消选择的图形。

下面介绍全选、反选和重新选择图形的操作方法。

| | 素材文件 | 光盘 \ 素材 \ 第 2 章 \2.1.8.ai |
|---|---|---|
| | 效果文件 | 无 |
| | 视频文件 | 光盘 \ 视频 \ 第 2 章 \2.1.8 全选、反选和重新选择 .mp4 |

【操练 + 视频】——全选、反选和重新选择

STEP 01 单击"文件"｜"打开"命令，打开一幅素材图像，如图 2-31 所示。

STEP 02 在菜单栏中单击"选择"｜"全部"命令，即可将文档中的所有图形全部选中，如图 2-32 所示。

图 2-31 打开素材图像　　　　图 2-32 选中全部图形

STEP 03 单击"选择"｜"取消选择"命令，取消选择对象。使用选择工具将蓝色对象选中，如图 2-33 所示。

STEP 04 单击"选择"｜"反向"命令，如图 2-34 所示。

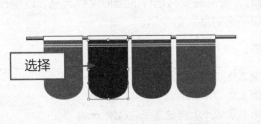

图 2-33 选择蓝色对象　　　　图 2-34 单击"反向"命令

**STEP 05** 执行操作后，即可选中除蓝色对象以外的所有图形，如图 2-35 所示。

**STEP 06** 单击"选择"｜"取消选择"命令，即可取消选择图形，如图 2-36 所示。

图 2-35 反选图形

图 2-36 取消选择图形

**STEP 07** 单击"选择"｜"重新选择"命令，如图 2-37 所示。

**STEP 08** 执行操作后，即可重新选择图形，如图 2-38 所示。

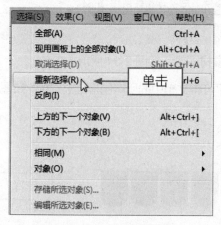

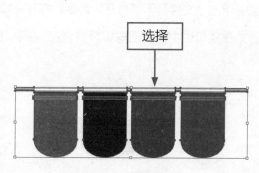

图 2-37 单击"重新选择"命令

图 2-38 重新选择图形

专家指点

　　"选择"菜单中的"相同"命令用于选择与该子菜单命令定义属性相似的图形对象，它与魔棒工具功能有些相似。

## 2.1.9 存储选择的对象

　　使用 Illustrator CC 绘制或编辑图形时，经常需要将选择的图形保存起来，以便在以后的工作中随时可以调用，这时就需要用到"存储所选对象"命令了。

　　下面介绍存储选择的对象的操作方法。

| | 素材文件 | 光盘 \ 素材 \ 第 2 章 \2.1.9.ai |
|---|---|---|
| | 效果文件 | 光盘 \ 效果 \ 第 2 章 \2.1.9.ai |
| | 视频文件 | 光盘 \ 视频 \ 第 2 章 \2.1.9 存储选择的对象 .mp4 |

【操练＋视频】——存储选择的对象

**STEP 01** 单击"文件"｜"打开"命令，打开一幅素材图像，如图 2-39 所示。

**STEP 02** 在当前图形窗口中选择需要保存的对象，如图 2-40 所示。

图 2-39 打开素材图像

图 2-40 选择需要保存的对象

**STEP 03** 单击"选择"｜"存储所选对象"命令，弹出"存储所选对象"对话框，如图 2-41 所示，然后单击"确定"按钮，即可将图形窗口中所选择的对象以指定的名称进行保存。

**STEP 04** 若要在图形窗口中选择存储的对象，则单击"选择"｜"所选对象 1"命令，如图 2-42 所示，即可选择刚存储的对象。

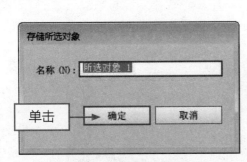

图 2-41 "存储所选对象"对话框

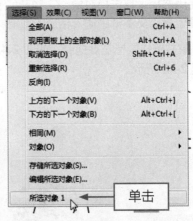

图 2-42 单击"所选对象 1"命令

# ▶ 2.2 组织与排列对象

组织与排列对象是 Illustrator 中最基本的操作技能之一。一幅复杂的设计作品若不经过合理的管理，就会显得杂乱无章，分不清主次与前后，也就很难达到优美而精彩的效果，因此合理地调整图形的排列顺序就显得尤为重要了。

## ◤ 2.2.1 移动对象

编辑图稿时，可以在画板中或多个画板间移动对象，也可以在打开的多个文档间移动对象。使用选择工具选择对象后，按【←】、【↓】、【→】、【↑】键，可以将所选对象沿相应方向轻微移动 1 个点的距离。如果同时按住方向键和【Shift】键，则可以移动 10 个点的距离。

单击"文件"｜"打开"命令，打开一幅素材图像，如图 2-43 所示。在当前图形窗口中选择相应的对象，如图 2-44 所示。

图 2-43 打开素材图像　　　　　　　　　图 2-44 选择对象

专家指点

使用选择工具选择对象，在"变换"面板或"控制"面板的 X（代表水平位置）和 Y（代表垂直位置）文本框中输入相应的数值，按【Enter】键即可移动对象。

单击对象并按住鼠标左键拖曳，如图 2-45 所示。拖至合适位置后，释放鼠标左键，即可将其移动，如图 2-46 所示。

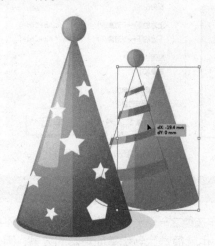

图 2-45 拖曳鼠标　　　　　　　　　图 2-46 移动图形对象

### 2.2.2 在不同的文档间移动对象

在 Illustrator CC 中，可以通过选择工具在不同的文档间移动对象。下面介绍在不同的文档间移动对象的操作方法。

| 素材文件 | 光盘 \ 素材 \ 第 2 章 \2.2.2（1）.ai、2.2.2（2）.ai |
|---|---|
| 效果文件 | 光盘 \ 效果 \ 第 2 章 \2.2.2.ai |
| 视频文件 | 光盘 \ 视频 \ 第 2 章 \2.2.2 在不同的文档间移动对象 .mp4 |

【操练＋视频】——在不同的文档间移动对象

**STEP 01** 单击"文件"｜"打开"命令，打开两幅素材图像，如图 2-47 所示。

图 2-47 打开素材图像

**STEP 02** 使用选择工具选择需要移动的图形，如图 2-48 所示。

**STEP 03** 按住鼠标左键不放，将鼠标拖曳到另一个文档窗口的标题栏上停留片刻，切换到该文档，如图 2-49 所示。

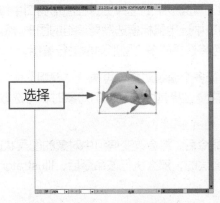

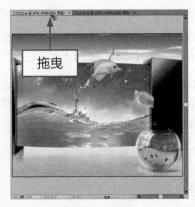

图 2-48 选择图形　　　　　　　图 2-49 拖曳鼠标

专家指点

　　移动对象还有以下 3 种方法：

＊ 命令：单击"对象"｜"变换"｜"移动"命令。

＊ 快捷键 1：按【Ctrl ＋ Shift ＋ M】组合键。

＊ 快捷键 2：按【Ctrl ＋方向键】组合键，移动对象位置。

**STEP 04** 将鼠标拖曳到画面中，如图 2-50 所示。

**STEP 05** 释放鼠标左键，即可将对象拖入该文档，如图 2-51 所示。

拖曳

图 2-50 拖曳鼠标

移动

图 2-51 移动对象

## 2.2.3 编组图形对象

复杂的图稿往往包含许多图形，为了便于选择和管理，可以将多个对象编为一组，此后进行移动、旋转和缩放等操作时它们会一同变化。编组后，还可以随时选择组中的部分对象进行单独处理操作。

在 Illustrator CC 中，可以将几个图形对象进行编组，以将其作为一个整体看待。当使用选择工具对编组中的某一图形进行移动时，编组图形的整体也将随着移动，并且编组的图形在进行移动或变换时不会影响每个图形对象的位置和属性。

若要将几个图形对象进行编组时，首先要使用工具面板中的选择工具在图形窗口中按住【Shift】键的同时依次选择多个要编组的图形，或在图形窗口中运用鼠标框选需要编组的图形，然后单击"对象"|"编组"命令或按【Ctrl + G】组合键，即可将选择的多个图形对象进行编组。

在 Illustrator CC 中，还可以使用选择工具选择多个编组对象，再执行"编组"命令，从而将选择的编组对象组合为一个复合的编组对象。若需要选择其中的子编组对象时，可选取工具面板中的编组选择工具进行相关的选择操作。

在 Illustrator CC 中对多个图形执行"编组"命令后，将会改变编组中对象的图层状态。例如，若执行"编组"命令前所选择的对象是属于多个图层的，那么执行该命令后，Illustrator 会自动将编组的对象置于"图层"面板最上方的图层处。

若想将选择的编组图形取消编组，可单击"对象"|"取消编组"命令或按【Ctrl + Shift + G】组合键，即可将选择的编组对象解散成一个个单独的对象；若所选择的是复合编组对象，那么执行"对象"|"取消编组"命令后，将解散原先所组合的多个编组对象，而不会一次性地将复合编组对象解散为一个个单独的对象。若还想继续解散编组对象，则必须再次执行"取消编组"命令（"取消编组"命令可以一直执行至每个编组对象不能再解散为止）。

下面介绍编组图形对象的操作方法。

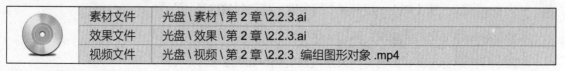

| | 素材文件 | 光盘 \ 素材 \ 第 2 章 \2.2.3.ai |
|---|---|---|
| | 效果文件 | 光盘 \ 效果 \ 第 2 章 \2.2.3.ai |
| | 视频文件 | 光盘 \ 视频 \ 第 2 章 \2.2.3 编组图形对象 .mp4 |

**STEP 01** 单击"文件"｜"打开"命令，打开一幅素材图像。选取工具面板中的选择工具，按住【Shift】键的同时在每个音符图形上单击鼠标左键，选中所有的音符图形，如图 2-52 所示。

**STEP 02** 单击鼠标右键，在弹出的快捷菜单中选择"编组"选项，如图 2-53 所示。

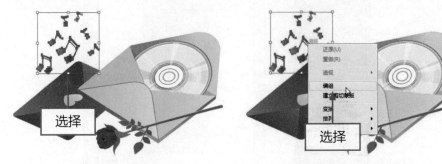

图 2-52 选择图形　　　　　　　图 2-53 选择"编组"选项

**STEP 03** 执行操作命令后，只需在其中一个音符图形上单击鼠标左键，即可选中所有的音符图形，如图 2-54 所示。

**STEP 04** 单击鼠标左键并拖曳，拖至合适位置后释放鼠标，即可调整图形的位置，如图 2-55 所示。

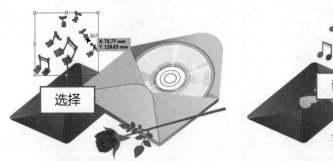

图 2-54 选中所有音符图形　　　　　　图 2-55 调整图形位置

**专家指点**

在使用选择工具在图形窗口中选择需要解散编组的图形后，在图形窗口中的任意位置单击鼠标右键，在弹出的快捷菜单中选择"取消编组"选项，也可以将选择的编组图形解散。

## 2.2.4 运用隔离模式编辑组对象

使用隔离模式可以隔离对象，以便用户轻松选择和编辑特定对象或对象的某些部分。下面介绍运用隔离模式编辑组对象的操作方法。

| 素材文件 | 光盘 \ 素材 \ 第 2 章 \2.2.4.ai |
|---|---|
| 效果文件 | 光盘 \ 效果 \ 第 2 章 \2.2.4.ai |
| 视频文件 | 光盘 \ 视频 \ 第 2 章 \2.2.4 运用隔离模式编辑组对象 .mp4 |

**STEP 01** 单击"文件"｜"打开"命令，打开一幅素材图像，如图 2-56 所示。

**STEP 02** 使用选择工具双击文字组，进入隔离模式，如图 2-57 所示。

图 2-56 打开素材图像　　　　　　　　图 2-57 进入隔离模式

**STEP 03** 使用选择工具选择"星城·长沙"文字对象，如图 2-58 所示。

**STEP 04** 将其移动到合适的位置，如图 2-59 所示。

图 2-58 选择文字对象　　　　　　　　图 2-59 移动文字对象

专家指点

　　若需要对已经保存的对象进行删除或更改对象的名称，则可以单击"选择"｜"编辑所选对象"命令，弹出"编辑所选对象"对话框。

　＊ 若要更改对象的名称，可在"编辑所选对象"对话框中选择该对象，然后在"名称"文本框中输入新对象的名称，单击"确定"按钮，即可改更对象的名称。

　＊ 若要删除已经保存的选择对象，首先在该对话框的名称列表中选择该对象，然后单击"删除"按钮，即可删除所保存的选择对象。

**STEP 05** 若要退出隔离模式，可以单击文档窗口左上角的"后移一级"按钮 ◁，如图 2-60 所示，或在画板的空白处双击。

**STEP 06** 执行操作后，即可退出隔离模式，如图 2-61 所示。

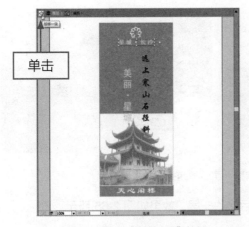

图 2-60 单击"后移一级"按钮　　　　　　　图 2-61 退出隔离模式

### 2.2.5 使用"排列"命令调整排列顺序

在 Illustrator CC 中，除了可以通过使用"图层"面板来调整不同图层对象的前后排列关系外，还可以通过执行菜单命令调整同一图层中不同对象的前后排列关系。

若要调整同一图层中不同对象的前后排列关系，可首先使用工具面板中的选择类工具在图形窗口中选择该图形，然后单击"对象"|"排列"命令，在弹出的子菜单命令中选择相应的命令，即可完成图形排列顺序的调整，如图 2-62 所示。

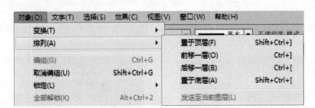

图 2-62 "排列"子菜单

该子菜单命令中的主要选项含义如下：

\* 置于顶层：用于将选择的图形对象置于同一图层中的最顶层，效果如图 2-63 所示。

图 2-63 执行"置于顶层"命令前后对比效果

\* 前移一层：用于将选择的图形对象向前移动一层，效果如图 2-64 所示。

图 2-64 执行"前移一层"命令前后对比效果

* 后移一层：用于将选择的图形对象向后移动一层，效果如图 2-65 所示。

图 2-65 执行"后移一层"命令前后对比效果

* 置于底层：用于将选择的图形对象置于同一图层中的最底层，效果如图 2-66 所示。

图 2-66 执行"置于底层"命令前后对比效果

* 发送至当前图层：用于将选中的图形对象剪切并粘贴至当前图层。

在 Illustrator CC 中，不仅可以使用"对象"|"排列"命令下面的子菜单命令进行排列图形顺序，还可以运用选择类工具在图形窗口中选择某一图形后在窗口中的任意位置单击鼠标右键，在弹出的快捷菜单中选择"排列"选项，此时将弹出其下拉子菜单选项，如图 2-67 所示，在该子菜单选项中选择相应的选项也可以进行图形顺序的排列。

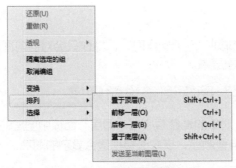

图 2-67 "排列"快捷菜单

下面介绍使用"排列"命令调整排列顺序的操作方法。

| | 素材文件 | 光盘 \ 素材 \ 第 2 章 \2.2.5.ai |
|---|---|---|
| | 效果文件 | 光盘 \ 效果 \ 第 2 章 \2.2.5.ai |
| | 视频文件 | 光盘 \ 视频 \ 第 2 章 \2.2.5 使用"排列"命令调整排列顺序 .mp4 |

【操练 + 视频】——使用"排列"命令调整排列顺序

STEP 01 单击"文件"｜"打开"命令，打开一幅素材图像，如图 2-68 所示。

STEP 02 选取选择工具，选择底部的图形对象，如图 2-69 所示。

图 2-68 打开素材图像

图 2-69 选择最后一个图形

STEP 03 单击鼠标右键，在弹出的快捷菜单中选择"排列"｜"置于顶层"选项，如图 2-70 所示。

STEP 04 执行操作后，即可将该图形置于图像的最顶层，效果如图 2-71 所示。

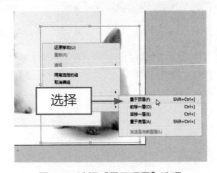

图 2-70 选择"置于顶层"选项

图 2-71 移至最顶层

运用"选择"和"排列"选项操作时，该操作只会对当前图层中的图形起作用，因此所编辑的图形应在一个图层中。

## 2.2.6 使用"图层"面板调整堆叠顺序

在 Illustrator 中绘图时，对象的堆叠顺序与"图层"面板中图层的堆叠顺序是一致的，因此通过"图层"面板也可以调整堆叠顺序，该方法特别适合复杂的图稿。

下面介绍使用"图层"面板调整堆叠顺序的操作方法。

| 素材文件 | 光盘 \ 素材 \ 第 2 章 \2.2.6.ai |
| 效果文件 | 光盘 \ 效果 \ 第 2 章 \2.2.6.ai |
| 视频文件 | 光盘 \ 视频 \ 第 2 章 \2.2.6 使用"图层"面板调整堆叠顺序 .mp4 |

【操练 + 视频】——使用"图层"面板调整堆叠顺序

**STEP 01** 单击"文件"｜"打开"命令，打开一幅素材图像，如图 2-72 所示。

**STEP 02** 打开"图层"面板，单击"图层 1"前的三角形按钮 ▶，如图 2-73 所示。

图 2-72 打开素材图像　　　　　图 2-73 "图层"面板

**STEP 03** 执行操作后即可展开该图层，如图 2-74 所示。

**STEP 04** 选择"照片 1"图层，如图 2-75 所示。

图 2-74 展开图层　　　　　图 2-75 选择"照片 1"图层

STEP 05 单击并将其拖曳至"照片 2"图层的上方，如图 2-76 所示。

STEP 06 执行操作后，即可调整图层的顺序，效果如图 2-77 所示。

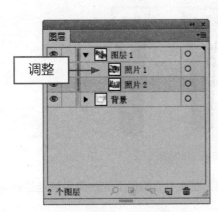 

图 2-76 拖曳图层　　　　　　　图 2-77 调整图层顺序

## 2.2.7 对齐对象

单击"窗口"|"对齐"命令，打开"对齐"面板，如图 2-78 所示。在默认情况下，"对齐"面板不完全显示，而隐藏"分布间距"选项区。若要显示"分布间距"选项区，可单击"对齐"面板右侧的三角形按钮，在弹出的下拉面板菜单中选择"显示选项"选项，即可显示隐藏的选项，如图 2-79 所示。

图 2-78 "对齐"面板　　图 2-79 显示隐藏选项

"对齐对象"选项区中共有 6 个按钮，其中各按钮的含义分别如下：

* 水平左对齐 ▤：单击该按钮，选择的对象将以对象中位置最左的对象为基准进行对齐，效果如图 2-80 所示。

* 水平居中对齐 ▣：单击该按钮，选择的对象将以对象中位置居中的对象为基准进行对齐。

* 水平右对齐 ▤：单击该按钮，选择的对象将以对象中位置最右的对象为基准进行对齐。

* 垂直顶对齐 ▥：单击该按钮，选择的对象将以对象中位置最上的对象为基准进行对齐。

* 垂直居中对齐 ▤：单击该按钮，选择的对象将以对象中位置居中的对象为基准进行对齐。

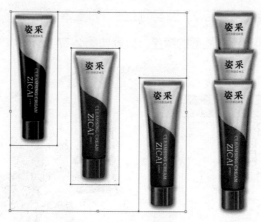

图 2-80 水平左对齐前后对比效果

　　* 垂直底对齐 [图]；单击该按钮，选择的对象将以对象中位置最下的对象为基准进行对齐，效果如图 2-81 所示。

图 2-81 垂直顶对齐前后对比效果

　　"分布对象"选项区只有 6 个按钮，其中各按钮含义如下：

　　* 垂直顶分布 [图]：单击该按钮，选择的对象将保持处于最上方与最下方的对象位置，而将其他处于中间位置的对象进行分布调整，从而使它们上部之间的垂直距离相等。

　　* 垂直居中分布 [图]：单击该按钮，选择的对象将保持处于最上方与最下方的位置不变，而将其他处于中间位置的对象进行分布调整，从而使它们中心点之间的垂直距离相等。

　　* 垂直底分布 [图]：单击该按钮，选择的对象将保持处于最下方与最下方的对象位置不变，而将其他处于中间位置的对象进行分布调整，从而使它们底部之间的垂直距离相等。

　　* 水平左分布 [图]：单击该按钮，选择的对象将保持处于最左方与最右方的对象位置不变，而将其他处于中间位置的对象进行分布调整，从而使它们最左边之间的水平距离相等。

　　* 水平居中分布 [图]：单击该按钮，选择的对象将保持处于最左方与最右方的对象位置不变，而将对其他处于中间位置的对象进行分布调整，从而使它们中心点之间的水平距离相等。

＊ 水平右分布 ⬛：单击该按钮，选择的对象将保持处于最左方与最右方的对象位置不变，而将其他处于中间位置的对象进行分布调整，从而使它们最右边之间的水平距离相等。

"分布间距"选项区只有两个按钮，其中各按钮的含义如下：

＊ 垂直分布间距 ⬛：单击该按钮，可以使选择的对象之间的垂直间距相等，如图 2-82 所示。这里的垂直间距是指在图形窗口中上一个对象的下部分与下一个对象的上部分之间的距离。

图 2-82 垂直分布间距前后对比效果

＊ 水平分布间距 ⬛：单击该按钮，可以使选择的对象之间的水平间距相等，效果如图 2-83 所示。该水平间距是指在图形窗口中上一个对象的右侧与下一个对象的左侧之间的距离。

图 2-83 水平分布间距前后对比效果

在对齐图形窗口中的多个图形时，会以水平或垂直轴作为对齐方式的基准。在水平轴方向上，可以以水平左对齐、水平居中对齐和水平右对齐方式进行对齐操作；在垂直轴方向上，可以以垂直顶部对齐、垂直居中对齐和垂直底部对齐方式进行对齐操作。

但若以上、下、左、右方式对齐图形，则都是以所选择的多个图形的相应边缘为基准进行对齐操作；若以居中方式对齐图形，则以图形的中心点为基准进行对齐操作。

若要对齐图形中的多个图形，首先选取工具面板中的选择工具，在图形窗口中选择要对齐的图形，然后在"对齐"面板中单击相应的按钮，即可完成对齐操作。

若需要对齐或分布图形窗口中的图形，可使用选择工具选择需要对齐或分布的图形，此时控制面板中将显示如图 2-84 所示的选项，根据操作需要单击不同的按钮，即可执行相应的操作。

图 2-84 控制面板

下面介绍对齐对象的操作方法。

| 素材文件 | 光盘\素材\第 2 章\2.2.7.ai |
|---|---|
| 效果文件 | 光盘\效果\第 2 章\2.2.7.ai |
| 视频文件 | 光盘\视频\第 2 章\2.2.7 对齐对象 .mp4 |

【操练 + 视频】——对齐对象

STEP 01 单击"文件"｜"打开"命令，打开一幅素材图像，如图 2-85 所示。

STEP 02 运用选择工具选择画板中的两个鞋子图形对象，如图 2-86 所示。

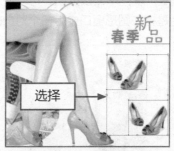

选择

图 2-85 打开素材图像　　　　图 2-86 选择图形对象

在 Illustrator 中进行对齐与分布操作时，选择的图形不需属于同一图层，它们可以是不同图层中的图形，并且进行对齐或分布操作后，也不影响它们所在图层中的排列顺序。若只想对图形窗口中单独图层中所有的图形进行对齐与分布操作，则可以先锁定其他图层，然后单击"选择"|"全部"命令或按【Ctrl + A】组合键，选择未锁定图层中的所有图形，然后在"对齐"面板中单击相应的按钮，即可完成对齐与分布操作。

若需要分布图形窗口中的图形，则必须选择 3 个以上的图形（包含 3 个），否则没有效果。

STEP 03 单击"窗口"|"对齐"命令，打开"对齐"面板，单击"水平居中对齐"按钮 ，如图 2-87 所示。

STEP 04 执行操作后，即可设置图形的对齐方式，效果如图 2-88 所示。

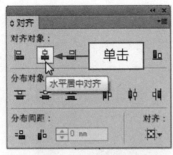

| 图 2-87 单击"水平居中对齐"按钮 | 图 2-88 设置图形对齐方式 |
|---|---|

## 2.2.8 复制、剪切与粘贴对象

"复制"、"剪切"和"粘贴"等都是应用程序中最普通的命令，它们用来完成复制与粘贴任务。与其他应用程序不同的是，Illustrator CC 还可以对图稿进行特殊的复制与粘贴操作，例如，粘贴在原有位置上或在所有的画板上粘贴等。

剪切图形是图形编辑过程中经常用到的一项操作，同样也是最简单的一项操作。

若要剪切图形窗口中的某一图形，首先要使用选择工具在图形窗口中将其选择，然后单击"编辑"|"剪切"命令或按【Ctrl + X】组合键，即可剪切选择的图形。剪切的图形将在图形窗口中消失，并保存在计算机内存的剪贴板中。

若要复制图形窗口中的某一图形时，首先也要使用选择工具在图形窗口中将其选择，然后单击"编辑"|"复制"命令或按【Ctrl + V】组合键，即可复制选择的图形。

剪切与复制操作都是将选择的图形对象保存至计算机内存的剪贴板上，以用于粘贴操作。但执行剪切的图形，其原图形将在图形窗口中消失；而执行复制操作的图形，其原图形仍在图形窗口中显示。

粘贴图形的操作方法有以下几种：

＊ 方法一：单击"编辑"|"粘贴"命令或按【Ctrl + V】组合键，即可将已经复制或剪切的图形粘贴至当前的图形窗口中。

＊ 方法二：单击"编辑"|"贴在前面"命令或按【Ctrl + F】组合键，即可将已经复制或剪切的图形粘贴至当前图形窗口中原图形的上方。

＊ 方法三：单击"编辑"|"贴在后面"命令或按【Ctrl + B】组合键，即可将已经复制或剪切的图形粘贴至当前图形窗口中原图形的下方（与"贴在前面"命令相反）。

下面介绍复制、剪切与粘贴对象的操作方法。

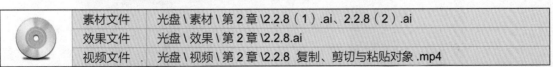

| 素材文件 | 光盘 \ 素材 \ 第 2 章 \2.2.8（1）.ai、2.2.8（2）.ai |
|---|---|
| 效果文件 | 光盘 \ 效果 \ 第 2 章 \2.2.8.ai |
| 视频文件 | 光盘 \ 视频 \ 第 2 章 \2.2.8 复制、剪切与粘贴对象 .mp4 |

【操练＋视频】——复制、剪切与粘贴对象

**STEP 01** 单击"文件" | "打开"命令，打开两幅素材图像，如图 2-89 所示。

图 2-89 打开素材图像

STEP 02 在"2.2.8（1）.ai"文档中选中人物素材图形，单击"编辑"｜"剪切"命令，如图 2-90 所示。

STEP 03 执行操作后，该文档将成为空白文档，如图 2-91 所示。

图 2-90 单击"剪切"命令

图 2-91 剪切图形

STEP 04 选择"2.2.8（2）.ai"文档，单击"编辑"｜"粘贴"命令，如图 2-92 所示。

STEP 05 执行操作后，即可将人物图形粘贴于此文档中，如图 2-93 所示。

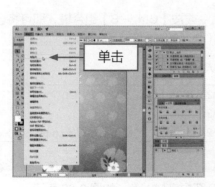

图 2-92 单击"粘贴"命令

图 2-93 粘贴图形

选择全部是指选择文件中的所有对象，而选择现用画板中的全部对象是指激活的当前画板全部对象。在选择图形的操作过程中，使用选择类工具不一定可以将当前画板中的图形全部选中而使用"现用画板上的全部对象"命令选中的是当前画板中的所有图形。另外，使用快捷键【Alt ＋ Ctrl ＋ A】也可以选中当前画板中所有的图形。

**STEP 06** 选中人物图形后，将鼠标指针移至人物图形右上角的节点上，当指针呈倾斜的双向箭头形状 ↗ 时，单击鼠标左键并向图像的左下角拖曳鼠标，如图 2-94 所示。

**STEP 07** 拖至合适位置后释放鼠标左键，调整各图形之间的位置，如图 2-95 所示。

图 2-94 拖曳鼠标　　　　　　图 2-95 调整图形位置

**STEP 08** 使用选择工具选择需要复制的图形，如图 2-96 所示。

**STEP 09** 单击"编辑"｜"复制"命令，复制图形。单击"编辑"｜"粘贴"命令，即可将图形复制并粘贴于该文档中，并适当调整图形位置，如图 2-97 所示。

图 2-96 选择图形　　　　　　图 2-97 复制并粘贴图形

删除对象的操作除了可以使用命令外，也可以直接按【Delete】键，即可将所选择的对象删除。

**STEP 10** 选择需要删除的图形对象，如图 2-98 所示。

<figure type="step">STEP 11</figure> 单击"编辑"│"清除"命令，即可将所选择的图形对象删除，如图 2-99 所示。

图 2-98　选择对象　　　　　　　　　　　图 2-99　删除对象

# ▸2.3　变换操作

　　在 Illustrator CC 中，对图形进行变换操作的方法有 3 种：第一种是使用工具面板中的相关变换工具进行变换操作；第二种是通过单击"对象"|"变换"命令的子菜单命令进行相关的变换操作；第三种是使用"变换"面板中的各选项进行相关的变换操作。

## ◢ 2.3.1　通过定界框变换对象

　　在 Illustrator CC 中，使用选择工具 ▸ 选择对象后，只需拖曳定界框上的控制点便可以进行移动、旋转、缩放和复制对象等操作。

　　单击"文件"│"打开"命令，打开一幅素材图像，如图 2-100 所示。选取工具面板中的选择工具 ▸ ，选择需要变换的图形，如图 2-101 所示。

图 2-100　打开素材图像　　　　　　　　　图 2-101　选择图形

　　将鼠标指针放在定界框内，单击并拖曳鼠标可以移动对象，如图 2-102 所示。将鼠标指针放在定界框上方中央的控制点上，如图 2-103 所示。

图 2-102 移动对象

图 2-103 定位鼠标

单击并向下拖曳鼠标，可以翻转对象，如图 2-104 所示。撤销上一步的操作，在拖曳时按住【Alt】键，可原位翻转，如图 2-105 所示。

图 2-104 翻转对象

图 2-105 原位翻转

撤销上一步的操作，将鼠标指针放在控制点上，当指针变为 ↔、↕、↖、↗ 形状时单击并拖曳鼠标可以拉伸对象，如图 2-106 所示。按住【Shift】键进行操作，可以进行等比缩放，如图 2-107 所示。

图 2-106 拉伸对象

图 2-107 等比缩放图形

将鼠标指针放在定界框外，当指针变为 ↵ 形状时如（图 2-108 所示）单击并拖曳鼠标，可以旋转对象，如图 2-109 所示。

图 2-108　定位鼠标

图 2-109　旋转对象

## 2.3.2　用自由变换工具变换对象

自由变换工具 的使用主要是通过控制图形的节点而进行操作的，从而可以对图形进行多种变换操作，如移动、旋转、缩放、倾斜、镜像和透视等变换操作。

下面介绍用自由变换工具变换对象的操作方法。

| | | |
|---|---|---|
| 素材文件 | 光盘 \ 素材 \ 第 2 章 \2.3.2.ai | |
| 效果文件 | 光盘 \ 效果 \ 第 2 章 \2.3.2.ai | |
| 视频文件 | 光盘 \ 视频 \ 第 2 章 \2.3.2 用自由变换工具变换对象 .mp4 | |

【操练 + 视频】——用自由变换工具变换对象

**STEP 01** 单击"文件"｜"打开"命令，打开一幅素材图像，选择需要变换的图形，如图 2-110 所示。

**STEP 02** 选取工具面板中的自由变换工具 ，将鼠标指针移至右上角的节点附近，当指针呈 ↵ 形状时单击鼠标左键并拖曳，即可旋转该图形。拖至合适位置后释放鼠标，效果如图 2-111 所示。

图 2-110　选择图形

图 2-111　旋转图形

**STEP 03** 将鼠标指针移至图形正上方的节点上，当指针呈 ⊕ 形状时单击鼠标左键并向下拖曳，拖至合适位置后释放鼠标，即可改变图形形状，如图 2-112 所示。

**STEP 04** 再次将鼠标指针移至图形右侧的节点上，当指针呈 ⊩ 形状时单击鼠标左键并向左拖曳，拖至合适位置后释放鼠标，即可对图形进行镜像操作，效果如图 2-113 所示。

图 2-112 改变图形形状　　　　　　　图 2-113 镜像图形

专家指点

另外，若要对图形进行透视变换操作，则先选中需要变换的图形，将鼠标指针移至锚点上单击鼠标左键，再按【Ctrl + Alt + Shift】组合键，指针将呈 ▶ 形状，拖曳鼠标至合适位置后释放鼠标，即可完成图形的透视变换。

## 2.3.3 旋转图形对象

在 Illustrator CC 中，能够使用多种方式对图形进行旋转操作，如可以通过图形的变换控制框进行旋转操作，也可以使用工具面板中的旋转工具 ⟳ 直接对图形进行旋转，还可以使用"旋转"对话框对图形进行更精确的旋转操作。

使用选择工具在图形窗口中选择需要旋转的图形，单击"对象"|"变换"|"旋转"命令，或双击工具面板中的旋转工具，将弹出"旋转"对话框，如图 2-114 所示。

图 2-114 "旋转"对话框

该对话框中的主要选项含义如下：

＊ 角度：用于设置所选图形的旋转角度，其取值范围为 -360°～ 360°之间。

＊ 变换对象：选中该复选框，在旋转具有填充图案的图形时，只对对象进行旋转，图案不发生变化。

＊ 变换图案：选中该复选框，在旋转具有填充图案的图形时，将只对图案进行旋转，对象不

发生变化。

 * 确定：单击该按钮，将对图形按当前设置的角度进行旋转，但不对原图形进行复制。

 * 复制：单击该按钮，将对图形按当前设置的角度进行旋转，并且会在图形窗口中保留原图形的同时复制旋转的图形。

下面介绍旋转图形对象的操作方法。

| 素材文件 | 光盘 \ 素材 \ 第 2 章 \2.3.3.ai |
| --- | --- |
| 效果文件 | 光盘 \ 效果 \ 第 2 章 \2.3.3.ai |
| 视频文件 | 光盘 \ 视频 \ 第 2 章 \2.3.3 旋转图形对象 .mp4 |

【操练＋视频】——旋转图形对象

STEP|01 单击"文件"｜"打开"命令，打开一幅素材图像并选择图形，如图 2-115 所示。

STEP|02 选取工具面板中的旋转工具 ⟳ ，将鼠标指针移至图像窗口中的合适位置，单击鼠标左键以确定旋转原点，如图 2-116 所示。

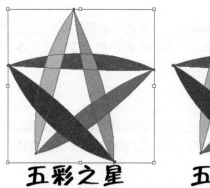

图 2-115 选择图形　　　　　　　图 2-116 确认旋转原点

STEP|03 在原点附近拖曳鼠标，即可使图形绕着原点旋转，并以蓝色线条显示旋转操作的预览效果，如图 2-117 所示。

STEP|04 旋转至合适位置后释放鼠标左键，即可完成旋转图形的操作，如图 2-118 所示。

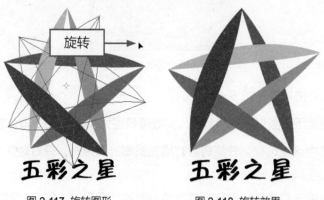

图 2-117 旋转图形　　　　　　　图 2-118 旋转效果

使用旋转工具时，若按住【Shift】键，则图形将以45°的倍数进行旋转；若按住【Alt】键旋转图形，则可以复制所选择的图形。另外，当鼠标指针距离图形较近时，所旋转的角度增量较大，反之角度增量较小。

使用旋转工具时，若不在选择的图形上确认原点，则自动以图形中心为原点；若要精确旋转图形，则可以在确认原点后单击"对象"|"变换"|"旋转"命令，或双击旋转工具图标，在弹出的"旋转"对话框中进行"角度"设置，单击"确定"按钮，即可对所选择的图形进行精确的旋转。

## 2.3.4 镜像图形对象

使用 Illustrator CC 绘制或编辑图形时，有时为了设计需要，要将图形按照一定的对称方向进行镜像变换，而使用镜像工具 可以将选择的图形按水平、垂直或任意角度进行镜像或镜像复制。

使用选择工具在图形窗口中选择需要镜像的图形，单击"对象"|"变换"|"镜像"命令，或双击工具面板中的镜像工具，将弹出"镜像"对话框，如图 2-119 所示。

图 2-119 "镜像"对话框

该对话框中的主要选项含义如下：

* 水平：选中该复选框，可将选择的图形在水平方向上进行镜像操作。

* 垂直：选中该复选框，可将选择的图形在垂直方向上进行镜像操作。

* 角度：用于设置所选图形镜像时的倾斜角度。

* 确定：单击该按钮，将对图形按当前设置的参数进行镜像，但不对原图形进行复制。

* 复制：单击该按钮，将对图形按当前设置参数进行镜像，并且会在图形窗口中保留原图形。

图形的镜像就是将图形从左至右或从上到下进行翻转，默认情况下镜像的原点位于对象的中心，也可以自定义原点的位置。在图像窗口中的任意位置单击鼠标左键，即可确认镜像的原点。另外，按住【Shift】的同时对图形进行镜像操作，可以使所选择的图形以水平或垂直轴进行镜像。

下面介绍镜像图形对象的操作方法。

| 素材文件 | 光盘\素材\第 2 章\2.3.4.ai |
| --- | --- |
| 效果文件 | 光盘\效果\第 2 章\2.3.4.ai |
| 视频文件 | 光盘\视频\第 2 章\2.3.4 镜像图形对象 .mp4 |

【操练 + 视频】——镜像图形对象

**STEP 01** 单击"文件"｜"打开"命令，打开一幅素材图像，如图 2-120 所示。

**STEP 02** 选取工具面板中的选择工具，选择相应的图形对象，如图 2-121 所示。

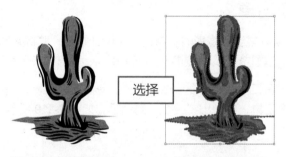

图 2-120 打开素材图像　　　图 2-121 选择图形

**STEP 03** 选取工具面板中的镜像工具，将自动以所选图形的中心点为原点，按住【Shift】键的同时单击鼠标左键并拖曳，此时图像窗口中显示了镜像操作的预览效果，如图 2-122 所示。

**STEP 04** 释放鼠标后，即可完成图形的镜像操作，效果如图 2-123 所示。

图 2-122 镜像操作的预览效果　　　图 2-123 镜像效果

## 2.3.5 缩放图形对象

在 Illustrator CC 中，除了可以通过图形的变换控制框对图形进行缩放操作外，也可以通过工具面板中的比例缩放工具 对选择的图形按等比或非等比的方式进行缩放操作。

若要对图形进行缩放操作，首先要使用工具面板中的选择工具在图形窗口中选择该图形，然后选取工具面板中的比例缩放工具，移动鼠标指针至选择的图形处单击鼠标左键并拖曳，即可对该图形进行缩放操作。

使用比例缩放工具缩放图形时，若向选择图形的内侧拖曳鼠标，则是缩小图形；若向选择图形的外侧拖曳鼠标，则是放大图形。

在使用比例缩放工具对图形进行缩放操作时，若按住【Shift】键，将等比例缩放图形；若按住【Alt】键，将可以在缩放图形时，在保留原图形的状态下复制缩放的图形；若按【Shift + Alt】组合键，则在等比例缩放图形的同时复制所操作的图形。

使用选择工具在图形窗口中选择需要缩放的图形，单击"对象"｜"变换"｜"缩放"命令，或双击工具面板中的比例缩放工具，将弹出"比例缩放"对话框，如图 2-124 所示。

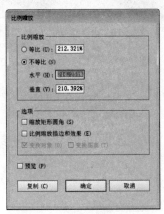

图 2-124 "比例缩放"对话框

该对话框中的主要选项含义如下：

* 等比：选中该单选按钮，在右侧的文本框中输入数值后，即可对图形按当前的缩放参数进行等比例缩放。当数值小于 100 时，图形就会进行缩小变换操作；若数值大于 100 时，图形就会进行放大变换操作。

* 不等比：选中该单选按钮，可对其下方的"水平"和"垂直"选项进行设置。其中，"水平"选项用于设置所选的图形在水平方向的缩放比例，"垂直"选项用于设置所选的图形在垂直方向的缩放比例。

* 比例缩放描边和效果：选中该复选框，对图形进行缩放操作时，图形的轮廓也随图形进行缩放。

* 确定：单击该按钮，将对图形按当前设置的参数进行缩放，但不对原图形进行复制。

* 复制：单击该按钮，将对图形按当前设置参数进行缩放，并且会在图形窗口中保留原图形的同时复制缩放的图形。

下面介绍缩放图形对象的操作方法。

|  | 素材文件 | 光盘 \ 素材 \ 第 2 章 \2.3.5.ai |
| | 效果文件 | 光盘 \ 效果 \ 第 2 章 \2.3.5.ai |
| | 视频文件 | 光盘 \ 视频 \ 第 2 章 \2.3.5 缩放图形对象 .mp4 |

【操练 + 视频】——缩放图形对象

STEP 01 单击"文件"｜"打开"命令，打开一幅素材图像，如图 2-125 所示。

STEP 02 使用选择工具 ▶ 选择需要编辑的图形，如图 2-126 所示。

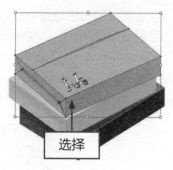

选择

图 2-125 打开素材图像　　　　　　　图 2-126 选择图形

**STEP 03** 将鼠标指针移至比例缩放图标 上双击鼠标左键，弹出"比例缩放"对话框，选中"等比"单选按钮，设置"比例缩放"为 80%，如图 2-127 所示。

**STEP 04** 单击"确定"按钮，所选择的图形即可按照设置的参数进行等比例缩放，效果如图 2-128 所示。

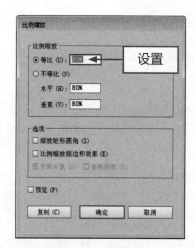

设置

图 2-127 设置选项　　　　　　　　　图 2-128 等比例缩放图形

## 2.3.6 倾斜图形对象

在 Illustrator CC 中，使用工具面板中的倾斜工具 可以快速对选择的图形进行倾斜操作。

对图形进行倾斜操作时，若不能灵活地把握鼠标的移动，那么直接使用倾斜工具是有些难度的，而通过在"倾斜"对话框中设置相应的参数值，则可以轻松且精确地对图形的形状进行倾斜操作。

使用选择工具在图形窗口中选择需要倾斜的图形，单击"对象"｜"变换"｜"倾斜"命令，或双击工具面板中的倾斜工具，将弹出"倾斜"对话框，如图 2-129 所示。

该对话框中的主要选项含义如下：

＊ 倾斜角度：用于设置图形的倾斜角度，其取值范围为 -360°～ 360° 之间。

＊ "轴"选项区：该选项区中的选项用于设置图形倾斜轴的方向。其中，"水平"选项用于设置图形在水平方向上的倾斜角度；"垂直"选项用于设置图形在垂直方向上的倾斜角度；"角度"

选项用于设置图形在该角度方向上进行倾斜。

图 2-129 "倾斜"对话框

下面介绍倾斜图形对象的操作方法。

| 素材文件 | 光盘 \ 素材 \ 第 2 章 \2.3.6.ai |
| --- | --- |
| 效果文件 | 光盘 \ 效果 \ 第 2 章 \2.3.6.ai |
| 视频文件 | 光盘 \ 视频 \ 第 2 章 \2.3.6 倾斜图形对象 .mp4 |

【操练＋视频】——倾斜图形对象

STEP 01 单击"文件"｜"打开"命令，打开一幅素材图像，如图 2-130 所示。

STEP 02 使用选择工具选择图形对象，如图 2-131 所示。

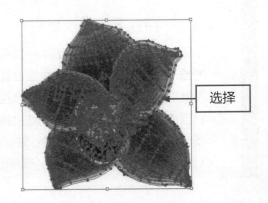

选择

图 2-130 打开素材图像　　　　图 2-131 选择图形

STEP 03 选取工具面板中的倾斜工具，将自动以所选图形的中心点为倾斜原点，在图形附近单击鼠标左键，并轻轻地拖曳鼠标，此时图像窗口中显示了倾斜操作的预览图形，如图 2-132 所示。

STEP 04 根据所显示的预览图形调整至满意效果后释放鼠标左键，即可完成对所选图形的倾斜操作，如图 2-133 所示。

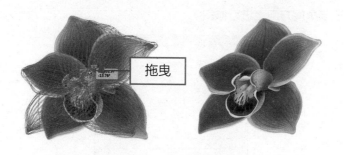

<table>
<tr><td>图 2-132 拖曳鼠标</td><td>图 2-133 倾斜效果</td></tr>
</table>

图 2-132 拖曳鼠标　　　　　图 2-133 倾斜效果

专家指点

在 Illustrator CC 中，通过使用"变换"面板可以精确地对图形进行旋转、缩放和倾斜等变换操作。单击"窗口"|"变换"命令，弹出"变换"面板，如图 2-134 所示。

图 2-134 "变换"面板

该面板中的主要选项含义如下：

＊X 值：用于改变选择图形的水平位置。

＊Y 值：用于改变选择图形的垂直位置。

＊宽度值：用于改变选择图形的变换控制框宽度。

＊高度值：用于改变选择图形的变换控制框高度。

＊旋转 △：用于改变选择图形的旋转角度。

＊倾斜 ☐：用于改变选择图形的倾斜度。

# CHAPTER

## 深度剖析图形设计
## 与制作：绘图与上色

### 章前知识导读

    Illustrator CC 是面向图形绘制的专业绘图软件，它提供了丰富的绘图工具和上色工具，如几何工具组、线形工具组、填色和描边等。熟悉并掌握各种绘图和上色工具的使用技巧，能够绘制出精美的图形，设计出完美的作品。

### 新手重点索引

   ✐ 绘制基本图形　　　　✐ 组合对象

   ✐ 填色与描边的设定

   ✐ 设置颜色

# ▸▸ 3.1 绘制基本图形

在 Illustrator CC 中，绘制基本图形的工具主要有直线段工具✐、矩形工具▣、圆角矩形工具▣、椭圆工具◉、星形工具★和多边形工具◉等，下面进行详细介绍。

## ▨ 3.1.1 绘制直线段

使用工具面板中的直线段工具可在图形窗口中绘制直线段，如图 3-1 所示。

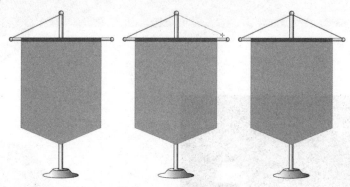

图 3-1 使用直线段工具绘制直线段

若要绘制精确的线段，可在选取直线段工具的情况下在图形窗口中单击鼠标左键，此时将弹出"直线段工具选项"对话框，如图 3-2 所示。

图 3-2 "直线段工具选项"对话框

该对话框中的选项含义如下：

\* 长度：在该文本框中输入数值，然后单击"确定"按钮后，可以精确地绘制出一条线段。

\* 角度：在该文本框中设置不同的角度，Illustrator 将按照所定义的角度在图形窗口中绘制线段。

\* 线段填色：选中该复选框，当绘制的线段改为折线或曲线后，Illustrator 将以设置的前景色填充。

在"直线段工具选项"对话框中设置相应的参数后，单击"确定"按钮，即可绘制出精确的线段，如图 3-3 所示。

图 3-3 绘制精确线段

选取工具面板中的直线段工具后，在图形窗口中按住空格键的同时单击鼠标左键并拖曳，可以移动所绘制线段的位置（该快捷操作对于工具面板中的大多数工具都可使用，因此在其他的工具中将不再赘述）。

＊若按住【Alt】键的同时在图形窗口中单击鼠标左键并拖曳，可以绘制以鼠标单击点为中心向两边延伸的线段。

＊若按住【Shift】键的同时在图形窗口中单击鼠标左键并拖曳，可以绘制以 45° 递增的直线段，如图 3-4 所示。

图 3-4 按住【Shift】键的同时绘制线段

＊若按住【～】键的同时在图形窗口中单击鼠标左键并拖曳，可以绘制放射式线段，如图 3-5 所示。

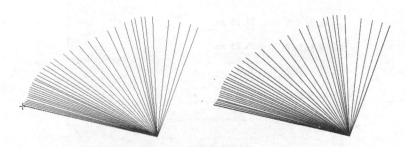

图 3-5 按住【～】键的同时绘制放射式线段

下面介绍绘制直线段的操作方法。

| | 素材文件 | 光盘 \ 素材 \ 第 3 章 \3.1.1.ai |
| --- | --- | --- |
| | 效果文件 | 光盘 \ 效果 \ 第 3 章 \3.1.1.ai |
| | 视频文件 | 光盘 \ 视频 \ 第 3 章 \3.1.1 绘制直线段 .mp4 |

【操练 + 视频】——绘制直线段

STEP 01 单击"文件"｜"打开"命令，打开一幅素材图像，如图 3-6 所示。

**STEP 02** 选取工具面板中的直线段工具 ，设置"描边"为黑色、"描边粗细"为 8pt，将鼠标指针移至图像窗口中的合适位置，按住【Shift】键的同时单击鼠标左键并拖曳鼠标，拖至合适位置后释放鼠标，即可绘制一条直线段，如图 3-7 所示。

图 3-6 素材图像　　　　　　　　　图 3-7 绘制直线段

绘制

## 3.1.2 绘制弧线

使用工具面板中的弧线工具可在图形窗口中绘制弧线，其操作方法与直线段工具相同。若要绘制精确的弧线，可在选取弧线工具的情况下在图形窗口中单击鼠标左键，此时将弹出"弧线段工具选项"对话框，如图 3-8 所示。

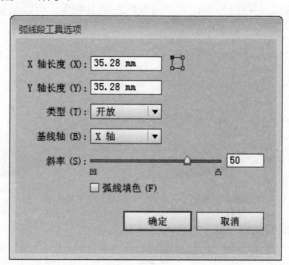

图 3-8 "弧形工具选项"对话框

该对话框中的主要选项含义如下：

＊ X 轴长度和 Y 轴长度：用于设置弧线在水平方向和垂直方向的长度值，通过该文本框右侧的 按钮可以选择所创建的弧线的起始位置。

＊ 类型：用于设置绘制的弧线类型（包括"开放"和"闭合"两种类型）。

＊ 基线轴：用于设置弧线的坐标方向为"X 轴"或"Y 轴"。

＊ 斜率：用于设置控制弧线线段的凹凸程序，其数值范围为 -100 ~ 100。若输入的数值小于 0，则绘制的弧线为凹陷形状；若输入的数值大于 0，则绘制的弧线为凸出形状；若输入的数值为 0，则绘制的弧线为直线形状。用户可以直接在其右侧的文本框中输入数值，也可以通过移动滑块进行数值的设置。

＊ 弧线填色：选中该复选框，绘制的弧线线段具有填充效果。

使用弧线工具直接绘制弧线时，按住【↑】键的同时可以调整弧线的斜面凸出程度；按【↓】键的同时可以调整弧线的斜面凹陷程度；按住【C】键的同时可以切换弧线类型为"闭合"或"开放"；按住【X】键的同时可以切换弧线的坐标方向为"X 坐标轴"或"Y 坐标轴"。

与使用直线段工具绘制直线段的技巧一样，也可以通过配合使用快捷键的方法来绘制弧线。在绘制弧线时，若按住【Alt】键，将以单击位置为弧线的中心向其两侧延展绘制弧线；若按住【Shift】键，将以 45°为角度递增绘制弧线，如图 3-9 所示；若按住【~】键，可以绘制多条弧线，如图 3-10 所示。

图 3-9 按住【Shift】键的同时绘制弧线　图 3-10 按住【~】键的同时绘制弧线

下面介绍绘制弧线的操作方法。

| 素材文件 | 光盘 \ 素材 \ 第 3 章 \3.1.2.ai |
| 效果文件 | 光盘 \ 效果 \ 第 3 章 \3.1.2.ai |
| 视频文件 | 光盘 \ 视频 \ 第 3 章 \3.1.2 绘制弧线 .mp4 |

【操练＋视频】——绘制弧线

**STEP 01** 单击"文件"｜"打开"命令，打开一幅素材图像，如图 3-11 所示。

**STEP 02** 选取工具面板中的弧形工具，如图 3-12 所示。

图 3-11 打开素材图像

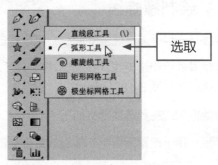

图 3-12 选取弧形工具

STEP 03 在控制面板中设置"填色"为"无"、"描边"为"黑色"、"描边粗细"为5pt，如图3-13所示。

STEP 04 将鼠标指针移至图像窗口中，按住【Shift】键的同时在图像上的合适位置单击鼠标左键，并向图像的右上角拖曳鼠标，拖至合适位置后释放鼠标，即可绘制一个45°角的弧线段，效果如图3-14所示。

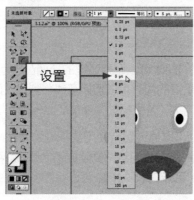

图3-13 设置工具属性

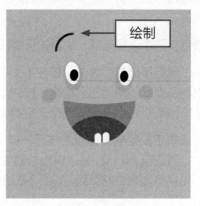

图3-14 绘制弧线段

STEP 05 使用选择工具适当调整其角度和位置，效果如图3-15所示。

STEP 06 复制弧线段，调整至合适位置，并对其进行镜像变换，效果如图3-16所示。

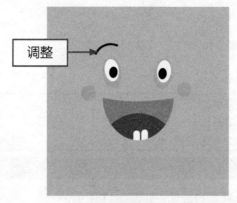

图3-15 调整角度和位置

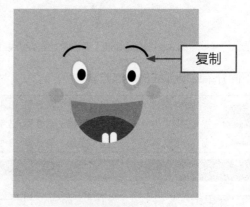

图3-16 镜像效果

### ✍ 3.1.3 绘制螺旋线

螺旋线是一种平滑、优美的曲线，可以构成简洁、漂亮的图案，如图3-17所示。

若要精确地绘制螺旋线，可在选取螺旋线工具的情况下在窗口中单击鼠标左键，此时将弹出"螺旋线"对话框，如图3-18所示。

该对话框中的主要选项含义如下：

* 半径：用于设置所绘制的螺旋线最外侧的点至中心点的距离。

图 3-17 绘制螺旋曲线　　　　　图 3-18 "螺旋线"对话框

* 衰减：用于设置所绘制的螺旋线中每个旋转圈相对于里面旋转圈的递减曲率。

* 段数：用于设置螺旋线中的段数组成。

* 样式：用于设置螺旋线是按顺时针进行绘制，还是按逆时针进行绘制。

在使用螺旋线工具绘制螺旋线时，若按住【Shift】键，将以 45°角度为增量的方向绘制螺旋线；若按住【Ctrl】键，可以增加螺旋线的密度；若按【↑】键，可以增加螺旋线的圈数；若按【↓】键，可以减少螺旋线的圈数；若按住【~】键，可以绘制多条不同方向和大小的螺旋线。

下面介绍绘制螺旋线的操作方法。

| | 素材文件 | 光盘\素材\第 3 章\3.1.3.ai |
|---|---|---|
| | 效果文件 | 光盘\效果\第 3 章\3.1.3.ai |
| | 视频文件 | 光盘\视频\第 3 章\3.1.3 绘制螺旋线 .mp4 |

【操练＋视频】——绘制螺旋线

**STEP 01** 单击"文件"｜"打开"命令，打开一幅素材图像，如图 3-19 所示。

**STEP 02** 选取工具面板中的螺旋线工具 ，在控制面板上设置"描边"颜色为白色、"描边粗细"为 30pt，将鼠标指针移至图像窗口中单击鼠标左键，弹出"螺旋线"对话框，设置"半径"为 60mm、"衰减"为 80%、"段数"为 10，选中"逆时针"样式，如图 3-20 所示。

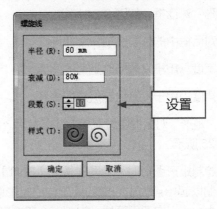

设置

图 3-19 打开素材图像　　　　　图 3-20 "螺旋线"对话框

**STEP 03** 单击"确定"按钮，即可绘制一个指定大小的螺旋线。使用选择工具移动所绘制螺旋线的位置，如图 3-21 所示。

**STEP 04** 选中所绘制的螺旋线，调整螺旋线在图像中的位置和排列顺序，效果如图 3-22 所示。

图 3-21　绘制螺旋线　　　　　　　　　　图 3-22　图像效果

### 3.1.4　绘制矩形和正方形

矩形工具是绘制图形时比较常用的基本图形工具，可以通过拖曳鼠标的方法绘制矩形，同时也可通过"矩形"对话框绘制精确的矩形。选取工具面板中的矩形工具，移动鼠标指针至图形窗口，单击鼠标左键确认起始点，拖曳鼠标至合适的位置，此时将会显示一个蓝色的矩形框，释放鼠标后即可绘制一个矩形图形，如图 3-23 所示。

图 3-23　绘制矩形图形

若要精确地绘制矩形图形，可在选取该工具的情况下在图形窗口中单击鼠标左键，此时将弹出"矩形"对话框，如图 3-24 所示。

该对话框中的主要选项含义如下：

＊ 宽度：用于设置绘制矩形的宽度。

＊ 高度：用于设置绘制矩形的高度。

在"矩形"对话框中设置相应的参数后，单击"确定"按钮，即可按照定义的大小绘制矩形，如图 3-25 所示。

在绘制矩形图形时，若同时按住【Shift】键，可以绘制正方形图形；若同时按住【Alt】键，可以绘制以起始点为中心向四周延伸的矩形图形；若同时按住【Alt + Shift】组合键，将以鼠标单击点为中心点向四周延伸，绘制一个正方形图形。

图 3-24 "矩形"对话框

图 3-25 绘制精确矩形

下面介绍绘制矩形和正方形的操作方法。

| | | |
|---|---|---|
| 素材文件 | 光盘 \ 素材 \ 第 3 章 \3.1.4.ai | |
| 效果文件 | 光盘 \ 效果 \ 第 3 章 \3.1.4.ai | |
| 视频文件 | 光盘 \ 视频 \ 第 3 章 \3.1.4 绘制矩形和正方形 .mp4 | |

【操练 + 视频】——绘制矩形和正方形

**STEP 01** 单击"文件"|"打开"命令，打开一幅素材图像，如图 3-26 所示。

**STEP 02** 选取工具面板中的矩形工具 ▣，设置"填色"为灰色（#676767），按住【Shift】键的同时在图像中的合适位置单击鼠标左键，拖曳鼠标至合适位置后释放鼠标，即可绘制一个正方形，如图 3-27 所示。

图 3-26 打开素材图像

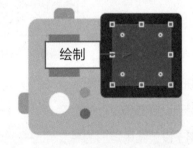

图 3-27 绘制正方形

**STEP 03** 选择绘制的正方形，按两次【Ctrl + [ 】组合键，将该图形下移，效果如图 3-28 所示。

**STEP 04** 用同样的方法绘制一个矩形，并将其置于底层，效果如图 3-29 所示。

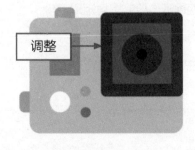

图 3-28 调整排列顺序

图 3-29 绘制矩形

## 3.1.5 绘制圆角矩形

使用圆角矩形工具可以绘制带有圆角的矩形图形，如图 3-30 所示。

图 3-30 绘制圆角矩形

若要精确地绘制圆角矩形，可在选取该工具的情况下在图形窗口中单击鼠标左键，此时将弹出"圆角矩形"对话框，如图 3-31 所示。

图 3-31 "圆角矩形"对话框

该对话框中的主要选项含义如下：

* 宽度：用于设置圆角矩形的宽度。

* 高度：用于设置圆角矩形的高度。

* 圆角半径：用于设置圆角矩形的半径值。

利用圆角矩形工具绘制圆角矩形时，还有以下技巧：

* 若按住【Shift】键，绘制一个正方形圆角矩形。

* 若按住【Alt】键，将以鼠标单击点为中心向四周延伸绘制圆角矩形。

* 若按【Shift + Alt】组合键，将以鼠标单击点为中心向四周延伸，绘制一个正方形圆角矩形。

* 若按【Alt + ~】组合键，将以鼠标单击点为中心绘制多个大小不同的圆角矩形。

下面介绍绘制圆角矩形的操作方法。

| 素材文件 | 光盘 \ 素材 \ 第 3 章 \3.1.5.ai |
| 效果文件 | 光盘 \ 效果 \ 第 3 章 \3.1.5.ai |
| 视频文件 | 光盘 \ 视频 \ 第 3 章 \3.1.5 绘制圆角矩形 .mp4 |

**STEP 01** 单击"文件"｜"打开"命令，打开一幅素材图像，如图 3-32 所示。

**STEP 02** 选取工具面板中的圆角矩形工具 ，设置"填色"为深蓝色（#1FABAE），在窗口中单击鼠标左键，弹出"圆角矩形"对话框，设置"宽度"为 150mm、"高度"为 150mm、"圆角半径"为 10mm，如图 3-33 所示。

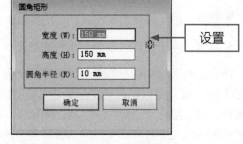

设置

图 3-32 打开素材图像　　　　　图 3-33 "圆角矩形"对话框

**STEP 03** 单击"确定"按钮，即可绘制出一个指定大小和圆角半径的圆角矩形，如图 3-34 所示。

**STEP 04** 使用选择工具选中所绘制的圆角矩形，将圆角矩形置于底层，并调整图形之间的位置，效果如图 3-35 所示。

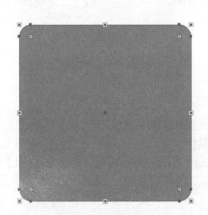

图 3-34 绘制圆角矩形　　　　　图 3-35 调整图形位置

## 3.1.6 绘制圆形和椭圆形

使用椭圆工具可以快速地绘制一个任意半径的圆或椭圆，如图 3-36 所示。

若要精确地绘制椭圆图形，可在选取该工具的情况下在图形窗口中单击鼠标左键，此时将弹出"椭圆"对话框，如图 3-37 所示。

图 3-36 绘制椭圆

该工具面板中的主要选项含义如下：

* 宽度：用于设置绘制椭圆图形的宽度。

* 高度：用于设置绘制椭圆图形的高度。

使用工具面板中的椭圆工具绘制椭圆图形时，若按住【Shift】键，可绘制一个正圆图形；若按住【Alt】键，将以鼠标单击点为中心向四周延伸，绘制一个椭圆图形；若按住【Shift + Alt】组合键，将以鼠标单击点为中心向四周延伸，绘制一个正圆图形；若按住【Alt + ~】组合键，将以鼠标单击点为中心向四周延伸，绘制多个椭圆图形，如图 3-38 所示。

图 3-37 "椭圆"对话框

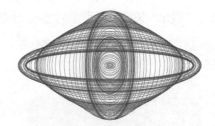

图 3-38 绘制椭圆图形

专家指点

在许多软件的工具面板中，若某些工具图标的右下角有一个黑色的小三角形，则表示该工具中还有其他工具，通常称之为工具组，如几何工具组里就包括矩形工具、圆角矩形工具、椭圆工具和星形工具等。若要进行工具之间的切换，则按住【Alt】键的同时在该工具图标单击鼠标左键，即可在各工具之间进行切换。

下面介绍绘制圆形和椭圆形的操作方法。

| 素材文件 | 光盘 \ 素材 \ 第 3 章 \3.1.6.ai |
| 效果文件 | 光盘 \ 效果 \ 第 3 章 \3.1.6.ai |
| 视频文件 | 光盘 \ 视频 \ 第 3 章 \3.1.6 绘制圆形和椭圆形 .mp4 |

【操练 + 视频】——绘制圆形和椭圆形

STEP 01 单击"文件"｜"打开"命令，打开一幅素材图像。选取工具面板中的椭圆工具 ◉，如图 3-39 所示。

STEP 02 设置"填色"为黄色（#F7C767），将鼠标指针移至图像中的合适位置，如图 3-40 所示。

图 3-39 素材图像　　　　　　　　　　　　　　　　图 3-40 定位鼠标指针

STEP 03 按住【Shift】键的同时单击鼠标左键并向右下方拖曳，即可显示出一个圆形的蓝色路径，如图 3-41 所示。

STEP 04 释放鼠标后即可绘制一个圆形图形，并将其调整至合适位置，效果如图 3-42 所示。

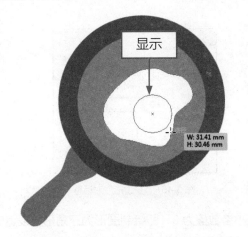

图 3-41 显示出圆形的蓝色路径　　　　　　　　　　图 3-42 绘制圆形

### 3.1.7 绘制多边形

使用多边形工具可以快速绘制指定边数的正多边形，如图 3-43 所示，绘制的边数可以是 3 ～ 1000 中任意的整数。

使用多边形工具绘制图形时，在半径较小的时候，多边形的边数不要设置得太大，否则所绘制的多边形将和一个圆没什么区别。

在使用多边形工具绘制多边形图形时，若按住【Shift】键的同时在图形窗口中单击鼠标左键并拖曳，所绘制多边形的底部与窗口的底部是水平对齐的；若按【↑】键，绘制的多边形将随着鼠标的拖曳逐渐地增加边数；若按【↓】键，绘制的多边形将随着鼠标的拖曳逐渐地减少边数；若按【～】键，将绘制多个重叠的不同大小的多边形，使之产生特殊的效果，如图 3-44 所示。

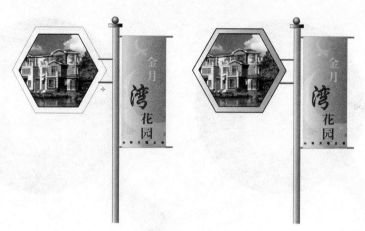

图 3-43 绘制多边形

若要精确地绘制多边形图形，可在选取该工具的情况下在图形窗口中单击鼠标左键，此时将弹出"多边形"对话框，如图 3-45 所示。

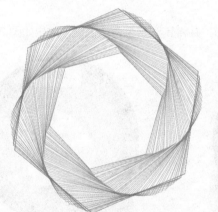

图 3-44 按住～键的同时绘制多边形图形　　　图 3-45 "多边形"对话框

该对话框中的"边数"文本框中可输入的最小参数值为 3，即绘制图形为三角形。设置的"边数"值越大，所绘制的多边形就越接近圆形。

下面介绍绘制多边形的操作方法。

| 素材文件 | 光盘 \ 素材 \ 第 3 章 \3.1.7.ai |
| 效果文件 | 光盘 \ 效果 \ 第 3 章 \3.1.7.ai |
| 视频文件 | 光盘 \ 视频 \ 第 3 章 \3.1.7 绘制多边形 .mp4 |

【操练＋视频】——绘制多边形

STEP 01 单击"文件"｜"打开"命令，打开一幅素材图像，如图 3-46 所示。

STEP 02 选取工具面板中的多边形工具，设置"描边"为红色（#E73376）、"描边粗细"为 16pt，将鼠标指针移至图像窗口中单击鼠标左键，弹出"多边形"对话框，设置"半径"为 75mm、"边数"为 11，如图 3-47 所示。

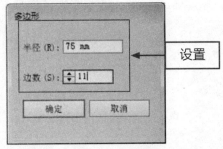

设置

图 3-46 打开素材图像　　　　　　　图 3-47 "多边形"对话框

**STEP 03** 单击"确定"按钮，即可绘制出一个指定大小和边数的多边形，如图 3-48 所示。

**STEP 04** 使用选择工具选中所绘制的多边形，并调整至合适位置，效果如图 3-49 所示。

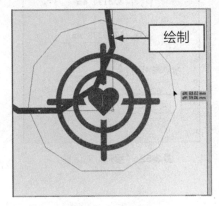

绘制

图 3-48　绘制多边形　　　　　　　图 3-49　调整图形位置

## 3.1.8　绘制星形

　　使用星形工具可以快速地绘制各种角数、宽度的星形图形，如图 3-50 所示，其操作方法与其他的基本几何体绘制工具一样。

　　用户在使用星形工具绘制星形图形时，若按【↑】键，绘制的图形将随着鼠标的拖曳逐渐地增加边数；若按【↓】键，绘制的图形将随着鼠标的拖曳逐渐地减少边数；若按【～】键，单击鼠标左键并向不同的方向拖曳鼠标，可绘制出多个重叠的不同大小的星形，使之产生特殊的效果，如图 3-51 所示。

　　若要绘制精确的星形图形，可在选取该工具的情况下在图形窗口中单击鼠标左键，此时将弹出"星形"对话框，如图 3-52 所示。

　　该对话框中的主要选项含义如下：

＊ 半径 1：用于定义所绘制星形图形内侧点至星形中心点的距离。

＊ 半径 2：用于定义所绘制星形图形外侧点至星形中心点的距离。

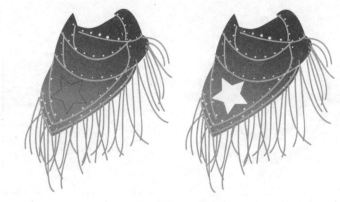

图 3-50 绘制五角星形

图 3-51 按住键的同时绘制星形

图 3-52 "星形"对话框

＊角点数：用于定义所绘制星形图形的角数。

在"星形"对话框中，当"半径 1"和"半径 2"文本框中的数值相同时，在图形窗口中将生成多边形图形，且多边形的边数为"角点数"文本框中所输入数值的两倍。

下面介绍绘制星形的操作方法。

| | | |
|---|---|---|
| 素材文件 | 光盘 \ 素材 \ 第 3 章 \3.1.8.ai |
| 效果文件 | 光盘 \ 效果 \ 第 3 章 \3.1.8.ai |
| 视频文件 | 光盘 \ 视频 \ 第 3 章 \3.1.8 绘制星形 .mp4 |

【操练 + 视频】——绘制星形

STEP 01 单击"文件"｜"打开"命令，打开一个素材图像，如图 3-53 所示。

STEP 02 选取工具面板中的星形工具⭐，设置"填色"为黄色（#FFF100），在图像窗口中单击鼠标左键，弹出"星形"对话框，设置"半径 1"为 5mm、"半径 2"为 1mm、"角点数"为 4，如图 3-54 所示。

STEP 03 单击"确定"按钮，即可绘制一个指定大小的四角星形，如图 3-55 所示。

STEP 04 采用同样的方法，可以绘制多个大小不同的星形图形，效果如图 3-56 所示。

图 3-53 打开素材图像      图 3-54 设置相应选项

图 3-55 绘制指定大小的星形      图 3-56 图像效果

## 3.1.9 绘制矩形网格

使用矩形网格工具可以快速地绘制网格图形，如图 3-57 所示。

若要精确地绘制矩形网格，可在选取该工具的情况下在图形窗口中单击鼠标左键，此时将弹出"矩形网格工具选项"对话框，如图 3-58 所示。

图 3-57 绘制矩形网格      图 3-58 "矩形网格工具选项"对话框

该对话框中的主要选项含义如下：

* "默认大小"选项区：用于设置网格的默认尺寸大小，可以控制网格的高度和宽度。

* "数量"选项：用于设置网格水平和垂直的网格线数量。

* "倾斜"选项：在"倾斜"文本框中输入正数值，可以按照由下至上的网格偏移比例进行网格分隔；输入负数值，可以按照由右至左的网格偏移比例进行网格分隔。

* 使用外部矩形作为框架：选中该复选框，绘制的网格图形在执行"对象"|"取消组合"命令后，网格图形将含有矩形框架图形；若取消选择该复选框，则绘制的网格图形在取消组合后不包含矩形框架图形。

* 填色网格：选中该复选框，绘制的网格将以设置的颜色进行填充，如图 3-59 所示。

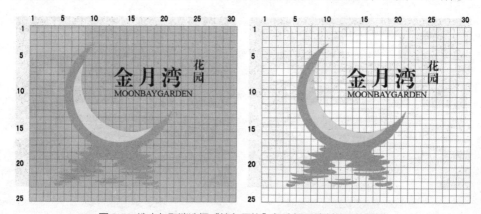

图 3-59 选中与取消选择"填色网格"复选框后绘制的网格图形

在使用矩形网格工具绘制矩形网格时，若按【↑】键，将在垂直方向上增加矩形网格图形；若按【↓】键，将在垂直方向上减少矩形网格图形；若按【→】键，将在水平方向上增加矩形网格图形；若按【←】键，将在水平方向上减少网格图形；若按住【Alt】键，将绘制由鼠标单击点为中心向四周延伸的矩形网格图形；若按住【Shift】键，将绘制正方形网格图形，如图 3-60 所示。

图 3-60 绘制正方形矩形网格

下面介绍绘制矩形网格的操作方法。

| 素材文件 | 光盘 \ 素材 \ 第 3 章 \3.1.9.ai |
| --- | --- |
| 效果文件 | 光盘 \ 效果 \ 第 3 章 \3.1.9.ai |
| 视频文件 | 光盘 \ 视频 \ 第 3 章 \3.1.9 绘制矩形网格 .mp4 |

【操练 + 视频】——绘制矩形网格

STEP 01 单击"文件"｜"打开"命令，打开一幅素材图像，如图 3-61 所示。

STEP 02 选取工具面板中的矩形网格工具▦，在控制面板上设置"描边"为黑色、"描边粗细"为 4pt，将鼠标指针移至图像窗口中单击鼠标左键，弹出"矩形网格工具选项"对话框，在"默认大小"选项区中设置"宽度"为 120mm、"高度"为 150mm，设置"水平分隔线"为 2、"垂直分隔线"为 2，如图 3-62 所示。

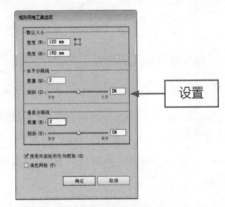

图 3-61 打开素材图像　　　　图 3-62 "矩形网格工具选项"对话框

STEP 03 单击"确定"按钮，即可绘制一个指定大小和分隔线的矩形网格图形，如图 3-63 所示。

STEP 04 选取工具面板中的选择工具选中网格，调整网格在图像中的位置，效果如图 3-64 所示。

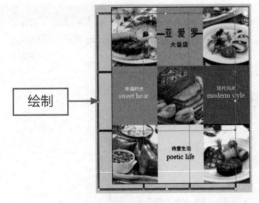

图 3-63 绘制矩形网格图形　　　　图 3-64 调整矩形网格位置

## 📐 3.1.10　绘制极坐标网格

使用极坐标网格工具可以绘制具有同心圆的放射线效果的网状图形，如图 3-65 所示。

若要精确地绘制网状图形，可在选取该工具的情况下在图形窗口中单击鼠标左键，此时将弹出"极坐标网格工具选项"对话框，如图 3-66 所示。

图 3-65 绘制网状图形

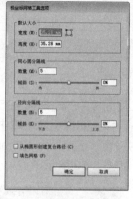

图 3-66 "极坐标网格工具选项"对话框

"极坐标网格工具选项"对话框中的主要选项区的含义如下：

* "默认大小"选项区：用于设置极坐标网格图形的宽度和高度。

* "同心圆分隔线"选项区：用于设置同心圆的数量，以及同心圆之间的间距增减的偏移方向和偏移大小。

* "径向分隔线"选项区：用于设置放射线的数量，以及射线之间的间距增减的偏移方向和偏移大小。

下面介绍绘制极坐标网格的操作方法。

| | 素材文件 | 光盘\素材\第 3 章\3.1.10.ai |
|---|---|---|
| | 效果文件 | 光盘\效果\第 3 章\3.1.10.ai |
| | 视频文件 | 光盘\视频\第 3 章\3.1.10 绘制极坐标网格.mp4 |

【操练 + 视频】——绘制极坐标网格

STEP 01 单击"文件"｜"打开"命令，打开一幅素材图像，如图 3-67 所示。

STEP 02 选取工具面板中的极坐标网格工具 ◙，如图 3-68 所示。

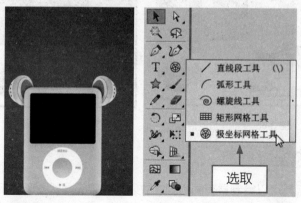

图 3-67 打开素材图像　　　图 3-68 选取极坐标网格工具

**STEP 03** 在控制面板中设置"描边"为"白色"、"描边粗细"为5pt，如图3-69所示。

**STEP 04** 将鼠标指针移至图像窗口中单击鼠标左键，弹出"极坐标网格工具选项"对话框，在"默认大小"选项区中设置"宽度"为50mm、"高度"为50mm，设置"同心圆分隔线"为5、"径向分隔线"为5，如图3-70所示。

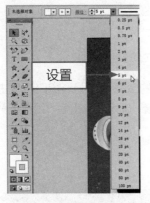 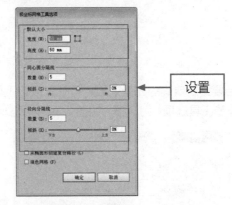

图 3-69 设置相应选项　　　图 3-70 "极坐标网格工具选项"对话框

**STEP 05** 单击"确定"按钮，即可在文档中绘制一个指定大小和分隔线的极坐标网格图形，如图3-71所示。

**STEP 06** 选取工具面板中的选择工具选中网格，适当调整其位置，效果如图3-72所示。

图 3-71 绘制极坐标网格图形　　　图 3-72 调整图形位置

## 3.1.11 绘制光晕图形

使用光晕工具可以绘制出带有光辉闪耀效果的图形，该图形具有明亮的中心、晕轮、射线和光圈，若在其他图形对象上使用，会获得类似镜头眩光的特殊效果。使用光晕工具可以制造出眩光的效果，如珠宝、阳光的光芒。

选取工具面板中的光晕工具，移动鼠标指针至图形窗口中单击鼠标左键并拖曳，确认光晕效果的整体大小。释放鼠标后，移动鼠标指针至合适的位置确认光晕效果的长度，释放鼠标后即可绘制一个光晕效果，如图3-73所示。

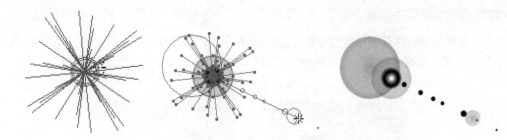

图 3-73 使用光晕工具绘制光晕图形

若要绘制精确的光晕效果，可在选取该工具的情况下在图形窗口中单击鼠标左键，此时将弹出"光晕工具选项"对话框，如图 3-74 所示。单击"确定"按钮后，绘制的光晕效果如 3-75 所示。

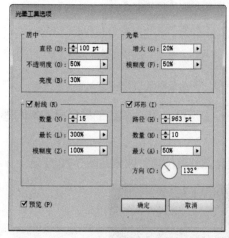

图 3-74 "光晕工具选项"对话框

图 3-75 绘制光晕效果

该对话框中的主要选项含义如下：

＊"居中"选项区：该选项区中的"直径"选项用于设置光晕中心点的直径；"不透明度"选项用于设置光晕中心点的透明程度；"亮度"选项用于设置光晕中心点的明暗强弱程度。

＊"光晕"选项区：该选项区中的"增大"选项用于设置光晕效果的发光程度；"模糊度"选项用于设置光晕效果中光晕的柔和程度。

＊"射线"选项区：该选项区中的"数量"用于设置光晕效果中放射线的数量；"最长"选项用于设置光晕效果中放射线的长度；"模糊度"选项用于设置光晕效果中放射线的模糊程度，数值越大光晕越模糊。

＊"环形"选项区：该选项区中的"路径"用于设置光晕效果中心与末端的距离；"数量"选项用于设置光晕效果中光环的数量；"最大"选项用于设置光晕效果中光环的最大比例；"方向"选项用于设置光晕效果的发射角度。

在使用光晕工具绘制光晕效果时，若按【↑】键，所绘制光晕效果的放射线数量增加；若按【↓】键，则逐渐减少光晕效果的放射线数量；若按住【Shift】键，将约束所绘制光晕效果的放射线的角度；若按住【Ctrl】键，将改变所添加光晕效果的中心点与光环之间的距离。

下面介绍绘制光晕图形的操作方法。

| 素材文件 | 光盘 \ 素材 \ 第 3 章 \3.1.11.ai |
|---|---|
| 效果文件 | 光盘 \ 效果 \ 第 3 章 \3.1.11.ai |
| 视频文件 | 光盘 \ 视频 \ 第 3 章 \3.1.11 绘制光晕图形 .mp4 |

【操练＋视频】——绘制光晕图形

**STEP 01** 单击"文件"｜"打开"命令，打开一幅素材图像，如图 3-76 所示。

**STEP 02** 选取工具面板中的光晕工具，将鼠标指针移至图像窗口中单击鼠标左键，弹出"光晕工具选项"对话框，设置"直径"为 150pt、"不透明度"为 60%、"亮度"为 30%，如图 3-77 所示。

图 3-76 打开素材图像　　　　图 3-77 "光晕工具选项"对话框

**STEP 03** 单击"确定"按钮，即可绘制一个光晕图形，如图 3-78 所示。

**STEP 04** 选取工具面板中的选择工具选中光晕，适当调整其角度，效果如图 3-79 所示。

图 3-78 绘制光晕图形　　　　图 3-79 调整角度效果

专家指点

　　用户还可以对所绘制的光晕效果进行进一步的编辑操作，以使其更符合自己的需要。其相关编辑内容如下：

＊ 若需要修改光晕效果的相关参数，首先选取工具面板中的选择工具将其选中，双击工具面板中的光晕工具，在弹出的"光晕工具选项"对话框中修改相应的参数，然后单击"确定"按钮，即可完成修改操作。

\* 若需要修改光晕效果中心至末端的距离或光晕的旋转方向等，可使用工具面板中的选择工具在图形窗口中选择需要修改的光晕效果，然后选取工具面板中的光晕工具 ，移动鼠标指针至光晕效果的中心位置或末端位置，当指针呈 形状时拖曳鼠标即可完成修改操作。

# ▶ 3.2 填色与描边的设定

Illustrator CC 作为专业的矢量绘图软件，提供了丰富的色彩功能和多样的填色工具，给图形上色带来了极大的方便。若要制作出精彩的作品，那么对图形进行填充是必不可少的操作。

本节主要介绍使用填充和描边进行上色，使用工具进行单色填充和多色填充，应用面板填充图形和制作图形的混合效果。

## 3.2.1 使用填色工具上色

图形的填充主要由填色和描边两部分组成，填色指的是图形中所包含的颜色和图案，而描边指的是包围图形的路径线条。在 Illustrator CC 中，直接在工具面板上设置填色和描边。

在 Illustrator CC 中，图形所填充的色彩模式主要以 CMYK 为主。因此，颜色参数值主要是在 CMYK 的数值框中进行设置。只要当前所需要填充的图形处于选中状态，设置好颜色后系统将自动将颜色填充至图形中。

下面介绍使用填色工具上色的操作方法。

| | 素材文件 | 光盘 \ 素材 \ 第 3 章 \3.2.1.ai |
|---|---|---|
| | 效果文件 | 光盘 \ 效果 \ 第 3 章 \3.2.1.ai |
| | 视频文件 | 光盘 \ 视频 \ 第 3 章 \3.2.1 使用填色工具上色 .mp4 |

【操练 + 视频】——使用填色工具上色

**STEP 01** 单击"文件"|"打开"命令，打开一幅素材图像，如图 3-80 所示。

**STEP 02** 使用选择工具 选中需要填充的路径后，将鼠标指针移至工具面板中的"填色"工具图标 上双击鼠标左键，如图 3-81 所示。

图 3-80 打开素材图像　　　图 3-81 双击"填色"工具图标

**STEP 03** 弹出"拾色器"对话框，将鼠标指针移至"选择颜色"选项区中单击鼠标左键，指针呈正圆形形状〇，拖曳鼠标至需要填充的颜色区域（CMYK 的参数值为 7%、59%、38%、0%）上，如图 3-82 所示。

**STEP 04** 单击"确定"按钮，即可为路径图形填充相应的颜色，效果如图 3-83 所示。

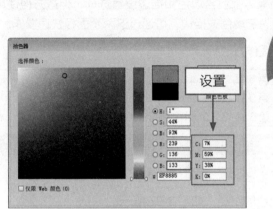

图 3-82 设置颜色　　　　　　　　　　图 3-83 填充效果

## 📋 3.2.2 使用描边工具上色

在 Illustrator CC 中，按【X】键也可以激活填色工具和描边工具。若"填色"和"描边"图标中都存有颜色时，单击"互换填色和描边"按钮⤵或按【Shift + X】组合键，即可互换填色与描边的颜色。按"默认填色和描边"按钮⤵或按【X】键，即可将"填色"和"描边"设置为系统的默认色。

使用选择工具选中所绘制的图形，将鼠标指针移至"描边"图标⬚上，单击鼠标左键，即可启用"描边"工具。双击鼠标左键，弹出"拾色器"对话框，设置 CMYK 的参数值，如图 3-84 所示。单击"确定"按钮，即可为图形的路径线条进行描边，如图 3-85 所示。

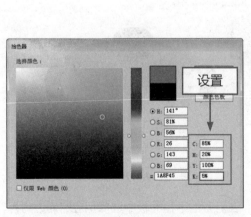

图 3-84 "拾色器"对话框　　　　　　　图 3-85 描边效果

选择对象后，单击工具面板底部的颜色按钮 □，可以使用上次选择的单色进行填色或描边；单击渐变按钮 ■，可以使用上次选择的渐变色进行填色或描边。

### 3.2.3 用控制面板填色和描边

"颜色"、"色板"和"渐变"面板等都包含填色和描边设置选项，但最方便使用的还是工具面板和控制面板。选择对象后，若要为它填色或描边，可通过这两个面板快速操作。

下面介绍用控制面板填色和描边的操作方法。

| 素材文件 | 光盘 \ 素材 \ 第 3 章 \3.2.3.ai |
|---|---|
| 效果文件 | 光盘 \ 效果 \ 第 3 章 \3.2.3.ai |
| 视频文件 | 光盘 \ 视频 \ 第 3 章 \3.2.3 用控制面板填色和描边 .mp4 |

【操练 + 视频】——用控制面板填色和描边

**STEP 01** 单击"文件" | "打开"命令，打开一幅素材图像，如图 3-86 所示。

**STEP 02** 使用选择工具 ▶ 选择需要上色的路径，如图 3-87 所示。

图 3-86 打开素材图像　　　　图 3-87 选择需要上色的路径

**STEP 03** 单击控制面板中的填色按钮 ■▾，在打开的下拉面板中选择相应的填充内容，如图 3-88 所示。

**STEP 04** 执行操作后，即可为对象填色，如图 3-89 所示。

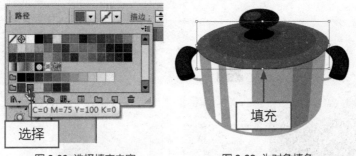

图 3-88 选择填充内容　　　　图 3-89 为对象填色

**STEP 05** 单击控制面板中的描边按钮 ▨▾，在打开的下拉面板中选择相应的描边内容，如图 3-90 所示。

STEP 06 执行操作后，即可为对象描边，如图 3-91 所示。

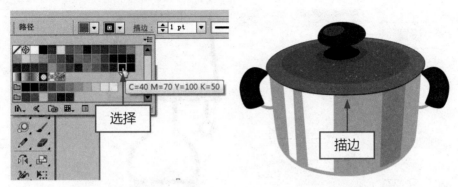

图 3-90 选择描边内容　　　　　　　　　图 3-91 为对象描边

## 3.2.4 运用"描边"面板

对图像进行描边后，可以在"描边"面板中设置描边粗细、对齐方式、线条连接和线条端点的样式，还可以将描边设置为虚线，控制虚线的次序。

使用"描边"面板的主要用途是对所绘制的图形路径线条进行设置，在"虚线"复选框下设置"虚线"和"间隙"的数值框分别都有 3 个，若选中一个描边图形后，将 6 个数值框都进行了设置，则一个描边图形中会有 3 种不同的描边效果。

下面介绍运用"描边"面板的操作方法。

| | 素材文件 | 光盘\素材\第 3 章\3.2.4.ai |
|---|---|---|
| | 效果文件 | 光盘\效果\第 3 章\3.2.4.ai |
| | 视频文件 | 光盘\视频\第 3 章\3.2.4 运用"描边"面板.mp4 |

【操练＋视频】——运用"描边"面板

STEP 01 单击"文件"｜"打开"命令，打开一幅素材图像，如图 3-92 所示。

STEP 02 使用选择工具 选择相应的图形对象，如图 3-93 所示。

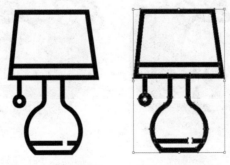

图 3-92 打开素材图像　　　图 3-93 选择图形

STEP 03 设置"描边"为黄色（#FFE200），单击"窗口"｜"描边"命令，即可打开"描边"面板，设置"粗细"为 6pt，如图 3-94 所示。

**STEP 04** 执行描边设置的同时，图形的描边效果也随之改变，如图 3-95 所示。

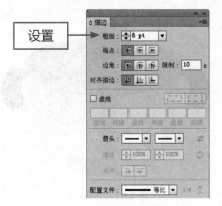

设置

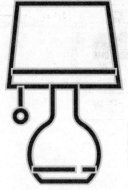

图 3-94 设置描边参数　　　　图 3-95 描边效果

### 3.2.5 虚线描边

选择图形，选中"描边"面板中的"虚线"复选框，并设置虚线线段的长度，在"间隙"文本框中设置线段的间距，即可用虚线描边路径。

下面介绍虚线描边的操作方法。

| 素材文件 | 光盘 \ 素材 \ 第 3 章 \3.2.5.ai |
|---|---|
| 效果文件 | 光盘 \ 效果 \ 第 3 章 \3.2.5.ai |
| 视频文件 | 光盘 \ 视频 \ 第 3 章 \3.2.5 虚线描边 .mp4 |

【操练 + 视频】——虚线描边

**STEP 01** 单击"文件"｜"打开"命令，打开一幅素材图像，如图 3-96 所示。

**STEP 02** 使用选择工具 ▶ 选择相应的图形对象，如图 3-97 所示。

选择

图 3-96 打开素材图像　　　　图 3-97 选择图形对象

**STEP 03** 单击"窗口"｜"描边"命令，打开"描边"面板，选中"虚线"复选框，并设置"虚线"和"间隙"均为 6pt，如图 3-98 所示。

**STEP 04** 执行操作后，即可将描边转换为虚线，效果如图 3-99 所示。

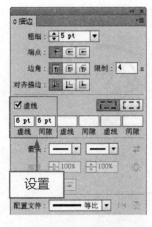

图 3-98 "描边"面板

图 3-99 将描边转换为虚线

**STEP 05** 在"描边"面板中单击 按钮，如图 3-100 所示。

**STEP 06** 执行操作后，可以使虚线与边角和路径终端对齐，并调整到合适的长度，效果如图 3-101 所示。

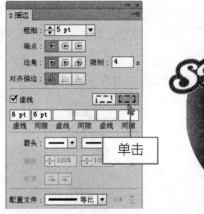

图 3-100 单击相应按钮

图 3-101 描边效果

## 3.2.6 在路径端点添加箭头

"描边"面板中的"箭头"虚线可以为路径的起点和终点添加箭头。在"描边"面板的"缩放"选项中可以调整箭头的缩放比例，按下 按钮可以同时调整起点和终点箭头的缩放比例。

下面介绍在路径端点添加箭头的操作方法。

| 素材文件 | 光盘 \ 素材 \ 第 3 章 \3.2.6.ai |
|---|---|
| 效果文件 | 光盘 \ 效果 \ 第 3 章 \3.2.6.ai |
| 视频文件 | 光盘 \ 视频 \ 第 3 章 \3.2.6 在路径端点添加箭头 .mp4 |

【操练＋视频】——在路径端点添加箭头

**STEP 01** 单击"文件"│"打开"命令，打开一幅素材图像，如图 3-102 所示。

**STEP 02** 使用选择工具 选择相应的图形对象，如图 3-103 所示。

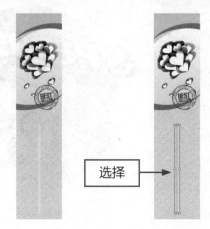

图 3-102 打开素材图像　　　　图 3-103 选择图形对象

　　在"描边"面板中单击"互换箭头起始处和结束处"按钮 ⇄ ，可以互换箭头起点和终点。

**STEP 03** 单击"窗口"｜"描边"命令，打开"描边"面板，在箭头起点下拉列表框中选择"箭头 14"选项，如图 3-104 所示。

**STEP 04** 执行操作后，即可为箭头添加起点，效果如图 3-105 所示。

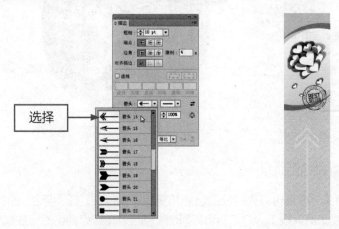

图 3-104 选择"箭头 14"选项　　　　图 3-105 为箭头添加起点

　　在 Illustrator CC 中，使用吸管工具可以很方便地将一个对象的属性按照另一个对象的属性进行更新，也相当于对图形颜色的复制。

　　选取工具面板中的选择工具，在图形窗口中选择需要更改颜色的图形，选取工具面板中的吸管工具，移动鼠标指针至文件编辑窗口，在窗口中需要吸取颜色的图形位置单击鼠标左键，即可将选择的图形填充为所吸取的颜色。

**STEP 05** 在"描边"面板的箭头终点下拉列表框中选择"箭头 32"选项，如图 3-106 所示。

**STEP 06** 执行操作后，即可为箭头添加终点，效果如图 3-107 所示。

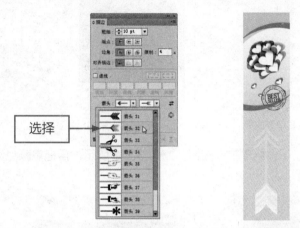

图 3-106 选择"箭头 32"选项　　图 3-107 为箭头添加终点

# ▶ 3.3 设置颜色

　　Illustrator CC 提供了各种工具、面板和对话框，可以为图稿选择颜色。选择颜色取决于图稿的要求，例如，若要使用公司认可的特定颜色，可以从公司认可的色板库中选择颜色；若希望颜色与其他图稿中的颜色匹配，则可以使用吸管工具拾取对象的颜色，或在"拾色器"、"颜色"面板中输入准确的颜色值。

## 3.3.1 用拾色器设置颜色

　　双击工具面板、"颜色"面板、"渐变"面板或"色板"面板中的填色和描边图标，都可以打开"拾色器"对话框，在其中可以选择色域和色谱，定义颜色值或单击色板等方式伸展填色和描边颜色。

　　双击工具面板底部的填色图标，弹出"拾色器"对话框，在色谱上单击可以定义颜色范围，如图 3-108 所示。在色域中单击并拖曳鼠标，可以调整颜色的深浅，如图 3-109 所示。

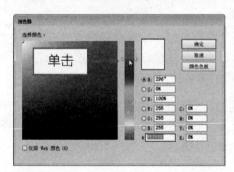

图 3-108 定义颜色范围

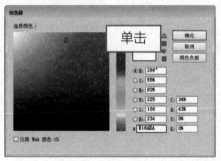

图 3-109 调整颜色深浅

　　下面来调整饱和度。首先选中 S 单选按钮，如图 3-110 所示。此时，拖曳颜色滑块即可调整饱和度，如图 3-111 所示。

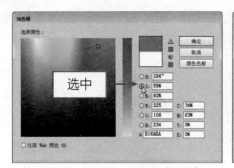
图 3-110 选中 S 单选按钮

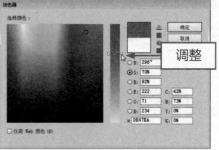
图 3-111 调整饱和度

若要调整颜色的亮度，可以选中 B 单选按钮，如图 3-112 所示。再拖曳颜色滑块进行调整，即可修改亮度，如图 3-113 所示。

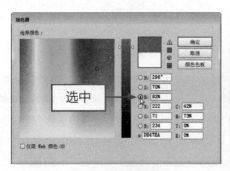
图 3-112 选中 B 单选按钮

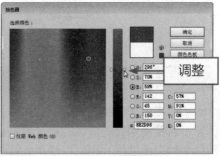
图 3-113 调整亮度

专家指点

　　"拾色器"对话框中有一个"颜色色板"按钮，单击该按钮对话框中会显示颜色色板，此时可以在色谱上单击定义颜色范围，在左侧列表中可以选择颜色。若要切换回"拾色器"，可单击"颜色模型"按钮。调整完成后，单击"确定"按钮（或按【Enter】键）关闭对话框即可。

## 3.3.2 用颜色面板设置颜色

　　"颜色"面板主要分为上下两部分，除了通过在数值框中输入精确数值来设置填充颜色外，也可以在面板下方的颜色色谱条中直接选取所需要的颜色当鼠标指针移至颜色色谱条上时，指针将自动呈吸管形状，单击鼠标左键即可将所吸取的颜色应用于所选择的图形上。

　　在 Illustrator CC 中，"颜色"面板主要采用类似于美术调色的方式来混合颜色。当前选择的颜色模式仅是改变了颜色的调整方式，不会改变文档的颜色模式。若要改变文档的颜色模式，可以使用"文件"|"文档颜色模式"菜单中的命令来进行操作。

　　下面介绍用颜色面板设置颜色的操作方法。

| 素材文件 | 光盘 \ 素材 \ 第 3 章 \3.3.2.ai |
| --- | --- |
| 效果文件 | 光盘 \ 效果 \ 第 3 章 \3.3.2.ai |
| 视频文件 | 光盘 \ 视频 \ 第 3 章 \3.3.2 用颜色面板设置颜色 .mp4 |

**STEP 01** 单击"文件"|"打开"命令，打开一幅素材图像，如图 3-114 所示。

**STEP 02** 选取工具面板中的选择工具 ，选择图像中需要填充的图形，如图 3-115 所示。

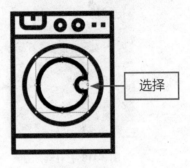

图 3-114 打开素材图像　　　　图 3-115 选择图形

**STEP 03** 单击"窗口"|"颜色"命令，调出"颜色"面板，设置 CMYK 的参数值分别为 0%、80%、0%、0%，如图 3-116 所示。

**STEP 04** 执行操作的同时被选择的图形将以所设置的颜色进行填充，效果如图 3-117 所示。

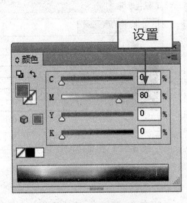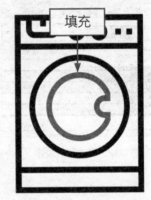

图 3-116 设置参数值　　　　图 3-117 填充颜色

### 3.3.3 用颜色参考面板设置颜色

　　在 Illustrator CC 中，使用"拾色器"和"颜色"面板等设置颜色后，"颜色参考"面板会自动生成与之协调的颜色方案，可以将其作为激发颜色灵感的工具。

　　下面介绍用颜色参考面板设置颜色的操作方法。

| 素材文件 | 光盘 \ 素材 \ 第 3 章 \3.3.3.ai |
|---|---|
| 效果文件 | 光盘 \ 效果 \ 第 3 章 \3.3.3.ai |
| 视频文件 | 光盘 \ 视频 \ 第 3 章 \3.3.3 用颜色参考面板设置颜色 .mp4 |

【操练 + 视频】——用颜色参考面板设置颜色

**STEP 01** 单击"文件"|"打开"命令，打开一幅素材图像，如图 3-118 所示。

选取工具面板中的选择工具 ，选择图像中需要填充的图形，如图 3-119 所示。

图 3-118 打开素材图像　　　　图 3-119 选择图形

STEP 03 单击"窗口"｜"颜色参考"命令，打开"颜色参考"面板，单击"将基色设置为当前颜色"按钮 ，如图 3-120 所示。

STEP 04 执行操作后，即可将基色设置为当前颜色，如图 3-121 所示。

单击

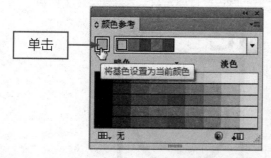

图 3-120 单击相应按钮　　　　图 3-121 将基色设置为当前颜色

---

**专家指点**

　　单击"窗口"｜"颜色"命令，调出"颜色"面板，单击面板右上角的 按钮，打开面板菜单，选择 CMYK 模式，若要编辑描边颜色，可单击描边图标 ，然后在 C、M、Y、K 文本框中输入数值并按【Enter】键即可，也可以拖曳颜色滑块进行调整。

　　若要编辑填充颜色，则单击填色图标 ，然后进行调整。按住【Shift】键拖曳颜色滑块，可同时移动与之关联的其他滑块（HSB 滑块除外）。通过这种方式可以调整颜色的明度，得到更深的颜色或更浅的颜色。

　　鼠标指针在色谱上会变为吸管工具 ，单击并拖曳鼠标。可以拾取色谱中的颜色。

　　若要删除填色或描边颜色，可以单击"无"按钮 。若要选择白色或黑色，可单击色谱左上角的白色和黑色色板。

STEP 05 单击右上角的"协调规则"按钮 ，在弹出的列表框中选择"五色组合"选项，如图 3-122 所示。

**STEP 06** 单击如图 3-123 所示的色板。

图 3-122 选择"五色组合"选项

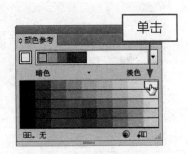

图 3-123 单击相应色板

**STEP 07** 执行操作后，即可将图形颜色修改为该颜色，如图 3-124 所示。

图 3-124 修改颜色

### 3.3.4 用色板面板设置颜色

在 Illustrator CC 中，不仅可以使用"颜色"面板对图形进行填充和描边颜色的设置，还可以使用"色板"面板设置其颜色。默认状态下，"色板"面板中显示的是 CMYK 颜色模式的颜色、颜色图案和渐变颜色等色块。

单击"窗口"|"色板"命令，打开"色板"面板，如图 3-125 所示。在图形窗口中选择图形对象后，直接单击"色板"面板所提供的颜色色块、渐变色块或图案色块，即可对该图形进行相应的填充。单击"色板"面板右侧的三角形按钮，弹出面板菜单，如图 3-126 所示。

"色板"面板的下方为用户提供了 8 个快捷按钮，它们的作用分别如下：

\* "'色板库'菜单"按钮 ▮▾：单击该按钮，将在"色板"面板中显示选择的颜色模式中所提供的所有色块，包括颜色色块、渐变色块和图案色块。

\* "打开颜色主题面板"按钮 ◀：单击该按钮，可打开"颜色主题"面板。

\* "库面板"按钮 ▱：单击该按钮，可打开"库"面板。

\* "'显示色板类型'菜单"按钮 ▦▾：打开下拉菜单，选择一个选项，可以在面板中单独显示颜色、渐变、图案或颜色组。

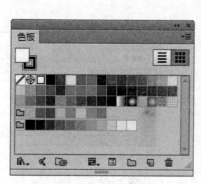

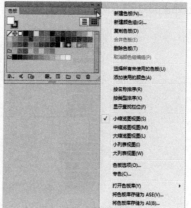

图 3-125 "色板"面板　　　　　　　　图 3-126 面板菜单

　　＊ "色板选项"按钮 ▣：单击该按钮，可以打开"色板选项"对话框。

　　＊ "新建颜色组"按钮 ▢：按住【Ctrl】键单击多个色板，再单击"新建颜色组"按钮 ，可以将它们创建到一个颜色组中。

　　＊ "新建色板"按钮 ▢：单击该按钮，工具面板中设置的"填色"色块的颜色将被当作色块创建在"色板"面板中。

　　＊ "删除色板"按钮 🗑：在"色板"面板中选择一个色块后，单击该按钮，即可将其删除。

　　在"色板"面板中，除了渐变色块不能对图形轮廓起效外，面板中的其他色块均可以应用于图形的轮廓。

　　下面介绍用色板面板设置颜色的操作方法。

| | | |
|---|---|---|
| 素材文件 | 光盘 \ 素材 \ 第 3 章 \3.3.4.ai | |
| 效果文件 | 光盘 \ 效果 \ 第 3 章 \3.3.4.ai | |
| 视频文件 | 光盘 \ 视频 \ 第 3 章 \3.3.4 用色板面板设置颜色 .mp4 | |

【操练＋视频】——用色板面板设置颜色

STEP 01 单击"文件"｜"打开"命令，打开一幅素材图像，如图 3-127 所示。

STEP 02 选取工具面板中的选择工具 ，选择相应的图形，如图 3-128 所示。

图 3-127 打开素材图像　　　　　　图 3-128 选择图形

**STEP 03** 单击"窗口"|"色板"命令，调出"色板"面板，将鼠标指针移至浮动面板中需要填充的颜色块上，如图 3-129 所示。

**STEP 04** 单击鼠标左键，即可为所选择的图形填充相应的颜色，如图 3-130 所示。

图 3-129 "色板"面板　　　　图 3-130 填充颜色

**专家指点**

在 Illustrator CC 中可以复制、替换和合并色板，十分方便地管理"色板"面板。打开"色板"面板，选择一个色板，将其拖曳至"新建色板"按钮 🗖 上，即可复制所选色板。若要替换色板，可以按住【Alt】键将颜色或渐变"色板"面板、"颜色"面板、"渐变"面板、某个对象或工具面板拖曳到"色板"面板要替换的色板上，即可替换相应的色板。若要合并多个色板，可以选择两个或更多色板，然后单击右上角的 ▤ 按钮，打开面板菜单，选择"合并色板"选项。执行操作后，第一个选择的色板名称和颜色值将替换所有其他选定的色板。

## 3.3.5 使用色板库

在 Illustrator CC 中，为方便用户创作，提供了大量色板库、渐变库和图案库。

**专家指点**

当遇到不错的颜色时，可以通过"色板"面板菜单中的"添加使用的颜色"选项将中意的颜色添加到"色板"面板中备用。从"色板"面板菜单中选择"添加使用的颜色"选项，即可将文档中所有的颜色都添加到"色板"面板中。

若只想添加部分颜色，可以使用选择工具 ▶ 选择使用了这些颜色的图形，从"色板"面板菜单中选择"添加使用的颜色"选项，或单击面板中的"新建色板"按钮 🗖 即可。

下面介绍使用色板库的操作方法。

|  | 素材文件 | 光盘 \ 素材 \ 第 3 章 \3.3.5.ai |
|---|---|---|
| | 效果文件 | 光盘 \ 效果 \ 第 3 章 \3.3.5.ai |
| | 视频文件 | 光盘 \ 视频 \ 第 3 章 \3.3.5 使用色板库 .mp4 |

**【操练＋视频】——使用色板库**

**STEP 01** 单击"窗口"|"色板库"命令，或单击"色板"面板底部的"'色板库'菜单"按钮 |▥▾|，菜单中包含了各种类型的色板库，如图 3-131 所示。

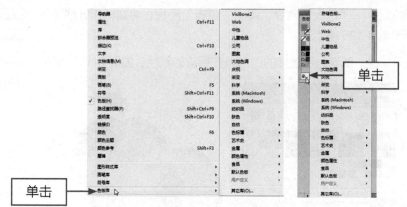

图 3-131 "色板库"菜单

**STEP 02** 其中，"色标簿"下拉菜单中包含了常用的印刷专色，如 PANTONE 色，如图 3-132 所示。

**STEP 03** 选择任意一个色板库后，它会出现在一个新的面板中，如图 3-133 所示。

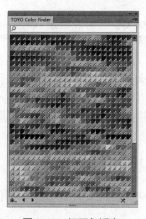

图 3-132 "色标簿"下拉菜单　　　图 3-133 打开色板库

**STEP 04** 单击面板底部的"加载上一色板库"按钮 ◀ 或"加载下一色板库"按钮 ▶，可以切换到相邻的色板库中，如图 3-134 所示。

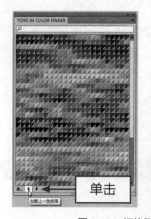
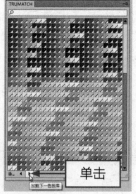

图 3-134 切换到相邻的色板库

**STEP 05** 单击色板库中的一个色板（包括图案和渐变）时，它会自动添加到"色板"面板中，如图 3-135 所示。

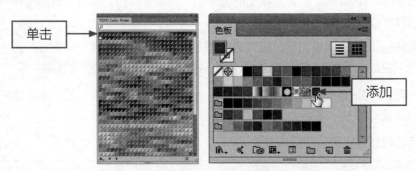

图 3-135 添加到"色板"面板

# ▶ 3.4 组合对象

在 Illustrator CC 中创建基本图形后，可以通过不同的方法将多个图像组合为复杂的图形。组合对象时，可以通过"路径查找器"面板进行查找，也可以使用复合路径和复合形状。

## ◢ 3.4.1 路径查找器面板

在"路径查找器"面板中，主要有"形状模式"和"路径查找器"两个选项区。

"形状模式"选项区中各按钮的主要作用如下：

\* "联集"按钮◲：单击此按钮，可以将所选定的多个图形合并成一个图形，图形之间所重叠的部分将被忽略，新生成的图形将与最上层图形的填充和描边颜色相同。

\* "减去顶层"按钮◲：此按钮的功能与"联集"按钮的功能相反，在工作区中选择两个或两个以上的图形后，单击此按钮，将会以最上层的图形减去最底层的图形，图形之间重叠的部分和位于最上层的图形将被删除，并重新组成一个闭合路径。

\* "交集"按钮◲：单击此按钮，可以对选定的多个图形相互重叠交叉的部分进行合并，合并后重叠交叉的部分将生成新的图形，其图形颜色将与最上层的图形颜色相同，未重叠交叉的部分则自动删除。

\* "差集"按钮◲：该按钮的功能与"交集"按钮的功能相反，在工作区中选择两个或两个以上的图形后，单击此按钮，所有图形没有重叠的部分将被保留，并生成新的图形，其填充的颜色与图形中最上层的图形颜色相同，而重叠部分则被删除。

"路径查找器"选项区中各按钮的作用如下：

\* "分割"按钮◲：选择两个或两个以上的图形后，单击此按钮，可以将图形相互重叠的部分进行分离，形成一个独立的图形，所填充的颜色、描边等属性会被保留，而重叠区域以下的图形则被删除。

\* "修边"按钮◲：单击此按钮后，可以删除图形重叠部分下方的图形，且所有描边全部删除。

\* "合并"按钮◲：单击此按钮后，可以将所选择的图形合并成一个整体，且所有图形的描边将被删除。

* "裁剪"按钮：选择两个或两个以上的图形后，单击此按钮，最下方的图形将剪去最上方的图形，且描边被删除，但图形重叠的部分将保留。

* "轮廓"按钮：单击此按钮后，所有选择的图形将转化成轮廓线，轮廓线的颜色与原图形的填充颜色相同，生成的轮廓线将被分割为开放的路径，且这些路径会自动编组。

* "减去后方对象"按钮：选择两个或两个以上的图形后，单击此按钮，最下方的图形将剪去与该图形所有重叠的部分，且得到一个封闭的图形。

下面介绍使用路径查找器面板的操作方法。

| 素材文件 | 光盘 \ 素材 \ 第 3 章 \3.4.1.ai |
|---|---|
| 效果文件 | 光盘 \ 效果 \ 第 3 章 \3.4.1.ai |
| 视频文件 | 光盘 \ 视频 \ 第 3 章 \3.4.1 路径查找器面板 .mp4 |

【操练 + 视频】——路径查找器面板

**STEP 01** 单击"文件"｜"打开"命令，打开一幅素材图像，如图 3-136 所示。

**STEP 02** 按【Ctrl + A】组合键，将图像中的所有图形全部选中，如图 3-137 所示。

图 3-136 打开素材图像

图 3-137 选中所有图形

**STEP 03** 按【Shift + Ctrl + F9】组合键，调出"路径查找器"面板，在"形状模式"选项区中单击"差集"按钮，如图 3-138 所示。

**STEP 04** 执行操作后，即可改变所选图形的图像效果，如图 3-139 所示。

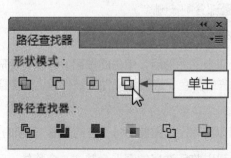
图 3-138 单击"差集"按钮

图 3-139 差集操作效果

STEP 05 撤销操作，使用选择工具选择素材图像中的蓝色、绿色图形和文字路径，如图 3-140 所示。

STEP 06 在"路径查找器"浮动面板中单击"轮廓"按钮，如图 3-141 所示。

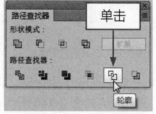

图 3-140 选择图形　　　　图 3-141 单击"轮廓"按钮

STEP 07 执行操作后，素材图像的效果将以轮廓显示，如图 3-142 所示。

图 3-142 图形以轮廓显示

## 3.4.2 复合形状

复合形状能够保留原图形各自的轮廓，它对图形的处理是非破坏性的，复合图形的外观虽然变为一个整体，但各个图形的轮廓都完好无损。

下面介绍创建与编辑复合形状的操作方法。

| | | |
|---|---|---|
| | 素材文件 | 光盘\素材\第 3 章\3.4.2.ai |
| | 效果文件 | 光盘\效果\第 3 章\3.4.2.ai |
| | 视频文件 | 光盘\视频\第 3 章\3.4.2 复合形状 .mp4 |

【操练＋视频】——复合形状

STEP 01 单击"文件"｜"打开"命令，打开一幅素材图像，如图 3-143 所示。

STEP 02 按【Ctrl ＋ A】组合键，将图像中的所有图形全部选中，如图 3-144 所示。

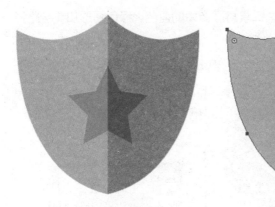

图 3-143 打开素材图像　　　　　　　　图 3-144 选择所有图形

**STEP 03** 按【Shift + Ctrl + F9】组合键，调出"路径查找器"面板，在"形状模式"选项区中单击"减去顶层"按钮，如图 3-145 所示。

**STEP 04** 执行操作后，即可创建复合形状，如图 3-146 所示。

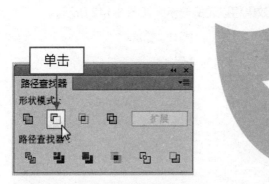

图 3-145 单击"减去顶层"按钮　　　　图 3-146 创建复合形状

**STEP 05** 使用选择工具选择复合形状，如图 3-147 所示。

**STEP 06** 单击"路径查找器"面板右上角的按钮，在弹出的面板菜单中选择"建立复合形状"选项，如图 3-148 所示。

图 3-147 选择复合形状　　　　　　　　图 3-148 选择"建立复合形状"选项

**STEP 07** 单击"路径查找器"面板中的"扩展"按钮，如图 3-149 所示。

**STEP 08** 执行操作后，即可扩展复合形状，如图 3-150 所示。

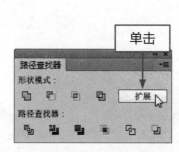

图 3-149 单击"扩展"按钮

图 3-150 扩展复合形状

**专家指点**

　　复合形状是可编辑的对象，可以使用直接选择工具或编组选择工具选择其中的对象，也可以使用锚点编辑工具修改对象的形状，或修改复合形状的填色、样式或透明度属性。

## 3.4.3 用复合路径组合对象

　　复合路径是由一条或多条简单的路径组合而成的图形，常用来制作挖空效果，即可以在路径的重叠处呈现孔洞。

　　复合形状是通过"路径查找器"面板组合的图形，可以生成相加、相减和相交等不同的运算结果，而复合路径只能创建挖空效果。

　　下面介绍用复合路径组合对象的操作方法。

| | 素材文件 | 光盘 \ 素材 \ 第 3 章 \3.4.3.ai |
|---|---|---|
| | 效果文件 | 光盘 \ 效果 \ 第 3 章 \3.4.3.ai |
| | 视频文件 | 光盘 \ 视频 \ 第 3 章 \3.4.3 用复合路径组合对象 .mp4 |

**【操练 + 视频】——用复合路径组合对象**

**STEP 01** 单击"文件"｜"打开"命令，打开一幅素材图像，如图 3-151 所示。

**STEP 02** 按【Ctrl + A】组合键，将图像中的所有图形全部选中，如图 3-152 所示。

图 3-151 打开素材图像

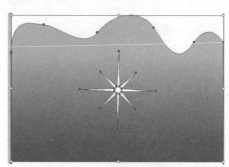

图 3-152 选择所有图形

STEP 03 单击"对象"|"复合路径"|"建立"命令，如图 3-153 所示。

STEP 04 执行操作后，即可创建复合路径，效果如图 3-154 所示。

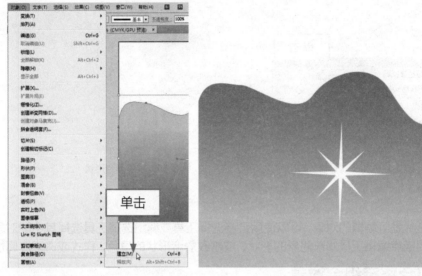

图 3-153 单击"建立"命令　　　　　　图 3-154 创建复合路径

专家指点

　　　　Illustrator CC 中的形状生成器工具 ⬚ 可以合并或删除多个简单图形，从而生成复杂形状，非常适合处理简单的路径。选择形状生成器工具 ⬚，将鼠标指针放在一个图形上方，指针会变为 ▸ 形状，单击并拖曳鼠标至另一个图形，如图 3-155 所示。释放鼠标，即可将这两个图形合并，效果如图 3-156 所示。

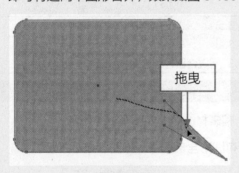

图 3-155 拖曳鼠标

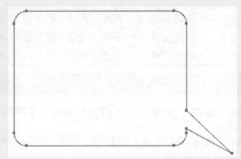

图 3-156 合并图形

# CHAPTER 4

## 探索高级绘图方法：
## 图像描摹与高级上色

### 章前知识导读

　　在 Illustrator CC 中绘制一些比较复杂的图形时，经常会用到图像描摹技术来快速绘制矢量图。另外，实时上色、全局色、重新着色图稿以及图案等高级上色方法也是绘制复制图形必须掌握的知识。

### 新手重点索引

✎ 图像描摹

✎ 实时上色

✎ 高级配色工具

# ▶ 4.1 图像描摹

图像描摹是从位图中生成矢量图的一种快捷方法，它可以让照片、图片瞬间变为矢量插画，也可以基于一幅位图快速绘制出矢量图。

## 4.1.1 描摹位图

打开"图像描摹"面板，如图 4-1 所示。在进行图像描摹时，描摹的程度和效果都可以在该面板中进行设置。如果要在描摹前设置描摹选项，可以在"图像描摹"面板中进行设置，然后单击面板中的"描摹"按钮进行图像描摹。此外，描摹之后选择对象，还可以在"图像描摹"面板中调整描摹样式、描摹程度和视图效果。

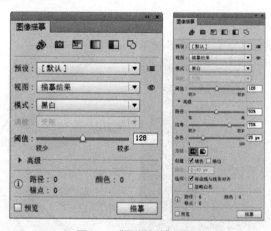

图 4-1 "图像描摹"面板

\* 预设：用于指定一个描摹预设，包括"默认"、"简单描摹"、"6 色"和"16 色"等，它们与控制面板中的描摹样式相同，效果如图 4-2 所示。

\* 视图：若要查看矢量轮廓或源图像，可以选择对象，然后在该选项的下拉列表框中选择相应的选项。单击该选项右侧的眼睛图标，可以显示原始图像。

默认                                高保真度照片

低保真度照片 3 色

6 色 16 色

灰阶 黑白微标

素描图稿                          剪影

线稿图                          技术绘图

图 4-2 预设描摹效果

＊ 模式/阈值：用于设置描摹结果的颜色模式，包括"彩色"、"灰度"和"黑白"选项。选择"黑白"时，可以指定一个"阈值"，所有比该值亮的像素会转换为白色，比该值暗的像素会转换为黑色。

＊ 调板：可指定用于从原始图像生成彩色或灰度描摹的调板。该选项仅在"模式"设置为"彩色"或"灰度"时可用。

＊ 颜色：指定在颜色描摹结果中使用的颜色数。该选项仅在"模式"设置为"颜色"时可用。

＊ 路径：控制描摹形状和原始像素形状间的差异。设置较低的值可以创建较紧密的路径拟合，设置较高的值可以创建较疏松的路径拟合。

＊ 边角：指定侧重边角。该值越大，角点越多。

＊ 杂色：指定描摹时忽略的区域（以"像素"为单位）。该值越大，杂色越少。

＊ 方法：指定一种描摹方法。单击"邻接"按钮 ◨，可创建木刻路径；单击"重叠"按钮 ◨，可创建堆积路径。

＊ 填色/描边：选中"填色"复选框，可在描摹结果中创建填色区域；选中"描边"复选框，并在下方的选项中设置描边宽度值，可在描摹结果中创建描边路径。

＊ 将曲线与线条对齐：指定略微弯曲的曲线是否被替换为直线。

＊ 忽略白色：指定白色填充区域是否被替换为无填色。

下面介绍描摹位图的操作方法。

| 素材文件 | 光盘 \ 素材 \ 第 4 章 \4.1.1.ai |
|---|---|
| 效果文件 | 光盘 \ 效果 \ 第 4 章 \4.1.1.ai |
| 视频文件 | 光盘 \ 视频 \ 第 4 章 \4.1.1 描摹位图 .mp4 |

【操练 + 视频】——描摹位图

**STEP 01** 单击"文件"｜"打开"命令，打开一幅素材图像，如图 4-3 所示。

**STEP 02** 使用选择工具 ▶ 选择图像，如图 4-4 所示。

图 4-3 打开素材图像      图 4-4 选择图像

**STEP 03** 单击"窗口"｜"图像描摹"命令，打开"图像描摹"面板，在"预设"下拉列表框中选择"16 色"选项，如图 4-5 所示。

**STEP 04** 执行操作后，即可对图像进行描摹，效果如图 4-6 所示。

图 4-5 选择"16 色"选项      图 4-6 对图像进行描摹

专家指点

　　若要使用默认的描摹选项进行描摹图像，可单击控制面板中的"图像描摹"按钮，或执行"对象"|"图像描摹"|"建立"命令。

**STEP 05** 在"图层"面板中，对象会被命名为"图像描摹"，如图 4-7 所示。

**STEP 06** 使用矩形工具在图像上方创建一个与其大小相同的矩形，并填充为棕色（CMYK 参数值分别为 60%、100%、100%、50%），效果如图 4-8 所示。

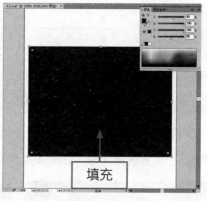

填充

图 4-7 "图层"面板          图 4-8 填充棕色

STEP 07 在"透明度"面板中设置混合模式为"叠加",如图 4-9 所示。

STEP 08 执行操作后,即可改变图像效果,如图 4-10 所示。

设置

图 4-9 设置混合模式          图 4-10 图像效果

## 4.1.2 使用色板描摹位图

除了使用预设进行图像描摹外,还可以通过"图像描摹"面板调用色板库中的色板进行描摹。下面介绍使用色板描摹位图的操作方法。

| 素材文件 | 光盘 \ 素材 \ 第 4 章 \4.1.2.ai |
| --- | --- |
| 效果文件 | 光盘 \ 效果 \ 第 4 章 \4.1.2.ai |
| 视频文件 | 光盘 \ 视频 \ 第 4 章 \4.1.2 使用色板描摹位图 .mp4 |

【操练 + 视频】——使用色板描摹位图

STEP 01 单击"文件" | "打开"命令,打开一幅素材图像,如图 4-11 所示。

STEP 02 使用选择工具 选择图像,如图 4-12 所示。

STEP 03 单击"窗口" | "色板库"|"艺术史"|"流行艺术风格"命令,打开"流行艺术风格"面板,如图 4-13 所示。

图 4-11 打开素材图像　　　　　　　　　图 4-12 选择图像

**STEP 04** 打开"图像描摹"面板，在"模式"下拉列表框中选择"彩色"选项，在"调板"下拉列表框中选择"流行艺术风格"色板库，如图 4-14 所示。

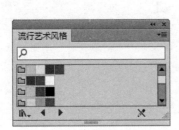
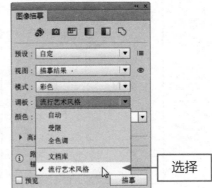

图 4-13 "流行艺术风格"面板　　图 4-14 选择"流行艺术风格"色板库

**STEP 05** 单击"描摹"按钮，如图 4-15 所示。

**STEP 06** 执行操作后，即可用该色板库中的颜色描摹图像，效果如图 4-16 所示。

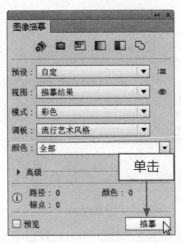

图 4-15 单击"描摹"按钮　　　　　　　　图 4-16 描摹图像

### 4.1.3 自定义描摹图像的色板

在使用色板库中的色板描摹图像时，还可以自定义色板中的颜色，以达到更理想的描摹效果。下面介绍自定义描摹图像的色板的操作方法。

| 素材文件 | 光盘 \ 素材 \ 第 4 章 \4.1.3.ai |
|---|---|
| 效果文件 | 光盘 \ 效果 \ 第 4 章 \4.1.3.ai |
| 视频文件 | 光盘 \ 视频 \ 第 4 章 \4.1.3 自定义描摹图像的色板 .mp4 |

【操练 + 视频】——自定义描摹图像的色板

STEP 01 单击"文件"｜"打开"命令，打开一幅素材图像，如图 4-17 所示。

STEP 02 打开"色板"面板，单击底部的"新建色板"按钮 ，如图 4-18 所示。

图 4-17 打开素材图像  图 4-18 单击"新建色板"按钮

STEP 03 弹出"新建色板"对话框，设置 RGB 参数值分别为 255、0、0，如图 4-19 所示。

STEP 04 单击"确定"按钮，即可新建一个色板，如图 4-20 所示。

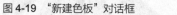

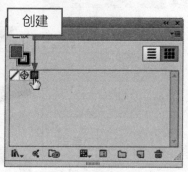

图 4-19 "新建色板"对话框  图 4-20 新建色板

STEP 05 采用相同的操作再创建两个色板，RGB 参数值分别为（0、255、0）、（0、0、255），如图 4-21 所示。

**STEP 06** 打开面板菜单，选择"将色板库存储为 ASE"选项，如图 4-22 所示。

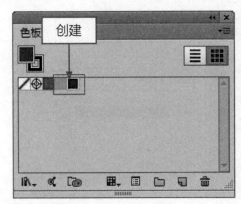

图 4-21 创建两个色板　　　　　　　图 4-22 选择"将色板库存储为 ASE"选项

**STEP 07** 弹出"另存为"对话框，设置相应的保存位置，单击"保存"按钮，如图 4-23 所示。

**STEP 08** 单击"窗口"|"色板库"|"其他库"命令，弹出"打开"对话框，选择创建的自定义色板库，如图 4-24 所示。

图 4-23 单击"保存"按钮　　　　　　图 4-24 选择自定义色板库

**专家指点**

　　图像描摹对象由原始图像（位图图像）和描摹结果（矢量图稿）两部分组成，在默认情况下只能看到描摹结果，但可以利用"图像描摹"面板中的"视图"选项来修改显示状态。

　　打开"图像描摹"面板，在"视图"下拉列表框中选择"描摹结果（带轮廓）"选项，即可查看"描摹结果（带轮廓）"显示效果；在"视图"下拉列表框中选择"轮廓"选项，即可查看"轮廓"显示效果；在"视图"下拉列表框中选择"轮廓（带源图像）"选项，即可查看"轮廓（带源图像）"显示效果；在"视图"下拉列表框中选择"源图像"选项，即可查看"源图像"显示效果。

**STEP 09** 单击"打开"按钮，即可打开自定义的色板库，如图 4-25 所示。

**STEP 10** 选择需要描摹的图像，打开"图像描摹"面板，在"模式"下拉列表框中选择"彩色"

选项，在"调板"下拉列表框中选择 4.1.3 色板库，如图 4-26 所示。

图 4-25 打开自定义的色板库　　　　图 4-26 选择 4.1.3 色板库

**STEP 11** 单击"描摹"按钮，如图 4-27 所示。

**STEP 12** 执行操作后，即可用自定义色板库中的颜色描摹图像，效果如图 4-28 所示。

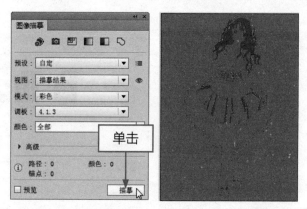

图 4-27 单击"描摹"按钮　　　　图 4-28 描摹图像

## 📐 4.1.4 将描摹对象转换为路径

对位图进行描摹后，保持对象的选择状态，单击"对象"|"图像描摹"|"扩展"命令，或单击"控制面板"中的"扩展"按钮，可以将其转换为路径。

下面介绍将描摹对象转换为路径的操作方法。

| | 素材文件 | 光盘\素材\第 4 章\4.1.4.ai |
|---|---|---|
| | 效果文件 | 光盘\效果\第 4 章\4.1.4.ai |
| | 视频文件 | 光盘\视频\第 4 章\4.1.4 将描摹对象转换为路径 .mp4 |

【操练 + 视频】——将描摹对象转换为路径

**STEP 01** 单击"文件"|"打开"命令，打开一幅素材图像，如图 4-29 所示。

**STEP 02** 使用选择工具 选择图像，如图 4-30 所示。

图 4-29 打开素材图像　　　　　图 4-30 选择图像

**STEP|03** 单击"对象"|"图像描摹"|"扩展"命令，如图 4-31 所示。

**STEP|04** 执行操作后，即可将其转换为路径，效果如图 4-32 所示。

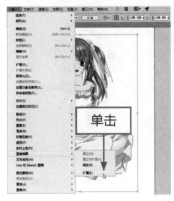 

图 4-31 单击"扩展"命令　　　　　图 4-32 转换为路径

## 4.1.5 放弃描摹

对位图进行描摹后，如果希望放弃描摹但保留置入的原始图像，可以选择描摹对象，单击"对象"|"图像描摹"|"释放"命令。

下面介绍放弃描摹的操作方法。

| 素材文件 | 光盘 \ 素材 \ 第 4 章 \4.1.5.ai |
|---|---|
| 效果文件 | 光盘 \ 效果 \ 第 4 章 \4.1.5.ai |
| 视频文件 | 光盘 \ 视频 \ 第 4 章 \4.1.5 放弃描摹 .mp4 |

【操练 + 视频】——放弃描摹

**STEP|01** 单击"文件"｜"打开"命令，打开一幅素材图像，如图 4-33 所示。

**STEP|02** 使用选择工具 选择图像，如图 4-34 所示。

**STEP|03** 单击"窗口"｜"图像描摹"命令，打开"图像描摹"面板，在"预设"下拉列表框中选择"灰阶"选项，如图 4-35 所示。

图 4-33 打开素材图像

图 4-34 选择图像

**STEP 04** 执行操作后，即可对图像进行描摹，效果如图 4-36 所示。

图 4-35 选择"灰阶"选项

图 4-36 对图像进行描摹

**STEP 05** 单击"对象"|"图像描摹"|"释放"命令，如图 4-37 所示。

**STEP 06** 执行操作后，即可放弃图像描摹操作，效果如图 4-38 所示。

图 4-37 单击"释放"命令

图 4-38 放弃描摹操作

进行图像描摹后，可以随时修改描摹结果。方法如下：选择描摹对象，在"图像描摹"面板或控制面板中单击"选择一个描摹预设"下拉按钮，在弹出的下拉列表中选择其他描摹样式即可。

# ▶ 4.2 实时上色

实时上色是一种为图形上色的特殊方法，它的基本原理是通过路径将图稿分割成多个区域，每一个区域都可以上色、每个路径段都可以描边。上色和描边过程就犹如在涂色簿上填色，或使用水彩为铅笔素描上色。

## 4.2.1 使用实时上色工具上色

实时上色是通过对图形间隙进行自动检测和校正，从而更直观地为矢量图形上色。

在使用实时上色工具填充图形之前，首先要在图形窗口中建立实时上色组。而图形一旦建立了实时上色组后，每条路径都将保持为完全可编辑状态。

实时上色组中可上色的部分分别称为边缘和表面。边缘是一条路径与其他路径交叉后，处于交点之间的路径部分；而表面是一条边缘或多条边缘所围成的区域。用户可以对边缘进行描边、对表面进行填色。

选取工具面板中的实时上色工具，在图形窗口中的空白处单击鼠标左键，此时将弹出一个对话框，提示使用实时上色工具对图形填充时的操作步骤，如图 4-39 所示。

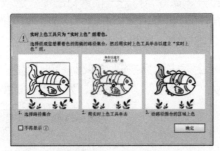

图 4-39 弹出的对话框

在 Illustrator 中，图形填充颜色和在 Photoshop 中对图像填充颜色有所区别。在 Illustrator 中，只要当前图形处于选择状态，设置好的颜色就会自动被填充；而在 Photoshop 中，当颜色设置好后，还需要选中图形方可填充。

移动鼠标指针至图形窗口，在窗口中需要填充图形的位置（此时鼠标指针下方将显示提示"单击以建立'实时上色'组"）单击鼠标左键，建立实时上色组（此时单击处的图形将以开始所设置的蓝色进行填充，如图 4-40 所示）。释放鼠标后，即可对选择的图形建立实时上色组。建立实时上色组图形的变换控制框的每个角点将以形状显示。

选择的图形建立实时上色组后，它们将成为一个整体，类似于编组。若要编辑其中的某一图形时，需要使用工具面板中的编组选择工具将其选中，然后使用其他的编辑工具对其进行编辑。

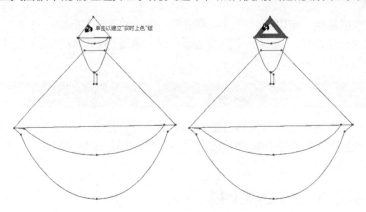

图 4-40 建立实时上色组

一般情况下，若使用选择工具选择该图形时，将会选择整个实时上色组。

下面介绍使用实时上色工具上色的操作方法。

| | 素材文件 | 光盘 \ 素材 \ 第 4 章 \4.2.1.ai |
|---|---|---|
| | 效果文件 | 光盘 \ 效果 \ 第 4 章 \4.2.1.ai |
| | 视频文件 | 光盘 \ 视频 \ 第 4 章 \4.2.1 使用实时上色工具上色 .mp4 |

【操练 + 视频】——使用实时上色工具上色

**STEP 01** 单击"文件"｜"打开"命令，打开一幅素材图像。选取工具面板中的选择工具 ，将鼠标指针移至图像窗口中的合适位置单击鼠标左键并拖曳，将图像中的所有图形全部框选后释放鼠标左键，即可将所有图形全部选中，如图 4-41 所示。

**STEP 02** 在实时上色工具图标上双击鼠标左键，弹出"实时上色工具选项"对话框，在"突出显示"选项区中设置"颜色"为"淡蓝色"、"宽度"为 4pt，如图 4-42 所示。

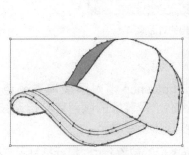

图 4-41 选择图形

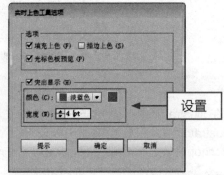

图 4-42 "实时上色工具选项"对话框

**STEP 03** 单击"确定"按钮，将鼠标指针移至图像窗口中的填充图形上时，指针呈 形状，指针右侧则显示"单击以建立'实时上色'组"的提示信息，如图 4-43 所示。

**STEP 04** 单击鼠标左键，该图形即可建立实时上色组，且图形将以在"实时上色工具选项"对话框中所设置的颜色和宽度进行显示，如图 4-44 所示。

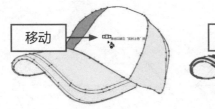
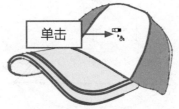

图 4-43 显示提示信息　　　　　　图 4-44 建立实时上色组

**STEP 05** 双击工具面板中的填色工具 ，弹出"拾色器"对话框，设置 CMYK 的参数值分别为 0%、0%、100%、0%，如图 4-45 所示。

**STEP 06** 单击"确定"按钮，将鼠标指针移至所要填充的图形上单击鼠标左键，即可为该图形填充相应的颜色，如图 4-46 所示。

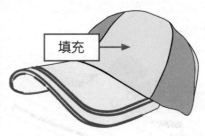

图 4-45 设置 CMYK 参数值　　　　　　图 4-46 填充效果

## 4.2.2 使用实时上色选择工具上色

使用工具面板中的实时上色选择工具 可以选择建立实时上色组的边缘与表面。使用实时上色选择工具的主要对象是建立了实时上色组的图形，它与实时上色工具的填色方式有所不同，它需要先对图形进行选中，待设置好颜色后系统会自动对所选中的图形进行填充。

在实时上色选择工具上双击鼠标左键，将会弹出"实时上色选择选项"对话框，在"突出显示"选项区中可以设置"颜色"和"宽度"。使用实时上色选择工具选中图形后，图形则会以设置的颜色和宽度进行显示。

在使用实时上色选择工具选择实时上色组中的图形时，鼠标指针随图形的选择状态不同而变化：当鼠标指针移至一个未被选择的实时上色组的边缘时，指针呈 形状，如图 4-47 所示；当鼠标指针移至一个未被选择的实时上色组的表面时，指针呈 形状，并且该图形的表面边缘处还显示一个红色的边线，如图 4-48 所示。

下面介绍使用实时上色选择工具上色的操作方法。

| | 素材文件 | 光盘 \ 素材 \ 第 4 章 \4.2.2.ai |
|---|---|---|
| | 效果文件 | 光盘 \ 效果 \ 第 4 章 \4.2.2.ai |
| | 视频文件 | 光盘 \ 视频 \ 第 4 章 \4.2.2 使用实时上色选择工具上色 .mp4 |

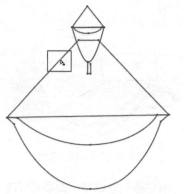
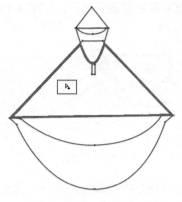

图 4-47 选择实时上色组的边缘          图 4-48 选择实时上色组的表面

【操练 + 视频】——使用实时上色选择工具上色

**STEP 01** 单击"文件"｜"打开"命令，打开一幅素材图像，如图 4-49 所示。

**STEP 02** 选取工具面板中的实时上色选择工具，将鼠标指针移至一个图形上，指针呈 ▶ 形状，如图 4-50 所示。

图 4-49 打开素材图像          图 4-50 移动鼠标

**STEP 03** 在图形上单击鼠标左键，此时图形呈灰色状态（如图 4-51 所示），则表示该图形已被选中。

**STEP 04** 在工具面板中双击填色工具，弹出"拾色器"对话框，设置"填色"为洋红色（CMYK 的参数值为 0%、100%、0%、0%），单击"确定"按钮，即可为所选中的图形填充相应的颜色，如图 4-52 所示。

图 4-51 选择图形          图 4-52 填充颜色

　　选择实时上色组，执行"对象"|"实时上色"|"释放"命令，可以释放实时上色组。

## 4.2.3 在实时上色组中添加路径

　　在 Illustrator CC 中创建实时上色组后，可以向其中添加新的路径，从而生成新的表面和边缘。下面介绍在实时上色组中添加路径的操作方法。

| 素材文件 | 光盘\素材\第 4 章\4.2.3.ai |
| --- | --- |
| 效果文件 | 光盘\效果\第 4 章\4.2.3.ai |
| 视频文件 | 光盘\视频\第 4 章\4.2.3 在实时上色组中添加路径 .mp4 |

【操练＋视频】——在实时上色组中添加路径

STEP 01 单击"文件"|"打开"命令，打开一幅素材图像，如图 4-53 所示。

STEP 02 选择直线段工具，按住【Shift】键创建一条无填色、无描边的直线，如图 4-54 所示。

图 4-53 打开素材图像　　　　　图 4-54 创建直线

STEP 03 使用选择工具 选择相应的图形对象，如图 4-55 所示。

STEP 04 单击控制面板中的"合并实时上色"按钮，将该路径合并到实时上色组中，如图 4-56 所示。

图 4-55 选择图形对象　　　　　图 4-56 将路径合并到实时上色组

**STEP 05** 取消选择状态，使用吸管工具 单击咖啡杯上的红色区域拾取颜色，如图 4-57 所示。

**STEP 06** 选取工具面板中的实时上色工具 ，为实时上色组中新分割出来的表面上色，如图 4-58 所示。

图 4-57 拾取颜色　　　　　　　　　　图 4-58 填充颜色

**STEP 07** 使用吸管工具 单击咖啡区域拾取颜色，如图 4-59 所示。

**STEP 08** 选取工具面板中的实时上色工具 ，为实时上色组中新分割出来的其他表面上色，如图 4-60 所示。

图 4-59 拾取颜色　　　　　　　　　　图 4-60 填充颜色

**专家指点**

创建实时上色组后，可以在"颜色"面板、"色板"面板和"渐变"面板中设置颜色，再用实时上色工具为对象填色。同时，实时上色工具上方还会出现当前设定的颜色及其在"色板"面板中的相邻颜色（按【←】键和【→】键可以切换到相邻颜色）。

**STEP 09** 选取工具面板中的添加锚点工具 ，在直线路径中间位置添加一个锚点，如图 4-61 所示。

**STEP 10** 使用直接选择工具 调整路径，改变上色区域，效果如图 4-62 所示。

图 4-61 添加锚点　　　　　　　图 4-62 改变上色区域

### 4.2.4 封闭实时上色间隙

　　实时上色组中的间隙是路径之间的小空间，当颜色填充到了不应上色的对象上时，便有可能是因为图稿中存在间隙。执行"视图"|"显示实时上色间隙"命令，可根据当前所选的实时上色组中设置的间隙选项突出显示该组中的间隙。

　　下面介绍封闭实时上色间隙的操作方法。

| | 素材文件 | 光盘 \ 素材 \ 第 4 章 \4.2.4.ai |
|---|---|---|
| | 效果文件 | 光盘 \ 效果 \ 第 4 章 \4.2.4.ai |
| | 视频文件 | 光盘 \ 视频 \ 第 4 章 \4.2.4 封闭实时上色间隙 .mp4 |

【操练＋视频】——封闭实时上色间隙

STEP|01 单击"文件"｜"打开"命令，打开一幅素材图像，如图 4-63 所示。

STEP|02 按【Ctrl ＋ A】组合键全选图像，单击"对象"|"实时上色"|"建立"命令，创建实时上色组，如图 4-64 所示。

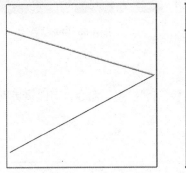

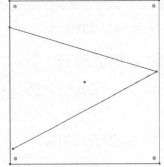

图 4-63 打开素材图像　　　　图 4-64 创建实时上色组

STEP|03 保持全选状态，设置填充颜色为黄色，为图形填色，如图 4-65 所示。

STEP|04 单击"对象"|"实时上色"|"间隙选项"命令，弹出"间隙选项"对话框，在"上色

停止在"下拉列表框中选择"大间隙"选项，如图 4-66 所示。

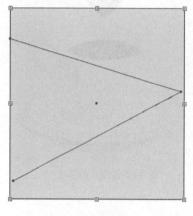

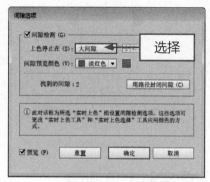

图 4-65 为图形填色　　　　　　　　图 4-66 "间隙选项"对话框

STEP 05 单击"用路径封闭间隙"按钮，单击"确定"按钮，可以看到画面中路径间的间隙已被封闭，如图 4-67 所示。

STEP 06 设置不同的颜色，使用实时上色工具  继续为对象填色，效果如图 4-68 所示。

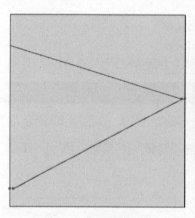

图 4-67 间隙被封闭　　　　　　　　图 4-68 填充颜色

## 4.2.5 将实时上色组展开

选择实时上色组，执行"对象"|"实时上色"|"扩展"命令，可以将其展开为由多个图形组成的对象。

下面介绍将实时上色组展开的操作方法。

| 素材文件 | 光盘 \ 素材 \ 第 4 章 \4.2.5.ai |
|---|---|
| 效果文件 | 光盘 \ 效果 \ 第 4 章 \4.2.5.ai |
| 视频文件 | 光盘 \ 视频 \ 第 4 章 \4.2.5 将实时上色组展开 .mp4 |

【操练 + 视频】——将实时上色组展开

STEP 01 单击"文件"|"打开"命令，打开一幅素材图像，如图 4-69 所示。

**STEP 02** 使用选择工具  选择实时上色组，如图 4-70 所示。

图 4-69 打开素材图像

图 4-70 选择实时上色组

**STEP 03** 单击"对象"|"实时上色"|"扩展"命令，如图 4-71 所示。

**STEP 04** 执行操作后，即可扩展实时上色组，效果如图 4-72 所示。

图 4-71 单击"扩展"命令

图 4-72 扩展实时上色组

---

**专家指点**

　　单击"编辑"|"首选项"|"增效工具和暂存盘"命令，弹出设置增效工具和暂存盘的"首选项"对话框。在"暂存盘"选项区中，电脑系统中磁盘空间最大的分区可以作为主要暂存盘，磁盘空间较小的则作为次要暂存盘。当在使用软件处理较大的图形文件且暂存盘空间已满时，系统会自动将暂存盘设定为磁盘空间，并作为缓存来存放数据。

　　另外，最好不要将系统盘作为主要暂存盘，以防止频繁读写硬盘数据而影响操作系统的运行速率。

**STEP 05** 此时，用编组选择工具 可以选择其中的路径进行编辑，如图 4-73 所示。

STEP 06 删除部分路径，效果如图 4-74 所示。

图 4-73 选择路径　　　　　　图 4-74 删除部分路径

# ▶ 4.3 高级配色工具

本节主要介绍全局色、重新着色图稿以及图案库等高级配色工具的使用方法，这些工具可以使图形的色彩更加丰富。

## 4.3.1 使用全局色

全局色是十分特别的颜色，修改此类颜色时，画板中所有使用了它的对象都会自动更新到与之相同的状态。全局色对于经常修改颜色的对象非常有用。

专家指点

　　Adobe Kuler 是基于 Web 的应用程序，用于试用、创建和共享用户在项目中使用的颜色主题。Illustrator CC 具有 Kuler 面板，让用户可以查看和使用自己在 Kuler 应用程序中创建或标记为常用的颜色主题。要使 Kuler 面板运行，在启动 Illustrator 时必须有 Internet 连接。如果启动 Illustrator 时没有 Internet 连接，则无法使用 Kuler 面板。Kuler 面板中提供的色板和主题是只读的。用户可以直接从 Kuler 面板中使用图稿中的色板或主题。但是，要修改色板或主题或者改变它们的用途，应首先将它们添加到"色板"面板中。

在 Illustrator CC 中，可以通过"新建色板"对话框来创建全局色。修改全局色时，可以选中"色板选项"对话框中的"预览"复选框，此时拖曳颜色滑块，可在画板中预览图稿的颜色变化情况。

下面介绍使用全局色的操作方法。

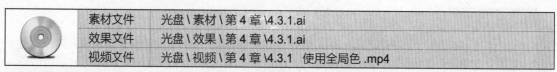

| | | |
|---|---|---|
| 素材文件 | 光盘 \ 素材 \ 第 4 章 \4.3.1.ai | |
| 效果文件 | 光盘 \ 效果 \ 第 4 章 \4.3.1.ai | |
| 视频文件 | 光盘 \ 视频 \ 第 4 章 \4.3.1　使用全局色 .mp4 | |

【操练＋视频】——使用全局色

STEP 01 单击"文件" | "打开"命令，打开一幅素材图像，如图 4-75 所示。

STEP 02 使用选择工具 选择需要填充的图形，如图 4-76 所示。

STEP 03 打开"色板"面板，单击"新建色板"按钮 ，如图 4-77 所示。

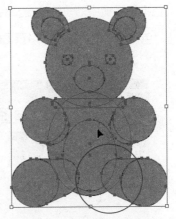

图 4-75 打开素材图像　　　　　　　　图 4-76 选中需要填充的图形

STEP 04 弹出"新建色板"对话框，选中"全局色"复选框，设置 CMYK 参数值分别为 0%、0%、100%、0%，如图 4-78 所示。

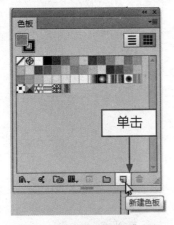

图 4-77 单击"新建色板"按钮　　　　　图 4-78 选中"全局色"复选框

STEP 05 单击"确定"按钮，即可用黄色的全局色对图形进行填充，效果如图 4-79 所示。

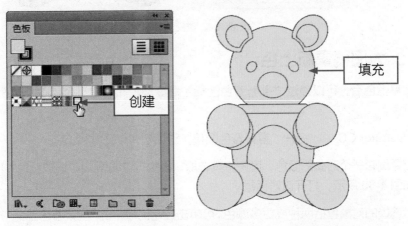

图 4-79 对图形填充全局色

**STEP 06** 在"色板"面板中双击一个全局色，如图 4-80 所示。

**STEP 07** 弹出"色板选项"对话框，设置 CMYK 参数值分别为 100%、0%、0%、0%，如图 4-81 所示。

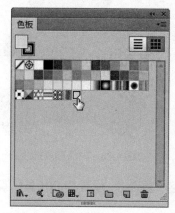 

图 4-80 双击全局色　　　　　图 4-81 设置 CMYK 参数值

**STEP 08** 单击"确定"按钮后，可以看到所有使用该颜色的图形都会随之改变颜色，如图 4-82 所示。

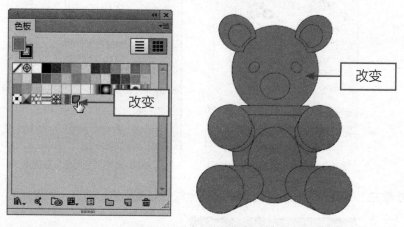

图 4-82 改变全局色效果

### 4.3.2 为图稿重新上色

为图稿上色后，可以通过"重新着色图稿"命令创建和编辑颜色组，以及重新指定或减少图稿中的颜色。

在 Illustrator CC 中，打开"重新着色图稿"对话框有以下几种方法：

＊ 若要编辑一个对象的颜色，可先将其选取，再执行"编辑"|"编辑颜色"|"重新着色图稿"命令，如图 4-83 所示，打开该对话框。

＊ 若选择的对象包括两种或更多颜色，可单击控制面板中的"重新着色图稿"按钮，如图 4-84 所示，打开该对话框。

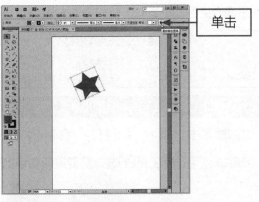

图 4-83 单击"重新着色图稿"命令　　　图 4-84 单击"重新着色图稿"按钮

* 若要编辑"颜色参考"面板中的颜色或将"颜色参考"面板中的颜色应用于当前选择的对象，可单击"颜色参考"面板中的"编辑或应用颜色"按钮，如图 4-85 所示，打开该对话框。

* 若要编辑"色板"面板中的颜色组，可以选择该颜色组，然后单击"编辑或应用颜色组"按钮，如图 4-86 所示，打开该对话框。

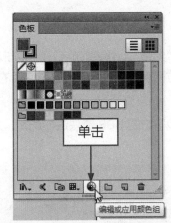

图 4-85 单击"编辑或应用颜色"按钮　　　图 4-86 单击"编辑或应用颜色组"按钮

"重新着色图稿"对话框包括"编辑"、"指定"和"颜色组"3 个选项卡。

* 在"重新着色图稿"对话框的"指定"选项卡中，可以指定用哪些颜色来替换当前颜色，是否保留专色以及如何替换颜色，还可以控制如何使用当前颜色组对图稿重新着色或减少当前图稿中的颜色数目。

* 在"重新着色图稿"对话框的"编辑"选项卡中，可以创建新的颜色组或编辑现有的颜色组，或使用颜色协调规则菜单和色轮对颜色协调进行试验。色轮可以显示颜色在颜色协调中是如何关联的，同时还可以通过颜色条查看和处理各个颜色值。

* 在"重新着色图稿"对话框的"颜色组"选项卡中，为打开的文档列出了所有存储的颜色组，它们也会在"色板"面板中显示。用"颜色组"选项卡可以编辑、删除和创建新的颜色组，所做的修改都会反映在"色板"面板中。

下面介绍为图稿重新上色的操作方法。

| | | |
|---|---|---|
| 素材文件 | 光盘 \ 素材 \ 第 4 章 \4.3.2.ai | |
| 效果文件 | 光盘 \ 效果 \ 第 4 章 \4.3.2.ai | |
| 视频文件 | 光盘 \ 视频 \ 第 4 章 \4.3.2 为图稿重新上色 .mp4 | |

**【操练 + 视频】——为图稿重新上色**

**STEP 01** 单击 "文件" | "打开" 命令，打开一幅素材图像，如图 4-87 所示。

**STEP 02** 使用选择工具![箭头]选择需要重新着色的背景图形，如图 4-88 所示。

图 4-87 打开素材图像　　　　图 4-88 选择图形

**STEP 03** 单击 "编辑" | "编辑颜色" | "重新着色图稿" 命令，弹出 "重新着色图稿" 对话框，"当前颜色" 下拉列表框中显示所选图形使用的全部颜色，若要修改一种颜色，可先单击选中它，如图 4-89 所示。

**STEP 04** 再拖曳下方的 HSB 滑块进行调整，如设置 HSB 参数值分别为 255、30%、100%，如图 4-90 所示。

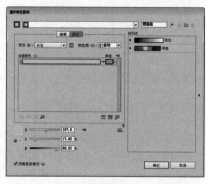

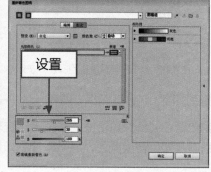

设置

图 4-89 "重新着色图稿" 对话框　　　图 4-90 设置 HSB 参数值

**STEP 05** 执行操作后，所选图形的颜色也会同时发生改变，效果如图 4-91 所示。

**STEP 06** 单击 "重新着色图稿" 对话框顶部的 "协调规则" 按钮![图标]，列表中包含预设的颜色组，可以用来替换所选图稿的整体颜色，如图 4-92 所示。

**STEP 07** 例如，在预设的颜色组中选择 "合成色 2" 选项，如图 4-93 所示。

**STEP 08** 单击 "确定" 按钮，即可应用该颜色，如图 4-94 所示。

图 4-91 图像效果

图 4-92 预设的颜色组

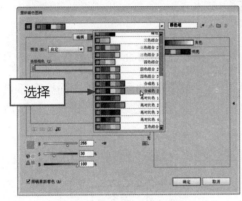

图 4-93 选择"合成色 2"选项

图 4-94 应用预设颜色

## 4.3.3 运用图案库填充

图案可用于填充图形内部，也可进行描边。在 Illustrator CC 中创建的任何图形以及位图图像等都可以定义为图案。用作图案的基本图形可以使用渐变、混合和蒙版等效果。此外，Illustrator CC 还提供了大量的预设图案，可以直接使用。

为对象填充图案后，使用选择工具、旋转工具和比例缩放工具等进行变换操作时，图案会与对象一同变换。使用"图案选项"面板可以创建和编辑图案，即使是复杂的无缝拼贴图案也能轻松地制作出来。

下面介绍运用图案库填充的操作方法。

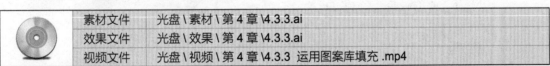

| 素材文件 | 光盘 \ 素材 \ 第 4 章 \4.3.3.ai |
|---|---|
| 效果文件 | 光盘 \ 效果 \ 第 4 章 \4.3.3.ai |
| 视频文件 | 光盘 \ 视频 \ 第 4 章 \4.3.3 运用图案库填充 .mp4 |

【操练 + 视频】——运用图案库填充

STEP 01 单击"文件"｜"打开"命令，打开一幅素材图像，如图 4-95 所示。

STEP 02 使用选择工具 选择相应的图形对象，如图 4-96 所示。

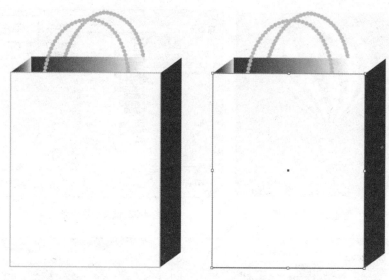

图 4-95 打开素材图像                          图 4-96 选择图形

**STEP 03** 单击"窗口"│"色板"命令，调出"色板"浮动面板。单击面板底部的"显示'色板类型'菜单"按钮■·│，在弹出的菜单列表框中选择"显示图案色板"选项，显示预设图案，单击"野花颜色"图案，如图 4-97 所示。

**STEP 04** 执行操作后，即可在图形中填充相应的图案，效果如图 4-98 所示。

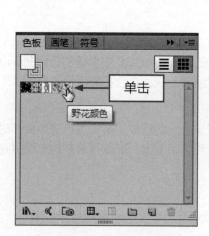

图 4-97 单击"野花颜色"图案

图 4-98 填充预设图案

# CHAPTER

## 成就绘图高手之路：
## 路径与钢笔工具

## 章前知识导读

　　想要玩转 Illustrator CC，首先要学好钢笔工具，因为它是 Illustrator 中最强大、最重要的绘图工具。灵活、熟练地使用用路径与钢笔工具是每一个 Illustrator 用户必须掌握的基本技能。

## 新手重点索引

　　✎ 用铅笔工具绘图　　　　✎ 编辑路径

　　✎ 用钢笔工具绘图

　　✎ 编辑锚点

# ▶ 5.1 用铅笔工具绘图

在作图或绘画时，铅笔是一种必不可少的工具，人们通过使用铅笔可以勾勒出图形的轮廓，建立图形的底稿。在 Illustrator CC 中也有铅笔工具，通过使用铅笔工具可以绘制任意形状的路径，并且不局限于固定的几个基本图形。

铅笔工具是一个相当灵活的工具，通过使用它在图形窗口中进行拖曳，即可绘制出令人炫目的复杂图形。

用铅笔工具绘制曲线的最简单方法就是选取该工具后，在图形窗口中单击鼠标左键并直接拖曳，即可完成曲线的绘制，如图 5-1 所示。

图 5-1 使用铅笔工具绘制曲线

另外，还可以通过"铅笔工具选项"对话框来设置铅笔工具的各种属性。双击工具面板中的铅笔工具，弹出"铅笔工具首选项"对话框，如图 5-2 所示。

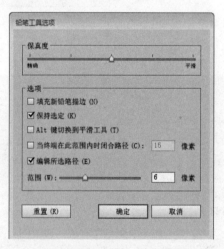

图 5-2 "铅笔工具选项"对话框

该对话框中的主要选项含义如下：

＊ 保真度：用于设置绘制曲线上各锚点的精确度，输入的数值越小，绘制的曲线精度越低，即曲线越粗糙，上面的锚点数越多；反之，保真度属性越大，曲线精度越高，曲线越细腻，上面

的锚点数越少，如图 5-3 所示。

图 5-3 低保真度和高保真度曲线

* 保持选定：选中该复选框，在使用铅笔工具绘制完一条路径后，绘制的路径将自动呈选定状态。

* 编辑所选路径：选中该复选框后，在使用铅笔工具绘制完一条路径后，所绘制的路径将保持选定状态；否则，当绘制完路径后，路径将处于未选择状态。

在使用铅笔工具绘制图形时，若按住【Alt】键的同时拖曳鼠标，则鼠标指针呈 ℰ 形状，表示所绘制的图形为闭合路径。完成绘制后，释放鼠标和【Alt】键，曲线将自动生成闭合路径。另外，在绘制过程中，若鼠标指针移动的速度过快，软件就会忽略某些线条的方向或节点；若在某一处停留的时间较长，则此处将插入一个节点。

下面介绍用铅笔工具绘图的操作方法。

| | 素材文件 | 光盘 \ 素材 \ 第 5 章 \5.1.ai |
|---|---|---|
| | 效果文件 | 光盘 \ 效果 \ 第 5 章 \5.1.ai |
| | 视频文件 | 光盘 \ 视频 \ 第 5 章 \5.1 用铅笔工具绘图 .mp4 |

【操练 + 视频】——用铅笔工具绘图

STEP 01 单击"文件"｜"打开"命令，打开一幅素材图像，如图 5-4 所示。

STEP 02 选取铅笔工具 ，在控制面板上设置"填色"为"无"、"描边"为黑色、"描边粗细"为 12pt，如图 5-5 所示。

图 5-4 打开素材图像

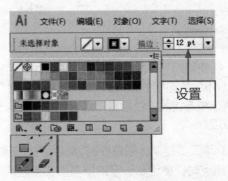

图 5-5 设置工具属性

**STEP 03** 将鼠标指针移至图像窗口中单击鼠标左键并拖曳，即可完成所需路径或图形的绘制，如图 5-6 所示。

**STEP 04** 同样的方法，使用铅笔工具为图像绘制其他的图形，并适当调整其位置和角度，效果如图 5-7 所示。

图 5-6 绘制图形　　　　　图 5-7 图形效果

# ▸ 5.2 用钢笔工具绘图

路径在 Illustrator CC 中的定义是使用绘图工具绘制的任何线条或形状。一条直线、一个矩形和一幅图的轮廓都是典型的路径。路径可以由一条或多条线段组成，每条线段的端点叫做锚点。使用工具面板中的钢笔工具可以绘制出各种形状的直线和平滑曲线，本节将进行详细介绍。

## 5.2.1 绘制直线

钢笔工具是绘制路径的主要工具，使用它可以很方便地在图形窗口中绘制所需的各种路径，然后形成各种各样的图形。选取工具面板中的钢笔工具，移动鼠标指针至图形窗口中单击鼠标左键确认起始点，移动鼠标指针至另一位置单击鼠标左键确定第二点，即可绘制一条直线，如图 5-8 所示。

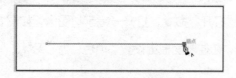

图 5-8 绘制的直线

**专家指点**

在使用钢笔工具绘制路径的过程中，若按住【Shift】键，所绘制的路径为水平、垂直，或以 45° 角递增的直线段。另外，在绘制完一条直线段后，单击一下钢笔工具图标再绘制第二线直线段，否则第二条直线段的第一个节点将与第一条直线段的第二个节点同为一个节点。

使用钢笔工具绘制一条直线时，最后添加的锚点总是一个实心的方块，表示该锚点为选定状态。当添加新锚点时，将绘制选定锚点与新锚点之间的一条直线，同时新锚点变成实心方块，表示现在该锚点正处于选定编辑状态，如图 5-9 所示。

图 5-9 空心锚点与实心锚点

下面介绍绘制直线的操作方法。

| | 素材文件 | 光盘 \ 素材 \ 第 5 章 \5.2.1.ai |
|---|---|---|
| | 效果文件 | 光盘 \ 效果 \ 第 5 章 \5.2.1.ai |
| | 视频文件 | 光盘 \ 视频 \ 第 5 章 \5.2.1 绘制直线 .mp4 |

【操练 + 视频】——绘制直线

**STEP 01** 单击 "文件" | "打开" 命令，打开一幅素材图像，如图 5-10 所示。

**STEP 02** 选取工具面板中的钢笔工具 ，如图 5-11 所示。

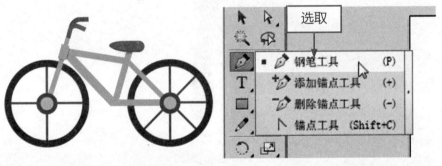

图 5-10 打开素材图像　　　　　　　　图 5-11 选取钢笔工具

**STEP 03** 在控制面板上设置 "填色" 为无、"描边" 为深灰色（#464D57）、"描边粗细" 为 6pt，将鼠标指针移至图像窗口中的合适位置，如图 5-12 所示。

**STEP 04** 单击鼠标左键确认起始点，再移动鼠标指针至图像窗口中的另一个合适位置，如图 5-13 所示。

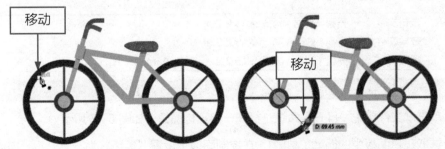

图 5-12 移动鼠标　　　　　　　　　图 5-13 移动鼠标

**STEP 05** 单击鼠标左键后释放鼠标，即可绘制一条直线路径，并适当调整其排列顺序，效果如图 5-14 所示。

**STEP 06** 采用同样的方法，为图像绘制其他的直线路径，如图 5-15 所示。

图 5-14 直线路径　　　　　图 5-15 绘制直线路径

## 5.2.2 绘制曲线

比直线更复杂的是曲线。曲线由锚点和曲线段组成。一条路径处于编辑状态，它的锚点将显示为实心小方块，其他锚点则显示空心小方块。每一个被选中的处于编辑状态的锚点将显示一条或两条指向方向点的控制柄，如图 5-16 所示。

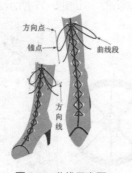

图 5-16 曲线示意图

从上图可以看出，曲线上的实心锚点两侧显示两条方向线，每个方向线的端点还有一个方向点。在曲线中，控制柄决定了曲线的特征。方向线的方向即是曲线切线的方向，方向线的长度则代表了曲线在该方向的深度。用户可通过移动方向点，改变方向线的方向和长度，从而进一步影响曲线的形状。

下面介绍绘制曲线的操作方法。

| | | |
|---|---|---|
| 素材文件 | 光盘\素材\第 5 章\5.2.2.ai | |
| 效果文件 | 光盘\效果\第 5 章\5.2.2.ai | |
| 视频文件 | 光盘\视频\第 5 章\5.2.2 绘制曲线 .mp4 | |

【操练 + 视频】——绘制曲线

**STEP 01** 单击"文件"｜"打开"命令，打开一幅素材图像，如图 5-17 所示。

**STEP 02** 选取工具面板中的钢笔工具，在控制面板上设置"填色"为"无"、"描边"为绿色（#6EA130）、"描边粗细"为30pt，如图5-18所示。

图 5-17 打开素材图像　　　　　图 5-18 设置工具属性

**STEP 03** 将鼠标指针移至图像窗口的合适位置单击鼠标左键确定起始点，如图 **5-19** 所示。

**STEP 04** 将鼠标指针移至另一个合适的位置单击鼠标左键并拖曳，拖至合适位置后释放鼠标，即可绘制一截弯曲的路径，并适当调整图形的排列顺序，效果如图 **5-20** 所示。

图 5-19 确定起始点　　　　　图 5-20 绘制路径

专家指点

　　钢笔工具所绘制的曲线由锚点和曲线段组成，当路径处于编辑状态时，路径的锚点将显示为实心小方块，其他锚点则为空心小方块。若锚点被选中，会有一条或两条指向方向点的控制柄。另外，在使用钢笔工具绘制曲线时，鼠标拖曳的距离与节点距离越远，则曲线的弯曲程度就越大。

### 5.2.3　绘制转角曲线

　　转角曲线是与上一段曲线之间出现转折的曲线。绘制这样的曲线时，需要在创建新的锚点前改变方向线的方向。

　　下面介绍绘制转角曲线的操作方法。

| 素材文件 | 无 |
|---|---|
| 效果文件 | 无 |
| 视频文件 | 光盘 \ 视频 \ 第 5 章 \5.2.3 绘制转角曲线 .mp4 |

【操练 + 视频】——绘制转角曲线

**STEP 01** 选取工具面板中的钢笔工具 ✐，绘制一段曲线，如图 5-21 所示。

**STEP 02** 将鼠标指针放在方向点上，如图 5-22 所示。

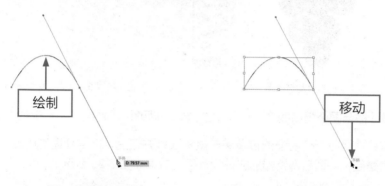

图 5-21 绘制一段曲线              图 5-22 定位鼠标

**STEP 03** 单击并按住【Alt】键向相反方向拖曳，如图 5-23 所示。这样的操作是通过拆分方向线的方式将平滑点转换成角点，此时方向线的长度决定了下一条曲线的斜度。

**STEP 04** 松开【Alt】键和鼠标按键，在其他位置单击并拖曳鼠标创建一个新的平滑点，即可绘制出转角曲线，如图 5-24 所示

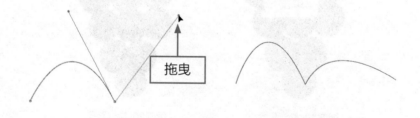

图 5-23 拖曳鼠标              图 5-24 转角曲线

## 5.2.4 连接开放路径

路径是通过绘图工具绘制的任意线条，它可以是一条直线，也可以是一条曲线，还可以是多条直线和曲线所组成的线段。一般情况下，路径由锚点和锚点间的线段所构成，如图 5-25 所示。

在 Illustrator CC 中，路径类型可分为开放路径和闭合路径两种。

\* 开放路径：开放路径是由起始点、中间点和终止点所构成的曲线，一般不少于两个锚点，如直线、曲线和螺旋线等，如图 5-26 所示。

图 5-25 由路径组成的矢量图图形

* 闭合路径：闭合路径是在绘制过程中将起始点与终点相连接的曲线。绘制完成的闭合路径没有终点，如矩形、椭圆、多边形和任意绘制的闭合曲线等，如图 5-27 所示。

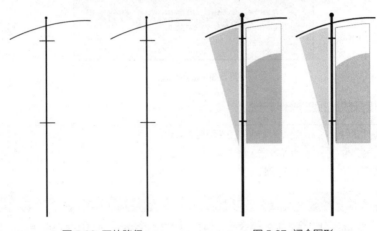

图 5-26 开放路径　　　　　　　　　图 5-27 闭合图形

使用任何一种选择类工具在图形窗口中选择两个路径对象的端点，然后单击"对象"|"路径"|"连接"命令，即可将它们连接成为一个路径对象，如图 5-28 所示。同时，也可以将一个开放路径对象的起点与终点相连接，效果如图 5-29 所示。

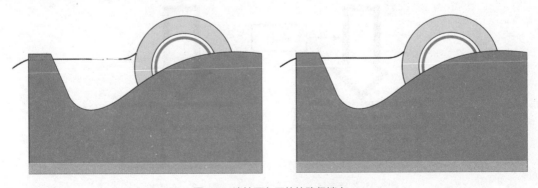

图 5-28 连接两条开放的路径端点

图 5-29 连接开放路径

除了可以连接未闭合的路径外，还可以连接独立的路径：只需选中两条路径的端点，再单击"对象"｜"路径"｜"连接"命令，即可连接路径；在路径端点上单击鼠标右键，在弹出的快捷菜单中选择"连接"选项，也可以连接路径。

需要注意的是，"连接"命令只能对两个端点进行连接，若使用选择类工具直接选择两个路径对象，而不是选择这两个路径对象的两个端点，将不能执行"连接"命令将它们连接，同时 Illustrator CC 中也会弹出一个提示信息框，如图 5-30 所示。

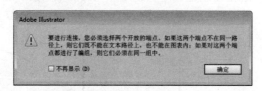

图 5-30 提示信息框

下面介绍连接开放路径的操作方法。

| 素材文件 | 光盘 \ 素材 \ 第 5 章 \5.2.4.ai |
|---|---|
| 效果文件 | 光盘 \ 效果 \ 第 5 章 \5.2.4.ai |
| 视频文件 | 光盘 \ 视频 \ 第 5 章 \5.2.4 连接开放路径 .mp4 |

【操练 + 视频】——连接开放路径

STEP 01 单击"文件"｜"打开"命令，打开一幅素材图像，使用选择工具选择图像窗口中的开放路径，如图 5-31 所示。

STEP 02 单击菜单栏中的"对象"｜"路径"｜"连接"命令，即可将开放的路径进行连接，如图 5-32 所示。

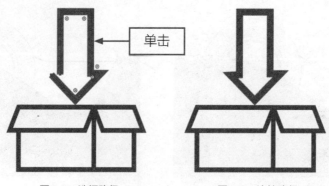

图 5-31 选择路径      图 5-32 连接路径

## 5.2.5 封闭路径

使用钢笔工具可以很方便地绘制一个闭合图形，方法为：将鼠标指针移动至路径的起始点处，此时指针呈一个箭头加一个圆圈的形状，如图 5-33 所示，该形状表示再次单击鼠标左键即可绘制一个闭合的路径。

图 5-33 鼠标指针与起始点重合时的状态与绘制的闭合路径

使用钢笔工具所绘制的闭合路径可以是直线或曲线。在曲线中，控制柄和方向点决定了曲线的走向，而方向点的方向即是曲线的切线方向，控制柄的长度则决定了曲线在该方向的深度。移动方向点，即可改变下一条曲线的方向和长度，从而改变曲线的形状。

在绘制曲线或闭合路径时，若按住【Alt】键的同时在所编辑的锚点上单击鼠标左键，即可去除其中一侧的方向点和控制柄，从而改变曲线的方向或形状；若按住【Ctrl】键的同时在路径的外侧单击鼠标左键，即可完成曲线的绘制。

> **专家指点**
>
> 在 Illustrator CC 中，使用工具面板中的绘图工具绘制的图形对象，无论是曲线还是规则的基本图形，甚至是文本工具输入的文本对象，它们的轮廓线都被称之为路径，因此路径是矢量绘图中一个很重要的概念。

下面介绍封闭路径的操作方法。

| | 素材文件 | 光盘 \ 素材 \ 第 5 章 \5.2.5.ai |
| --- | --- | --- |
| | 效果文件 | 光盘 \ 效果 \ 第 5 章 \5.2.5.ai |
| | 视频文件 | 光盘 \ 视频 \ 第 5 章 \5.2.5 封闭路径 .mp4 |

**【操练 + 视频】——封闭路径**

**STEP 01** 单击"文件"｜"打开"命令，打开一幅素材图像，如图 5-34 所示。

**STEP 02** 选取工具面板中的钢笔工具，在控制面板上设置"填色"为无、"描边"为褐色（#96534C）、"描边粗细"为 2pt，将鼠标指针移至图像窗口的合适位置单击鼠标左键确定起始点，将鼠标指针移至另一个合适的位置单击鼠标左键并拖曳，拖至合适位置后释放鼠标。将鼠标指针移至锚点上，按住【Alt】键的同时单击鼠标左键，去除锚点上其中一侧的控制柄和方向点，如图 5-35 所示。

**STEP 03** 将鼠标指针移至起始点上单击鼠标左键并进行拖曳，拖至合适位置后释放鼠标，即可绘制一个闭合的路径，如图 5-36 所示。

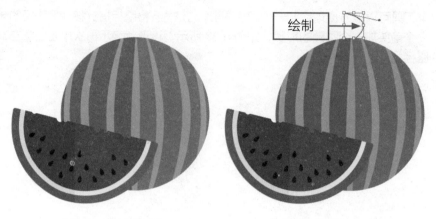

图 5-34 打开素材图像　　　　　　　　　　图 5-35 绘制闭合路径

**STEP 04** 使用选择工具选中所绘制的闭合路径，在控制面板上设置"填色"为褐色（#96534C），
再调整图形与图像之间的位置，如图 5-37 所示。

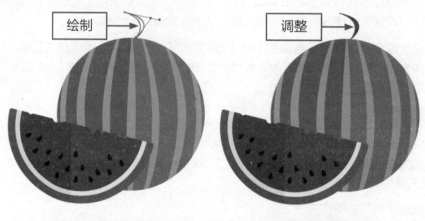

图 5-36 绘制闭合路径　　　　　　　　　　图 5-37 调整图形位置

# ▸▸ 5.3 编辑锚点

绘制路径后，可以随时通过编辑锚点来改变路径的形状，使绘制的图形更加准确。

## ◢ 5.3.1 用直接选择工具选择锚点和路径

在修改路径形状或编辑路径之前，首先应该选择路径上的锚点或路径段。使用直接选择工具
可以从群组的路径对象中直接选择其中任意一个组合对象的路径，还可以单独选择该路径的某一
锚点，如图 5-38 所示。

使用直接选择工具进行选择操作时，当鼠标指针移至路径对象上时，指针呈 ▸. 形状；若将鼠
标指针移至路径对象的锚点，则指针呈 ▸。形状，如图 5-39 所示。

若使用直接选择工具在路径对象的锚点处单击鼠标左键，该锚点将会显示其锚点，则可以使

用直接选择工具来调整锚点，以改变路径线段的形状，如图 5-40 所示。

图 5-38 选择其中的某一锚点

图 5-39 不同选择状态

图 5-40 改变路径形状

下面介绍用直接选择工具选择锚点和路径的操作方法。

| | 素材文件 | 光盘 \ 素材 \ 第 5 章 \5.3.1.ai |
|---|---|---|
| | 效果文件 | 光盘 \ 效果 \ 第 5 章 \5.3.1.ai |
| | 视频文件 | 光盘 \ 视频 \ 第 5 章 \5.3.1 用直接选择工具选择锚点和路径 .mp4 |

【操练 + 视频】——用直接选择工具选择锚点和路径

STEP 01 单击"文件"｜"打开"命令，打开一幅素材图像，如图 5-41 所示。

STEP 02 将直接选择工具 ▶ 放在路径上，检测到锚点时会显示一个较大的方块，且鼠标指针变为 ▶ 形状，如图 5-42 所示。

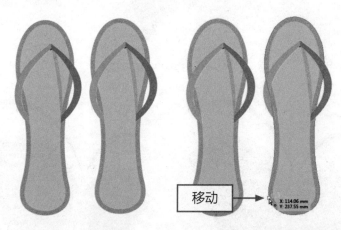

图 5-41 打开素材图像　　　　图 5-42 鼠标指针变为 ▶ 形状

STEP 03 此时单击即可选择该锚点，选中的锚点显示为实心方块，未选中的锚点显示为空心方块，如图 5-43 所示。

STEP 04 按住【Shift】键的同时单击其他锚点，即可添加选择的锚点，如图 5-44 所示。

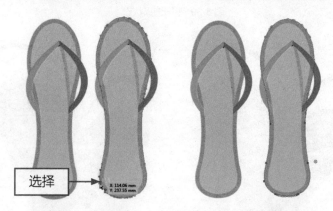

图 5-43 选择锚点　　　　图 5-44 添加选择的锚点

STEP 05 按住【Shift】键的同时单击被选中的锚点，可以取消对该锚点的选择，如图 5-45 所示。

STEP 06 单击并拖曳出一个矩形框，如图 5-46 所示。

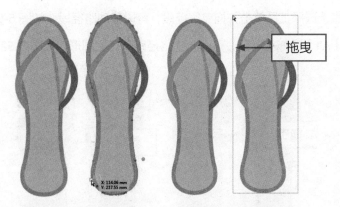

图 5-45 取消对锚点的选择　　　　图 5-46 拖曳出矩形框

**STEP 07** 执行操作后，即可将选框内的所有锚点都选中，如图 5-47 所示。

**STEP 08** 单击相应的锚点并按住鼠标按键进行拖曳，即可移动锚点，如图 5-48 所示。

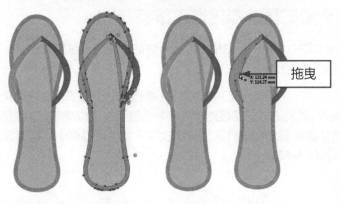

图 5-47 选中所有锚点　　　　图 5-48 移动锚点

**STEP 09** 将直接选择工具 ▷ 放在路径上，检测到锚点时会显示一个较大的方块，且鼠标指针变为 ▷. 形状，如图 5-49 所示。

**STEP 10** 单击鼠标左键，即可选取当前路径段，如图 5-50 所示。

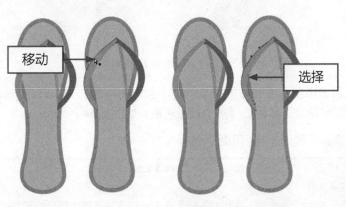

图 5-49 光标变为 ▷. 形状　　　　图 5-50 选取当前路径段

**STEP 11** 使用直接选择工具单击并拖曳路径段，可以移动路径段，如图 5-51 所示。

**STEP 12** 按住【Alt】键拖曳鼠标，可以复制路径段所在的图形，如图 5-52 所示。

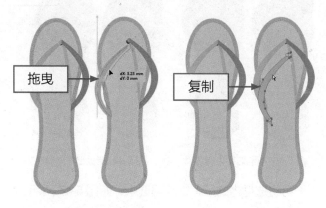

图 5-51 移动路径段　　　　　图 5-52 复制路径

## 5.3.2 用套索工具选择锚点和路径

在 Illustrator CC 中，除了可以使用上述所讲的选择工具选择路径外，还可使用工具面板中的套索工具选择路径和锚点。

使用套索工具可在图形窗口中自由、任意选择一个或多个路径对象，其操作方法很简单：在选取该工具后，在所要选择的路径对象外侧单击鼠标左键以确定起点，然后由外向内拖曳鼠标，以圈出所要选择的路径对象的部分区域，释放鼠标后将选择整个路径对象，而所圈区域处的锚点将呈黑色状态，如图 5-53 所示。

图 5-53 使用套索工具选择路径

使用套索工具选择多个路径对象的操作同样也非常简单，只需在图形窗口中圈出所要选择的多个路径对象的部分区域，即可选择多个路径对象，如图 5-54 所示。

下面介绍用套索工具选择锚点和路径的操作方法。

| | 素材文件 | 光盘 \ 素材 \ 第 5 章 \5.3.2.ai |
| --- | --- | --- |
| | 效果文件 | 无 |
| | 视频文件 | 光盘 \ 视频 \ 第 5 章 \5.3.2 用套索工具选择锚点和路径 .mp4 |

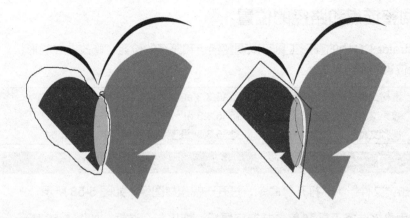

图 5-54 使用套索工具选择多个路径对象

STEP 01 单击"文件"｜"打开"命令，打开一幅素材图像，如图 5-55 所示。

STEP 02 选取工具面板中的套索工具，在所要选择的路径对象外侧单击鼠标左键以确定起点，然后由外向内拖曳鼠标，以圈出所要选择的路径对象的部分区域，如图 5-56 所示。

图 5-55 打开素材图像

图 5-56 圈出所要选择的路径对象的部分区域

STEP 03 释放鼠标后，将选择相应的路径，如图 5-57 所示。

图 5-57 选择路径

### 5.3.3 调整锚点和路径的位置

使用 Illustrator CC 中的整形工具可以调整锚点和路径的位置，修改曲线的形状。下面介绍调整锚点和路径位置的操作方法。

| | | |
|---|---|---|
| 素材文件 | 光盘 \ 素材 \ 第 5 章 \5.3.3.ai | |
| 效果文件 | 光盘 \ 效果 \ 第 5 章 \5.3.3.ai | |
| 视频文件 | 光盘 \ 视频 \ 第 5 章 \5.3.3 调整锚点和路径的位置 .mp4 | |

【操练 + 视频】——调整锚点和路径的位置

**STEP 01** 单击"文件"｜"打开"命令，打开一幅素材图像，如图 5-58 所示。

**STEP 02** 使用直接选择工具 单击并拖曳鼠标，拖出一个选框，如图 5-59 所示，选中相应的锚点。

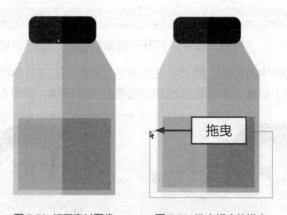

图 5-58 打开素材图像　　　　图 5-59 选中相应的锚点

**STEP 03** 选择整形工具 ，将鼠标指针放在选中的路径上方，单击并拖曳鼠标移动路径，如图 5-60 所示。

**STEP 04** 拖至合适位置后释放鼠标左键，即可最大程度地保存路径原有形状来调整路径，并调整另一侧的路径，效果如图 5-61 所示。

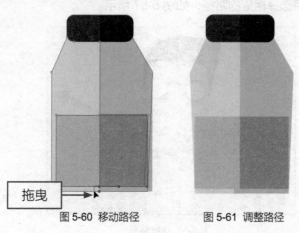

图 5-60 移动路径　　　　图 5-61 调整路径

### 5.3.4 添加和删除锚点

路径是由一条或多条线段组成的曲线，锚点就是这些线段从开始至结束之间的结构点，这样路径可以通过这些结构点来绘制其轮廓形状。

锚点是路径的基本载体，是路径中线段与线段之间的交点。根据锚点对路径形状的影响，可将其分为平滑点和角点两种类型。

平滑点两侧会显示两条趋于直线平衡的方向线，用于控制节点两边的线段以连续圆弧形状相连接，如图 5-62 所示。若改变其中一侧控制柄的方向，另一侧的控制柄也将随之变化，并且这两条方向线始终保持直线平衡。

图 5-62 平滑点

角点用于表现路径的线段转折。按转折的类型可以分为直角点、曲线角点和复合角点 3 种类型:

\* 直角点：直角点两侧没有控制柄和方向点，常被用于线段的直角表现上。

\* 曲线角点：曲线角点两侧有控制柄和方向点，但两侧的控制柄与方向点是相互独立的，单独控制其中一侧的控制柄与方向点，不会对另一侧的控制柄与方向点产生影响，如图 5-63 所示。

图 5-63 曲线角点

＊ 复合角点：复合角点只有一侧有控制柄和方向点，一般被用在直线与曲线相连的位置。

添加锚点可以方便用户更好地控制路径的形状，还可以协助其他编辑工具调整路径。选取工具面板中的添加锚点工具，在绘制的路径处单击鼠标左键，即可在该单击处添加一个锚点，并同时产生两个调节方向线。锚点的两个方向点就像一个杠杆，可使用它们对路径进行调整。

通过删除锚点的操作可以帮助用户改变路径的形状，从而删除路径中不必要的锚点，以减少路径的复杂程度。选取工具面板中的删除锚点工具，在需要删除锚点的路径处单击鼠标左键，即可删除该锚点，而原有路径将自动调整以保持连贯。

使用工具面板中的钢笔工具绘制路径时，也可以进行节点的添加与删除操作。移动鼠标指针至要添加或删除锚点的位置，此时指针呈添加锚点形状或删除锚点形状，只需单击鼠标左键即可添加或删除锚点。

下面介绍添加和删除锚点的操作方法。

| 素材文件 | 光盘 \ 素材 \ 第 5 章 \5.3.4.ai |
| 效果文件 | 光盘 \ 效果 \ 第 5 章 \5.3.4.ai |
| 视频文件 | 光盘 \ 视频 \ 第 5 章 \5.3.4 添加和删除锚点 .mp4 |

【操练 + 视频】——添加和删除锚点

**STEP 01** 单击"文件"｜"打开"命令，打开一幅素材图像，如图 5-64 所示。

**STEP 02** 使用选择工具选中需要编辑的图形路径，选取工具面板中的添加锚点工具，将鼠标指针移至选中的图形路径的合适位置单击鼠标左键，即可添加一个锚点，如图 5-65 所示。

添加

图 5-64 打开素材图像　　　图 5-65 添加锚点

专家指点

在 Illustrator CC 中，除了使用工具添加和删除锚点外，还可以通过"添加锚点"和"移去锚点"命令来进行添加或删除锚点。选择需要删除的锚点，单击"对象"|"路径"|"移去锚点"命令，即可删除该锚点。

**STEP 03** 依次在合适的位置添加锚点，选取工具面板中的直接选择工具，在需要编辑的锚点上单击鼠标左键，并拖曳鼠标至合适位置，如图 5-66 所示。

**STEP 04** 选取工具面板中的删除锚点工具，在不需要的锚点上单击鼠标左键，即可删除该锚点，图形路径的效果如图 5-67 所示。

<table>
<tr><td>图 5-66 移动锚点位置</td><td>图 5-67 删除锚点</td></tr>
</table>

**STEP 05** 采用同样的方法，删除不必要的锚点，如图 5-68 所示。

**STEP 06** 使用直接选择工具 ![img] 选中锚点，将锚点调整至合适的位置，最终的图像效果如图 5-69 所示。

<table>
<tr><td>图 5-68 删除多余锚点</td><td>图 5-69 调整锚点位置</td></tr>
</table>

## 5.3.5 均匀分布锚点

单击"对象"|"路径"|"平均"命令，可以对选择的两个或多个锚点进行水平、垂直方向平均化处理，甚至可以移动至它们当前位置的平均位置，从而得到意想不到的效果。

选取工具面板中的选择类工具，在图形窗口中选择需要移动的锚点，然后单击"对象"|"路径"|"平均"命令或按【Ctrl + Alt + J】组合键，此时 Illustrator CC 将弹出"平均"对话框，如图 5-70 所示。在其中选择相应的选项，可以设置平均移动锚点的方向。

该对话框中的主要选项含义如下：

* 水平：选中该单选按钮，将在 Y 轴方向上对选择的锚点进行平均操作，选择的锚点最终会被移动至同一水平线上。

· 图 5-70 "平均"对话框

✱ 垂直：选中该单选按钮，将在 X 轴方向上对选择的锚点进行平均操作，选择的锚点最终会被移动至同一垂直线上。

✱ 两者兼有：选中该单选按钮，被选择的锚点将在 X 轴和 Y 轴方向上都做平均操作，选择的锚点最终会被移动至一个点上。若对不同的形状执行该命令后，将会产生意想不到的效果。

在图形窗口中，运用直接选择工具选择锚点，然后执行"平均"命令。在"平均"对话框中，选中不同复选框后的效果如图 5-71 所示。

原图 　　　　"水平"平均 　　　"垂直"平均 　　"两者兼有"平均

图 5-71 选择锚点在不同方向上进行平均后的效果

**专家指点**

　　锚点可分为直线锚点和曲线锚点，所连接的路径分别为直线路径和曲线路径使用锚点工具可以将曲线锚点转换为直线锚点，或将直线锚点转换为曲线锚点。若需要将直线锚点转换为曲线锚点，则选取工具面板中的锚点工具后，在所需转换的直线锚点上单击鼠标左键并拖曳，即可将直线锚点转换为曲线锚点。

下面介绍均匀分布锚点的操作方法。

| | 素材文件 | 光盘 \ 素材 \ 第 5 章 \5.3.5.ai |
|---|---|---|
| | 效果文件 | 光盘 \ 效果 \ 第 5 章 \5.3.5.ai |
| | 视频文件 | 光盘 \ 视频 \ 第 5 章 \5.3.5 均匀分布锚点 .mp4 |

**【操练 + 视频】——均匀分布锚点**

**STEP 01** 单击"文件"｜"打开"命令，打开一幅素材图像，如图 5-72 所示。

**STEP 02** 使用直接选择工具选中需要编辑的图形路径，如图 5-73 所示。

**STEP 03** 使用选择工具双击路径，进入隔离模式。使用直接选择工具 � 框选路径上的相应锚点，如图 5-74 所示。

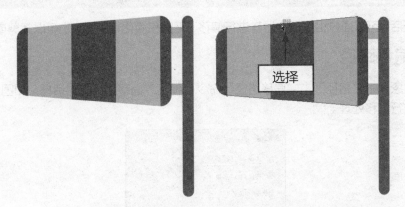

图 5-72 打开素材图像　　　　　图 5-73 选中需要编辑的图形路径

**STEP 04** 单击"对象"|"路径"|"平均"命令，如图 5-75 所示。

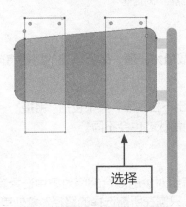

图 5-74 框选路径上的相应锚点　　　图 5-75 单击"平均"命令

**STEP 05** 弹出"平均"对话框，选中"水平"单选按钮，如图 5-76 所示。

**STEP 06** 单击"确定"按钮，即可水平分布锚点，如图 5-77 所示。

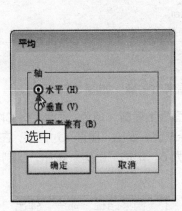

图 5-76 选中"水平"单选按钮

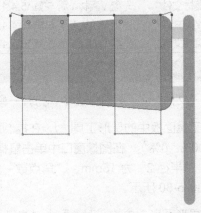

图 5-77 水平分布锚点

# ▶ 5.4 编辑路径

选择路径后，可以通过相关命令对其进行偏移、平滑和简化等处理，也可以裁剪或删除路径。

## 5.4.1 偏移路径

单击"对象"｜"路径"｜"偏移路径"命令，弹出"偏移路径"对话框，如图 5-78 所示，可以对路径进行偏移处理。

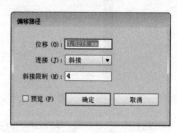

图 5-78　"偏移路径"对话框

"偏移路径"对话框中主要选项的含义如下：

\* 位移：用于设置新路径的位移。若输入的数值为正值，则所创建的路径将向外偏移；若输入的数值为负值，则所创建的新路径将向内偏移。

\* 连接：单击"连接"右侧的下拉按钮，将弹出下拉列表，其中包括"斜接"、"圆角"和"斜角"3 个选项。选择不同的选项，所创建的路径拐角状态也会不同。

> **专家指点**
>
> 　　使用编组选择工具可以在包含多个编组对象的复合编组对象中选择其中的任意一个路径对象。编组选择工具的操作非常简单，只需在所需选择的路径对象处单击鼠标左键，即可在复合编组对象中选择所需的对象。与直接选择工具不同的是，编组选择工具不能单独选择路径对象的锚点。

下面介绍偏移路径的操作方法。

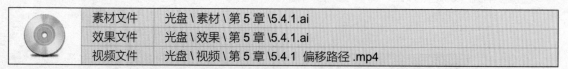

| | 素材文件 | 光盘 \ 素材 \ 第 5 章 \5.4.1.ai |
|---|---|---|
| | 效果文件 | 光盘 \ 效果 \ 第 5 章 \5.4.1.ai |
| | 视频文件 | 光盘 \ 视频 \ 第 5 章 \5.4.1 偏移路径 .mp4 |

【操练＋视频】——偏移路径

**STEP 01** 单击"文件"｜"打开"命令，打开一幅素材图像，如图 5-79 所示。

**STEP 02** 选取工具面板中的星形工具，在控制面板上设置"填色"为紫色（CMYK 的参数值为 24%、72%、0%、0%），在图像窗口中单击鼠标左键，弹出"星形"对话框，在其中设置"半径 1"为 5mm、"半径 2"为 15mm、"角点数"为 6，单击"确定"按钮，绘制一个指定大小的星形图形，如图 5-80 所示。

**STEP 03** 选中星形图形，单击"对象"｜"路径"｜"偏移路径"命令，弹出"偏移路径"对话框，在其中设置"位移"为 6mm、"连接"为"圆角"，如图 5-81 所示。

图 5-79 打开素材图像

图 5-80 绘制星形

**STEP 04** 单击"确定"按钮，即可将星形图形进行路径偏移，效果如图 5-82 所示。

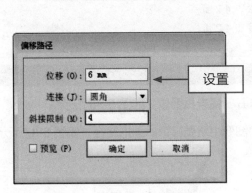

图 5-81 "位移路径"对话框

图 5-82 偏移效果

**STEP 05** 使用选择工具 将图形移动到图像窗口中的合适位置，并适当调整图形的大小与角度，如图 5-83 所示。

**STEP 06** 选取工具面板中的椭圆工具 ，在所绘制的图形中央绘制一个白色的正圆图形，效果如图 5-84 所示。

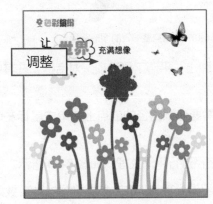

图 5-83 移动与调整图形

图 5-84 绘制正圆图形

## 5.4.2 平滑路径

平滑工具  是一种路径修饰工具，使用它可以对绘制的路径进行平滑处理，并尽可能地保持路径的原有形状。若使用平滑工具修饰绘制的路径，首先要使用工具面板中的选择工具选择需要修饰的路径，然后选取工具面板中的平滑工具，在选择的路径中需要平滑的位置外侧单击鼠标左键并由外向内拖曳鼠标，拖曳完成后释放鼠标，可对绘制的路径进行平滑处理，如图 5-85 所示。

图 5-85 使用平滑工具对路径进行平滑处理

下面介绍平滑路径的操作方法。

| | | |
|---|---|---|
| 素材文件 | 光盘 \ 素材 \ 第 5 章 \5.4.2.ai | |
| 效果文件 | 光盘 \ 效果 \ 第 5 章 \5.4.2.ai | |
| 视频文件 | 光盘 \ 视频 \ 第 5 章 \5.4.2 平滑路径 .mp4 | |

**【操练＋视频】——平滑路径**

**STEP 01** 单击"文件"｜"打开"命令，打开一幅素材图像，如图 5-86 所示。

**STEP 02** 选取工具面板中的选择工具，选中图像中所要修饰的图形路径，如图 5-87 所示。

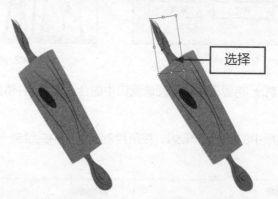

选择

图 5-86 打开素材图像　图 5-87 选中需要编辑的图形路径

**STEP 03** 在平滑工具图标 上双击鼠标左键，弹出"平滑工具选项"对话框，在其中设置"保真度"为"平滑"，如图 5-88 所示。

**STEP 04** 单击"确定"按钮，将鼠标指针移至需要修饰路径的锚点上，单击鼠标左键并拖曳至另一个锚点上，如图 5-89 所示。

**STEP 05** 释放鼠标后，即可对两个锚点之间的路径进行平滑处理，如图 5-90 所示。

**STEP 06** 采用同样的方法，为其他图形路径进行平滑处理，即可完成对图像的修饰，效果如图 5-91 所示。

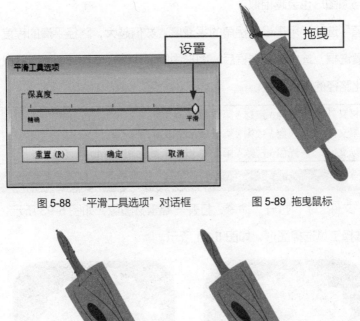

图 5-88 "平滑工具选项"对话框　　　　　　图 5-89 拖曳鼠标

图 5-90 平滑后的效果　　　　　图 5-91 修饰效果

###  5.4.3 简化路径

　　简化路径就是将路径上的锚点进行简化，并调整多余的锚点，而路径的形状是不会改变的。"简化"对话框（如图 5-92 所示）中主要选项的含义如下：

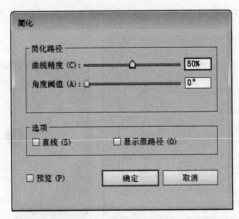

图 5-92 "简化"对话框

* "曲线精度"选项：用于设置简化后的图形与原图形的相似程度，数值越大，简化后的图

形锚点就越多，与原图形也会越相似。

　　＊ "角度阈值" 选项：用于设置拐角的平滑度，数值越大，路径平滑的程度也就越大。

　　＊ "直线" 复选框：选中该复选框后，图形中的曲线路径全部被忽略，并以直线显示。

　　下面介绍简化路径的操作方法。

| 素材文件 | 光盘 \ 素材 \ 第 5 章 \5.4.3.ai |
| --- | --- |
| 效果文件 | 光盘 \ 效果 \ 第 5 章 \5.4.3.ai |
| 视频文件 | 光盘 \ 视频 \ 第 5 章 \5.4.3 简化路径 .mp4 |

【操练＋视频】——简化路径

STEP 01 单击 "文件" ｜ "打开" 命令，打开一幅素材图像，如图 5-93 所示。

STEP 02 使用选择工具选择图形，如图 5-94 所示。

图 5-93 打开素材图像　　　　　　　　图 5-94 选择图形

　　STEP 03 单击 "对象" ｜ "路径" ｜ "简化" 命令，弹出 "简化" 对话框，在 "简化路径" 选项区中设置 "曲线精度" 为 0%、"角度阈值" 为 0°，如图 5-95 所示。

　　STEP 04 单击 "确定" 按钮，即可将图形路径进行简化，效果如图 5-96 所示。

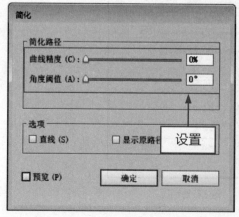

图 5-95 设置相应参数　　　　　　　　图 5-96 简化路径效果

## ◢ 5.4.4　清理路径

在创建路径、编辑对象或输入文字的过程中，如果操作不当，会在画板中留下多余的游离点和路径，使用"清理"命令可以清除这些游离点、未着色的对象和空的文本路径。

下面介绍清理路径的操作方法。

| | | |
|---|---|---|
| 素材文件 | 光盘 \ 素材 \ 第 5 章 \5.4.4.ai | |
| 效果文件 | 光盘 \ 效果 \ 第 5 章 \5.4.4.ai | |
| 视频文件 | 光盘 \ 视频 \ 第 5 章 \5.4.4 清理路径 .mp4 | |

【操练 + 视频】——清理路径

**STEP 01** 单击"文件"｜"打开"命令，打开一幅素材图像，如图 5-97 所示。

**STEP 02** 选择画板中的全部对象，可以看到明显的游离点，如图 5-98 所示。

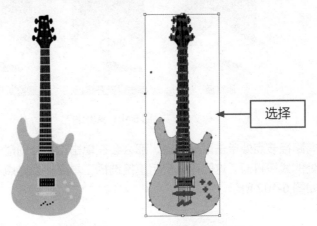

图 5-97　打开素材图像　　图 5-98　选择画板中的全部对象

**STEP 03** 单击"对象"｜"路径"｜"清理"命令，弹出"清理"对话框，选中"游离点"复选框，如图 5-99 所示。

**STEP 04** 单击"确定"按钮，即可清除画板中的多余游离点，效果如图 5-100 所示。

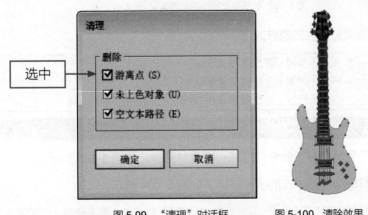

图 5-99　"清理"对话框　　　图 5-100　清除效果

## 5.4.5 用剪刀工具裁剪路径

使用剪刀工具可以将一个开放路径对象分割成多个开放路径对象,也可以将闭合路径对象分割成多个开放路径对象。另外,选取工具面板中的剪刀工具,然后在所绘路径对象的不同位置单击鼠标左键,效果也会因此而有所不同。

若使用剪刀工具在一段路径线段的中间位置单击鼠标左键,那么该单击位置将产生两个重合独立的节点,表示该路径线段已被剪断。这时可以使用直接选择工具或转换锚点工具对它们的位置和形状进行调整,如图 5-101 所示。

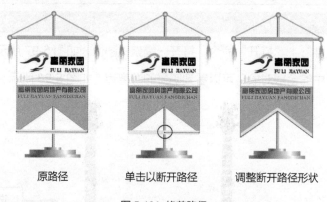

原路径　　　　　单击以断开路径　　　调整断开路径形状

图 5-101 修剪路径

若在原有路径节点处单击鼠标左键,那么会在单击位置处创建一个新节点,并且在该节点与原单击节点处的线段打断。这时可以使用直接选择工具或转换锚点工具对它们分别进行位置和形状的调整,如图 5-102 所示。

原有路径　　　　　剪断路径锚点　　　调整断开路径锚点形状

图 5-102 在原有路径锚点处修剪路径

下面介绍用剪刀工具裁剪路径的操作方法。

| | 素材文件 | 光盘 \ 素材 \ 第 5 章 \5.4.5.ai |
|---|---|---|
| | 效果文件 | 光盘 \ 效果 \ 第 5 章 \5.4.5.ai |
| | 视频文件 | 光盘 \ 视频 \ 第 5 章 \5.4.5 用剪刀工具裁剪路径 .mp4 |

**【操练 + 视频】——用剪刀工具裁剪路径**

**STEP 01** 单击"文件"|"打开"命令,打开一幅素材图像,如图 5-103 所示。

**STEP 02** 使用选择工具选中需要修饰的图形路径,如图 5-104 所示。

**STEP 03** 选取工具面板中的剪刀工具,将鼠标指针移至需要修饰的图形路径上,如图 5-105 所示。

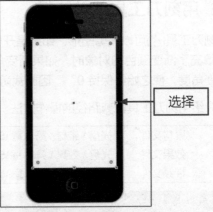

图 5-103 打开素材图像　　　　　　图 5-104 选择图形路径

**STEP 04** 单击鼠标左键，即可剪切路径，如图 5-106 所示。

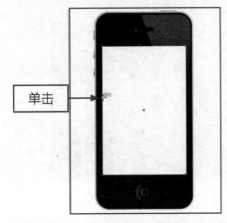

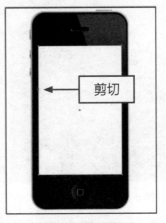

图 5-105 定位鼠标　　　　　　图 5-106 剪切路径

**STEP 05** 用直接选择工具选择并移动分割处的锚点，可以看到分割效果，如图 5-107 所示。

图 5-107 分割效果

###  5.4.6 用刻刀工具裁剪路径

使用刻刀工具  可以裁剪图形。如果是开放式的路径，裁切后会成为闭合式路径。使用刻刀工具裁剪填充了渐变颜色的对象时，如果渐变角度为 0°，则每裁切一次，Illustrator CC 就会自动调整渐变角度，使之始终保持 0°，因此裁切后对象的颜色会发生变化。

下面介绍用刻刀工具裁剪路径的操作方法。

| | 素材文件 | 光盘 \ 素材 \ 第 5 章 \5.4.6.ai |
| --- | --- | --- |
| | 效果文件 | 光盘 \ 效果 \ 第 5 章 \5.4.6.ai |
| | 视频文件 | 光盘 \ 视频 \ 第 5 章 \5.4.6 用刻刀工具裁剪路径 .mp4 |

**【操练 + 视频】——用刻刀工具裁剪路径**

**STEP 01** 单击"文件" | "打开"命令，打开一幅素材图像，如图 5-108 所示。

**STEP 02** 选择刻刀工具 ，在栅栏上单击并拖曳鼠标划出裁切线，如图 5-109 所示。

 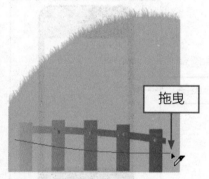

图 5-108 打开素材图像　　　　　　图 5-109 划出裁切线

**STEP 03** 执行操作后，即可裁剪栅栏图形，如图 5-110 所示。

**STEP 04** 取消选择，可以看到图形的渐变色发生了变化，效果如图 5-111 所示。

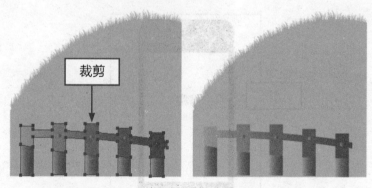

图 5-110 裁剪栅栏图形　　　　　　图 5-111 图像效果

### 5.4.7 分割下方对象

在使用"分割下方对象"命令时不能选择多个对象，只可以针对一个对象进行操作，否则将不能使用此命令。对所选择的路径进行分割后，所选择的路径轮廓将成为一个模板。若该路径下方有多个路径，则可以分割出多个模板。

下面介绍分割下方对象的操作方法。

| | 素材文件 | 光盘\素材\第5章\5.4.7.ai |
|---|---|---|
| | 效果文件 | 光盘\效果\第5章\5.4.7.ai |
| | 视频文件 | 光盘\视频\第5章\5.4.7 分割下方对象.mp4 |

【操练+视频】——分割下方对象

STEP 01 单击"文件"｜"打开"命令，打开一幅素材图像，如图5-112所示。

STEP 02 使用选择工具选择相应的图形，如图5-113所示。

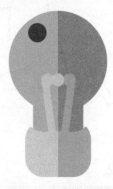

图5-112 打开素材图像　　图5-113 选择图形

STEP 03 单击"对象"｜"路径"｜"分割下方对象"命令，如图5-114所示。

STEP 04 执行操作后，即可将对所选择的路径进行分割。使用直接选择工具将所分割的图形路径选中，按【Delete】键将其删除，图像效果如图5-115所示。

图5-114 单击"分割下方对象"命令　　图5-115 图像效果

专家指点

选择相应的对象，单击"对象"｜"路径"｜"分割为网格"命令，弹出"分割为网格"对话框，设置"行"、"列"、"栏间距"等选项，并选中"添加参考线"复选框，单击"确定"按钮，即可将对象分割为网格。

### 5.4.8 用路径橡皮擦工具擦除路径

路径橡皮擦工具 ✐ 也是一种修饰工具，使用它可以擦除绘制的路径的全部或部分曲线。

路径橡皮擦工具的使用方法非常简单，只需在工具面板中选取该工具后，在图形窗口中沿所要擦除的路径处单击鼠标左键并拖曳，以进行擦除操作完成后释放鼠标，即可将鼠标指针所经过的路径曲线部分擦除，如图 5-116 所示。此时可以看出擦除操作后的路径末端会自动创建一个新的锚点，并且擦除后的路径会处于选择状态。

图 5-116 使用橡皮擦工具擦除路径

下面介绍用路径橡皮擦工具擦除路径的操作方法。

| | 素材文件 | 光盘 \ 素材 \ 第 5 章 \5.4.8.ai |
|---|---|---|
| | 效果文件 | 光盘 \ 效果 \ 第 5 章 \5.4.8.ai |
| | 视频文件 | 光盘 \ 视频 \ 第 5 章 \5.4.8 用路径橡皮擦工具擦除路径 .mp4 |

【操练 + 视频】——用路径橡皮擦工具擦除路径

**STEP 01** 单击"文件"｜"打开"命令，打开一幅素材图像，如图 5-117 所示。

**STEP 02** 使用选择工具选中需要修饰的图形路径，如图 5-118 所示。

图 5-117 打开素材图像      图 5-118 选择图形路径

**STEP 03** 选取工具面板中的路径橡皮擦工具 ✎，将鼠标指针移至需要修饰的图形路径上，单击鼠标左键并轻轻拖曳鼠标，即可擦除鼠标所经过的区域，如图 5-119 所示。

**STEP 04** 采用同样的方法，擦除其他需要修饰的图形路径，效果如图 5-120 所示。

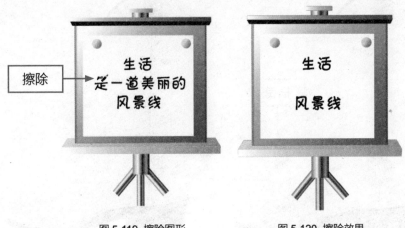

图 5-119 擦除图形　　　　　　　　图 5-120 擦除效果

## ▨ 5.4.9 用橡皮擦工具擦除路径

使用橡皮擦工具 ✎ 在图形上方单击并拖曳鼠标，可以擦除相应的对象。下面介绍用橡皮擦工具擦除路径的操作方法。

| | | |
|---|---|---|
| | 素材文件 | 光盘 \ 素材 \ 第 5 章 \5.4.9.ai |
| | 效果文件 | 光盘 \ 效果 \ 第 5 章 \5.4.9.ai |
| | 视频文件 | 光盘 \ 视频 \ 第 5 章 \5.4.9 用橡皮擦工具擦除路径 .mp4 |

**【操练 + 视频】——用橡皮擦工具擦除路径**

**STEP 01** 单击"文件" | "打开"命令，打开一幅素材图像，如图 5-121 所示。

**STEP 02** 选取橡皮擦工具 ✎，如图 5-122 所示。

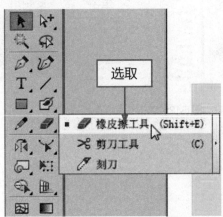

图 5-121 打开素材图像　　　　　图 5-122 选取橡皮擦工具

STEP 03 在图形上方单击并拖曳鼠标，如图 5-123 所示。

STEP 04 执行操作后，即可擦除相应的区域，效果如图 5-124 所示。

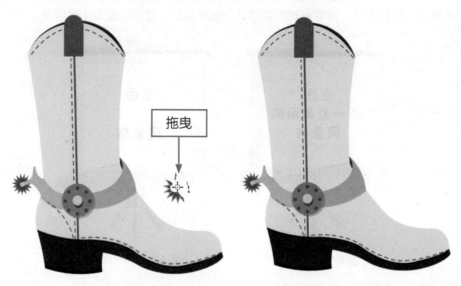

图 5-123 拖曳鼠标　　　　　　　　　　　图 5-124 擦除效果

专家指点

　　使用直接选择工具 ▶，选中需要编辑的图形路径，单击"对象"|"路径"|"添加锚点"命令，如图 5-125 所示。执行操作后，可以在每两个锚点的中间添加一个新的锚点，效果如图 5-126 所示。

图 5-125 单击"添加锚点"命令

图 5-126 添加锚点

# CHAPTER

## 极具时尚感的色彩：
## 渐变与渐变网格

# 6

## 章前知识导读

本章是成为 Illustrator CC 色彩高手的必经阶段。与前面所介绍的基本上色方法相比，本章更加突出专业性，详细解读了渐变、渐变网格以及其他填色功能。

## 新手重点索引

- 渐变
- 渐变网格
- 其他填充技巧

# ▶ 6.1 渐变

渐变可以在对象中创建平滑的颜色过渡效果。在 Illustrator CC 中提供了大量预设的渐变库，还允许用户将自定义的渐变存储为色板，以便应用于其他对象。

## ◢ 6.1.1 使用"渐变"面板填充

在 Illustrator CC 中，创建渐变填充的方法有两种：一种是使用渐变工具；另一种是使用"渐变"面板。单击"窗口"|"渐变"命令，即可打开"渐变"面板，如图 6-1 所示。

图 6-1 "渐变"面板

该面板中的各选项含义如下：

\* 类型：该选项右侧的文本框中显示了当前所选用的渐变类型。而 Illustrator CC 为用户提供了两种渐变类型：一种是"线性"渐变，另一种是"径向"渐变。选择不同的类型，所创建的渐变效果也不同，如图 6-2 所示。

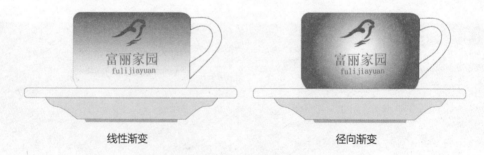

线性渐变　　　　　　　　　　　　径向渐变

图 6-2 不同渐变类型填充的图形效果

\* 角度：其右侧的参数值决定了线性渐变的渐变方向，而"角度"只有在"类型"下拉列表框中选择"线性"选项时才可用。设置不同的角度值，其填充效果也各不相同，如图 6-3 所示。

\* 渐变滑块：在"渐变"面板中，渐变滑块代表渐变的颜色及其所在的位置，拖动渐变滑块的位置，即可对当前渐变色进行调整。

图 6-3 "角度"值为 -60 与 +120 时填充的图形效果

\* 位置：只有在"渐变"面板中选择了渐变滑块之后该选项才可用，其右侧的参数显示了当前所选的渐变滑块的位置。

下面介绍使用"渐变"面板填充渐变色的操作方法。

| | 素材文件 | 光盘 \ 素材 \ 第 6 章 \6.1.1.ai |
|---|---|---|
| | 效果文件 | 光盘 \ 效果 \ 第 6 章 \6.1.1.ai |
| | 视频文件 | 光盘 \ 视频 \ 第 6 章 \6.1.1 使用"渐变"面板填充 .mp4 |

**【操练 + 视频】——使用"渐变"面板填充**

**STEP 01** 单击"文件"｜"打开"命令，打开一幅素材图像，如图 6-4 所示。

**STEP 02** 选取工具面板中的选择工具 ▶，选择相应的图形，如图 6-5 所示。

图 6-4 打开素材图像

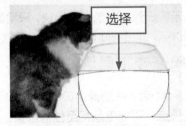

图 6-5 选择杯身图形

**STEP 03** 单击"窗口"｜"渐变"命令，调出"渐变"面板，单击"渐变填色"右侧的下拉按钮，在弹出的下拉列表中选择"线性"选项，如图 6-6 所示。

**STEP 04** 双击下方渐变条右侧的渐变滑块，在弹出的调色板中设置 CMYK 的参数值分别为100%、0%、0%、0%，即可改变所双击的渐变滑块中的颜色，如图 6-7 所示。

图 6-6 选择"线性"选项

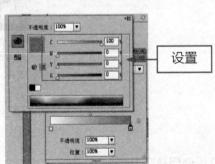

图 6-7 设置渐变颜色

**STEP 05** 返回"渐变"浮动调板，在"角度"数值框中输入 -30°，如图 6-8 所示。

**STEP 06** 执行操作后，图形将以所设置的渐变进行填充，如图 6-9 所示。

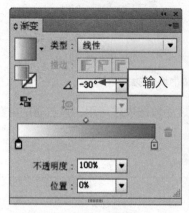

图 6-8 设置参数

图 6-9 填充渐变

**专家指点**

在"渐变"面板中自带了多个渐变填色样式，选择样式后渐变条上将有渐变填充色的预览。选择"线性"或"径向"类型后，渐变填充色是不会改变的，除非对渐变滑块进行填充色的调整。选择不同的渐变填色和类型，图形的渐变效果也会有所不同。

另外，若要删除渐变条中的滑块，只需选中所要删除的滑块，再单击渐变条右侧的"垃圾桶"按钮 🗑，即可删除该滑块。

## 6.1.2 使用渐变工具填充

选取渐变工具 后，在图像窗口中单击鼠标右键后，在任意位置单击鼠标左键，确认渐变工具在图像中的定位点，再拖曳鼠标至任何位置，则渐变工具的长度和方向也会随鼠标指针的移动而改变，图形所填充的渐变效果也会有所不同。

另外，在 Illustrator CC 工具面板的下方有一个"渐变"填充按钮，如图 6-10 所示。单击该"渐变"按钮后，左上角的颜色方框表示当前的渐变色，右下角的空心方框表示描边色。

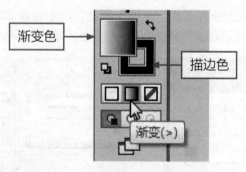

图 6-10 "渐变"按钮

下面介绍使用渐变工具填充渐变色的操作方法。

| 素材文件 | 光盘 \ 素材 \ 第 6 章 \6.1.2.ai |
|---|---|
| 效果文件 | 光盘 \ 效果 \ 第 6 章 \6.1.2.ai |
| 视频文件 | 光盘 \ 视频 \ 第 6 章 \6.1.2 使用渐变工具填充 .mp4 |

**【操练 + 视频】——使用渐变工具填充**

**STEP 01** 单击"文件"｜"打开"命令，打开一幅素材图像，如图 6-11 所示。

**STEP 02** 选取工具面板中的矩形工具 ，在图像窗口中绘制一个与素材图形一样大小的矩形。选取工具面板中的渐变工具 ，在矩形图形上单击鼠标左键，矩形图形将以系统默认的渐变色进行填充，且图形上显示渐变工具。将鼠标指针移至右侧的渐变滑块上，指针呈 形状，如图 6-12 所示。

图 6-11 打开素材图像　　　　　　图 6-12 移动鼠标

**STEP 03** 双击鼠标左键，弹出调整颜色的浮动面板，如图 6-13 所示。

**STEP 04** 单击"颜色"图标 ，设置颜色为淡蓝色（CMYK 参数值为 40%、0%、0%、0%），矩形图形的渐变填充色也会随之改变，填充效果如图 6-14 所示。

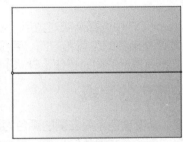

图 6-13 左键调色浮动面板　　　　图 6-14 填充效果

**专家指点**

在某一渐变滑块上双击鼠标后，在弹出的调整颜色浮动面板中可以设置渐变填充的不透明度和该滑块在渐变工具上的位置，即改变图形渐变填充的效果。

**STEP 05** 将鼠标指针移至移动点上，指针呈 形状，单击鼠标左键并向渐变工具的左侧进行拖曳，拖至合适位置后释放鼠标，即可改变渐变工具的长度和渐变填充的效果，如图 6-15 所示。

**STEP 06** 将鼠标指针移至移动点附近，指针呈 形状，单击鼠标左键并旋转渐变工具，旋转至合适位置后释放鼠标，即可改变图形渐变填充的角度，如图 6-16 所示。

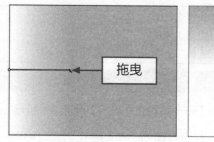
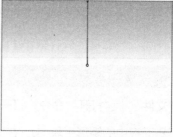

图 6-15 渐变效果　　　　　　　图 6-16 改变渐变方向

STEP 07 将鼠标指针移至渐变工具的定位点上，单击鼠标左键并向图形下方拖曳，即可移动渐变工具的位置，渐变效果如图 6-17 所示。

STEP 08 在图形上单击鼠标右键，在弹出的快捷菜单中选择"排列"|"置于底层"选项，即可调整渐变图形的位置，并显示整幅图像的效果，如图 6-18 所示。

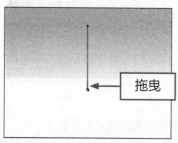

图 6-17 渐变效果　　　　　　　图 6-18 图像效果

专家指点

　　在 Illustrator CC 中选择渐变对象后，使用渐变工具▣在画板中单击并拖曳鼠标，可以更加灵活地调整渐变的位置和方向。若要将渐变的方向设置为水平、垂直或 45°角的倍数，可以在拖曳鼠标的同时按住【Shift】键。

## 6.1.3 渐变颜色的编辑

对于线性渐变，渐变颜色条最左侧的颜色为渐变色的起始颜色，最右侧的颜色为终止颜色；对于径向渐变，最左侧的渐变滑块定义颜色填充的中心点，它呈现辐射状向外逐渐过渡到最右侧的渐变滑块颜色。

下面介绍编辑渐变颜色的操作方法。

| 素材文件 | 光盘 \ 素材 \ 第 6 章 \6.1.3.ai |
| --- | --- |
| 效果文件 | 光盘 \ 效果 \ 第 6 章 \6.1.3.ai |
| 视频文件 | 光盘 \ 视频 \ 第 6 章 \6.1.3 渐变颜色的编辑 .mp4 |

【操练 + 视频】——渐变颜色的编辑

STEP 01 单击"文件"|"打开"命令，打开一幅素材图像，如图 6-19 所示。

STEP 02 选取工具面板中的选择工具▶，选择相应的图形对象，如图 6-20 所示。

图 6-19 打开素材图像

图 6-20 选择图形对象

STEP 03 打开"渐变"面板，显示图形使用的渐变颜色，如图 6-21 所示。

STEP 04 单击一个渐变滑块将其选择，如图 6-22 所示。

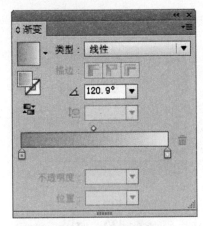

图 6-21 "渐变"面板

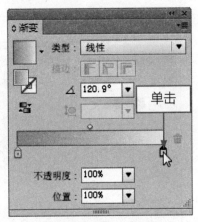

图 6-22 选择渐变滑块

STEP 05 拖曳"颜色"面板中的滑块可以调整渐变颜色，如图 6-23 和图 6-24 所示。

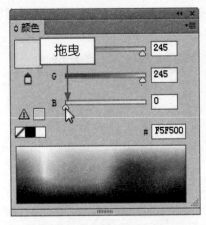

图 6-23 拖曳"颜色"面板中的滑块

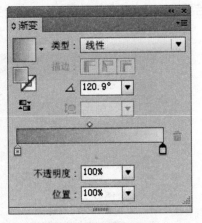

图 6-24 调整渐变颜色

**STEP 06** 按住【Alt】键的同时单击"色板"面板中的一个色板，可以将该色板应用到所选滑块上，如图 6-25 所示。

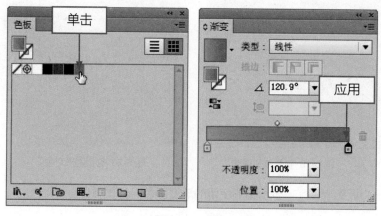

图 6-25 将色板应用到所选滑块

**STEP 07** 未选择滑块时，可直接将一个色板拖曳到滑块上，如图 6-26 所示。

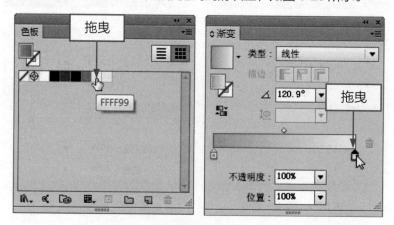

图 6-26 将色板拖曳到滑块上

**STEP 08** 若要增加渐变颜色的数量，可以在渐变色条下单击鼠标左键，添加新的滑块，如图 6-27 所示。

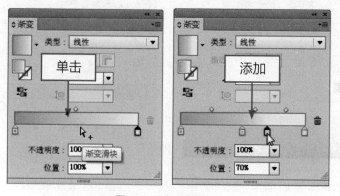

图 6-27 添加新的滑块

**STEP 09** 将"色板"面板中的色板直接拖曳至"渐变"面板中的渐变色条上，也可以添加一个该色板颜色的渐变滑块，如图 6-28 所示。

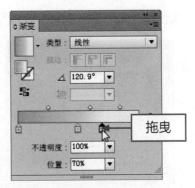

图 6-28 将色板直接拖曳至渐变色条上添加新滑块

**STEP 10** 若要减少颜色数量，可单击一个滑块，然后单击"删除色标"按钮，如图 6-29 所示，也可以选择滑块并直接将其拖曳到渐变条外。

**STEP 11** 按住【Alt】键拖曳一个滑块，可以复制它，如图 6-30 所示。

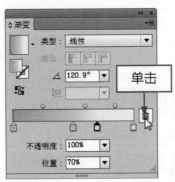
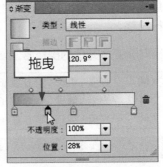

图 6-29 单击"删除色标"按钮　　　　　图 6-30 复制滑块

**STEP 12** 删除中间的多余滑块，按住【Alt】键拖曳一个滑块到另一个滑块上，可以交换这两个滑块的位置，如图 6-31 所示。

**STEP 13** 拖曳滑块可以调整渐变中各个颜色的混合位置，如图 6-32 所示。

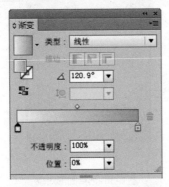

图 6-31 交换两个滑块的位置　　　　　图 6-32 拖曳滑块

**STEP 14** 在渐变色条上每两个渐变滑块的中间（50% 位置）都有一个菱形的中点滑块，移动中点可以改变它两侧渐变滑块的颜色混合位置，如图 6-33 所示。

**STEP 15** 执行操作后，即可改变图像的渐变颜色效果，如图 6-34 所示。

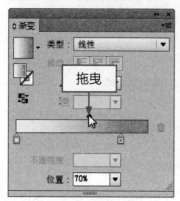

图 6-33 拖曳中点滑块

图 6-34 图像效果

## 6.1.4 调整径向渐变

若图形的渐变填充类型为"径向"渐变，使用工具面板中的渐变工具可以设置渐变中心点的位置，对渐变色进行调整。

下面介绍调整径向渐变填充色的操作方法。

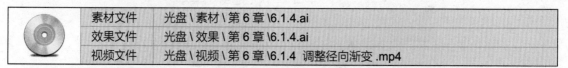

| | | |
|---|---|---|
| 素材文件 | 光盘 \ 素材 \ 第 6 章 \6.1.4.ai | |
| 效果文件 | 光盘 \ 效果 \ 第 6 章 \6.1.4.ai | |
| 视频文件 | 光盘 \ 视频 \ 第 6 章 \6.1.4 调整径向渐变 .mp4 | |

【操练 + 视频】——调整径向渐变

**STEP 01** 单击"文件" | "打开"命令，打开一幅素材图像，如图 6-35 所示。

**STEP 02** 使用选择工具 选择相应的图形对象，如图 6-36 所示。

图 6-35 打开素材图像

图 6-36 选择图形对象

.AI 格式是 Illustrator CC 软件存储时的源文件格式，在该源文件上双击鼠标左键或单击鼠标右键，选择"打开"选项，都可以快速启动 Illustrator CC 应用软件。

**STEP 03** 选择渐变工具 ▣，图形上会显示渐变批注者，如图 6-37 所示。

**STEP 04** 左侧的圆形图标是渐变的原点，拖曳它可以水平移动渐变，如图 6-38 所示。

图 6-37 显示渐变批注者　　　　图 6-38 水平移动渐变

执行"视图"菜单中的"显示渐变批注者"或"隐藏渐变批注者"命令，可以显示或隐藏渐变批注者。

**STEP 05** 拖曳圆形图标左侧的空心圆，可同时调整渐变的原点和方向，如图 6-39 所示。

**STEP 06** 拖曳右侧的方形图标，可以调整渐变的覆盖范围，如图 6-40 所示。

图 6-39 调整渐变原点和方向　　　　图 6-40 调整渐变覆盖范围

在图像中将渐变滑块拖曳到图形外侧，可以将其删除。

**STEP 07** 将鼠标指针放在虚线圆环的相应图标上，如图 6-41 所示。

**STEP 08** 单击并向下拖曳可以调整渐变半径，生成椭圆渐变，如图 6-42 所示。

图 6-41 定位光标　　　　　图 6-42 生成椭圆渐变

## 6.1.5　使用渐变库填充

通过 Illustrator CC 的渐变库功能可以快速制作出精美的渐变色彩效果。下面介绍使用渐变库填充渐变色的操作方法。

| 素材文件 | 光盘 \ 素材 \ 第 6 章 \6.1.5.ai |
|---|---|
| 效果文件 | 光盘 \ 效果 \ 第 6 章 \6.1.5.ai |
| 视频文件 | 光盘 \ 视频 \ 第 6 章 \6.1.5 使用渐变库填充 .mp4 |

【操练 + 视频】——使用渐变库填充

**STEP 01** 单击"文件"｜"打开"命令，打开一幅素材图像，如图 6-43 所示。

**STEP 02** 使用选择工具选择相应的图形对象，如图 6-44 所示。

图 6-43　打开素材图像　　　　　图 6-44　选择图形对象

专家指点

　　使用选择工具选择渐变对象，单击"对象"｜"扩展"命令，弹出"扩展"对话框，设置"指定"选项，单击"确定"按钮，即可将渐变填充扩展为指定数量的图形。将渐变扩展为图形后，这些图形会编为一组，并通过剪切蒙版控制显示区域。

**STEP 03** 打开"色板"面板，单击底部的"'色板库'菜单"下拉按钮，如图 6-45 所示。

**STEP 04** 在弹出的下拉列表中选择"渐变"｜"叶子"选项，如图 6-46 所示。

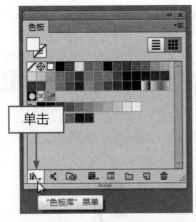

图 6-45 单击"'色板库'菜单"下拉按钮

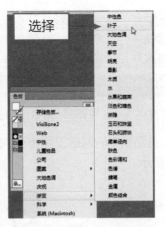

图 6-46 选择"叶子"选项

**STEP 05** 打开"叶子"渐变库,单击"植物 19"渐变色,如图 6-47 所示。

**STEP 06** 执行操作后,即可为图形填充渐变色,效果如图 6-48 所示。

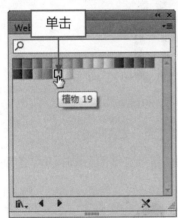

图 6-47 单击渐变色

图 6-48 为图形填充渐变色

# ▶ 6.2 渐变网格

渐变网格是一种特殊的渐变填色功能,通过网格点可以精确控制渐变颜色的范围和混合位置,具有灵活度高和可控制性强等特点。

在 Illustrator CC 中,网格工具是一个比较特殊的填充工具,它能将贝塞尔曲线、网格和渐变填充等功能优势综合地结合起来。使用网格工具所创建颜色的过渡看上去可以显得更加自然、平滑。

## 6.2.1 使用网格工具创建渐变网格

使用网格工具可以在一个网格对象内创建多个渐变点,从而使图形进行多个方向和多种颜色的渐变填充效果。

下面介绍使用网格工具创建渐变网格的操作方法。

| 素材文件 | 光盘 \ 素材 \ 第 6 章 \6.2.1.ai |
|---|---|
| 效果文件 | 光盘 \ 效果 \ 第 6 章 \6.2.1.ai |
| 视频文件 | 光盘 \ 视频 \ 第 6 章 \6.2.1 使用网格工具创建渐变网格 .mp4 |

【操练＋视频】——使用网格工具创建渐变网格

STEP 01 单击"文件"｜"打开"命令，打开一幅素材图像，如图 6-49 所示。

STEP 02 选取工具面板中的网格工具▦，将鼠标指针移至所绘制图形上的合适位置，指针呈 形状，如图 6-50 所示。

图 6-49 打开素材图像    图 6-50 定位光标

STEP 03 单击鼠标左键，即可在该图形上创建一个网格锚点，如图 6-51 所示。

STEP 04 将鼠标指针移至网格点上，指针呈 形状，单击鼠标左键即可选中该网格点，如图 6-52 所示。

图 6-51 创建网格锚点    图 6-52 选中该网格点

STEP 05 双击填色工具，在"拾色器"对话框中将颜色设置为粉红色（CMYK 的参数值为 12%、38%、0%、0%），如图 6-53 所示。

STEP 06 单击"确定"按钮，网格点附近的颜色随之改变，如图 6-54 所示。

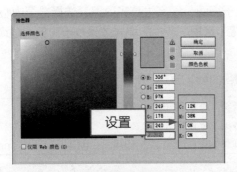

图 6-53 设置参数值        图 6-54 图像效果

专家指点

　　网格工具的工作原理为：在当前选择的渐变填充对象中创建多个网格点构成精细的网格，也就是将操作对象细分为多个区域（此时选择的对象即转换为网格对象），然后在每个区域或每个网格点上填充不同的颜色，系统会自动在不同颜色的相邻区域之间形成自然、平滑的过渡，从而创建多个方向和多种颜色的渐变填充效果。

　　使用网格工具在图形上创建网格点后，也会随之附带两条以网格点为交点的水平和垂直的曲线。若在已创建的曲线上创建网格点，则可以增加一条曲线；若在图形的空白处创建网格点，则可以再添加两条曲线。

　　当鼠标指针在图像窗口中呈形状时，表示该区域不能创建网格点；当鼠标指针呈形状时，表示此区域可以创建网格点；当鼠标指针移至网格点上时，指针呈形状，并在其附近显示"锚点"字样；当在网格点上单击鼠标左键并拖曳时，指针呈形状，可以调整网格点的位置，且图像的填充效果也会随之改变。

## 6.2.2 使用命令创建渐变网格

　　在图像窗口中选择一个图形（或导入的位图图像），单击"对象"|"创建渐变网格"命令，弹出"创建渐变网格"对话框，如图 6-55 所示。

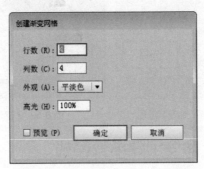

图 6-55 "创建渐变网格"对话框

该对话框中的主要选项含义如下：

* "行数"和"列数"选项：用于设置创建网格对象中网格单元的行数和列数。

* 外观：包括 3 种外观显示，表示创建渐变网格后图形高光区域的位置。其中，选择"平淡色"

选项，对象的初始颜色均匀地填充于表面，不产生高光效果；选择"至中心"选项，产生的高光效果位于对象的中心；选择"至边缘"选项，产生的高光效果位于对象的边缘。选择不同的选项，所产生的效果也各不同。

下面介绍使用命令创建渐变网格的操作方法。

| 素材文件 | 光盘 \ 素材 \ 第 6 章 \6.2.2.ai |
| --- | --- |
| 效果文件 | 光盘 \ 效果 \ 第 6 章 \6.2.2.ai |
| 视频文件 | 光盘 \ 视频 \ 第 6 章 \6.2.2 使用命令创建渐变网格 .mp4 |

【操练 + 视频】——使用命令创建渐变网格

**STEP 01** 单击"文件"｜"打开"命令，打开一幅素材图像，如图 6-56 所示。

**STEP 02** 使用选择工具 选择相应的图形对象，如图 6-57 所示。

图 6-56 打开素材图像　　　　　图 6-57 选择图形对象

**STEP 03** 单击"对象"｜"创建渐变网格"命令，弹出"创建渐变网格"对话框，设置"外观"为"至中心"，如图 6-58 所示。

**STEP 04** 单击"确定"按钮，即可创建渐变网格，效果如图 6-59 所示。

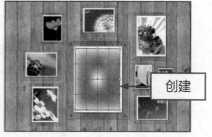

图 6-58 设置"外观"选项　　　　　图 6-59 创建渐变网格

## 6.2.3 使用"扩展"命令创建渐变网格

在图形窗口中选择一个渐变填充的图形，单击"对象"｜"扩展"命令，弹出"扩展"对话框。在该对话框中选中"渐变网格"单选按钮，单击"确定"按钮，即可在选择的图形内创建渐变网格。当然，选择不同渐变类型的对象，转换为网格对象后的效果也各不相同。

单击"文件"｜"打开"命令，打开一幅素材图像，如图 6-60 所示。使用选择工具 选择相应的渐变对象，如图 6-61 所示。

图 6-60 打开素材图像

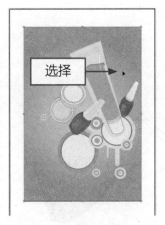

图 6-61 选择渐变对象

单击"对象"|"扩展"命令，弹出"扩展"对话框，选中"渐变网格"单选按钮，如图 6-62 所示。单击"确定"按钮，即可调整渐变效果，如图 6-63 所示。

图 6-62 选中"渐变网格"单选按钮

图 6-63 调整渐变效果

## 6.2.4 提取渐变网格中的路径

将图形转换为渐变网格对象后，它将不再具有路径的某些属性，例如，不能创建混合、剪切和复合路径等。若要保留以上属性，可以采用从网格中提取对象原始路径的方法来进行操作。

下面介绍提取渐变网格中的路径的操作方法。

| 素材文件 | 光盘 \ 素材 \ 第 6 章 \6.2.4.ai |
|---|---|
| 效果文件 | 光盘 \ 效果 \ 第 6 章 \6.2.4.ai |
| 视频文件 | 光盘 \ 视频 \ 第 6 章 \6.2.4 提取渐变网格中的路径 .mp4 |

【操练 + 视频】——提取渐变网格中的路径

**STEP 01** 单击"文件" | "打开"命令，打开一幅素材图像，如图 6-64 所示。

**STEP 02** 使用选择工具 选择相应的渐变网格对象，如图 6-65 所示。

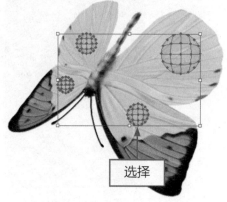

选择

图 6-64 打开素材图像　　　　　　　　图 6-65 选择渐变网格对象

STEP 03 单击"对象"|"路径"|"偏移路径"命令，弹出"偏移路径"对话框，设置"位移"为 0mm，如图 6-66 所示。

STEP 04 单击"确定"按钮，即可得到与网格图形相同的路径，如图 6-67 所示。

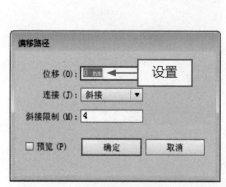

设置

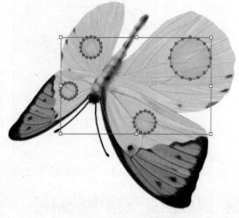

图 6-66　"偏移路径"对话框　　　　　　图 6-67　得到与网格图形相同的路径

# ▶▶ 6.3　其他填充技巧

除了可以运用前面章节中的工具填充图形外，还可以使用"透明度"面板等来填充图形，以及对图形填充图案。

## ◢ 6.3.1　更改图形的色彩透明度

通过 Illustrator CC 中的"透明度"面板除了可以设置图形的透明度外，它还具有位图图像处理软件中特有的混合模式，从而使用户在实际工作过程中可以制作出更具有艺术效果的图像。

单击"窗口"|"透明度"命令或按【Ctrl + Shift + F10】组合键，调出"透明度"面板，如图 6-68 所示。单击"透明度"面板右上角的 按钮，弹出面板菜单，如图 6-69 所示。

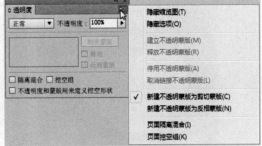

图 6-68 "透明度"面板          图 6-69 面板菜单

专家指点

　　选中需要设置的图形后，若单击浮动面板右侧的 ▼≣ 按钮，将弹出一个菜单列表，选择"建立不透明蒙版"选项，即可激活"剪切"和"反相蒙版"的复选框。

　　若要设置对象的透明度，首先使用选择工具在图形窗口中将其选择，然后在"透明度"面板的"不透明度"下拉列表框中选择所需要的透明度百分比数值，或在其右侧的方本框中直接输入数值，即可改变对象的透明度，如图 6-70 所示。

图 6-70 调整图形透明度

　　若在"透明度"面板中设置"不透明度"值为 0%，那么所选择的对象将呈完全透明状态；若为 0 ～ 100 之间的数值，那么所选择的对象将呈半透明状态；若数值为 100%，那么选择的对象将呈不透明状态。

　　下面介绍更改图形色彩透明度的操作方法。

| | 素材文件 | 光盘 \ 素材 \ 第 6 章 \6.3.1.ai |
|---|---|---|
| | 效果文件 | 光盘 \ 效果 \ 第 6 章 \6.3.1.ai |
| | 视频文件 | 光盘 \ 视频 \ 第 6 章 \6.3.1　更改图形的色彩透明度 .mp4 |

【操练 + 视频】——更改图形的色彩透明度

STEP 01 单击"文件"｜"打开"命令，打开一幅素材图像，如图 6-71 所示。

STEP 02 选择需要设置透明度的图形，如图 6-72 所示。

图 6-71 打开素材图像

图 6-72 选择图形

STEP 03 单击"窗口"|"透明度"命令，调出"透明度"浮动面板，设置"不透明度"为 30%，即可改变所选择图形的透明度，效果如图 6-73 所示。

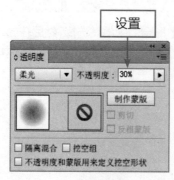

图 6-73 设置图像透明度效果

## 6.3.2 对图形填充图案

在 Illustrator CC 中，可对图形进行图案填充，而所填充的图案可以是系统预设的图案，也可以是自定义的填充图案。这些填充图案除了可以对图形的填充进行应用外，也能对图形对象的轮廓进行填充。

若所应用的填充图案大小尺寸大于选择的图形对象，那么该图形对象将只显示填充图案的部分区域；若应用的填充图案的尺寸小于选择的图形对象，那么该填充图案将会以平铺方式在图形对象中显示。若在窗口中未选择任何图形对象，则在"色板"面板中选择填充图案，那么选择的填充图案将会填充在绘制的下一个图形对象中。

系统预设的填充图案有时不一定能够满足用户的实际需要，因此 Illustrator CC 为用户提供了可以自定义填充图案的功能。自定义的填充图案可以是工具面板中绘图工具所绘制的图形对象，也可以是其他图形绘制软件所创建的图形对象。

下面介绍对图形填充图案的操作方法。

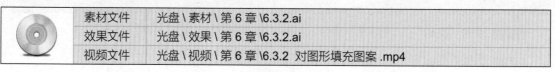

| | 素材文件 | 光盘 \ 素材 \ 第 6 章 \6.3.2.ai |
|---|---|---|
| | 效果文件 | 光盘 \ 效果 \ 第 6 章 \6.3.2.ai |
| | 视频文件 | 光盘 \ 视频 \ 第 6 章 \6.3.2 对图形填充图案 .mp4 |

STEP 01 单击"文件"｜"打开"命令，打开一幅素材图像，如图6-74所示。

STEP 02 使用选择工具 选择图形窗口中需要定义为图案的图形，如图6-75所示。

图6-74 打开素材图像　　　　　　　图6-75 选择图形

STEP 03 单击"窗口"｜"色板"命令，调出"色板"浮动面板。单击面板底部的"显示'色板类型'菜单"按钮 ，在弹出的菜单列表中选择"显示图案色板"选项，如图6-76所示。

STEP 04 执行操作后，即可显示预设图案，如图6-77所示。

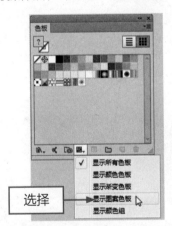
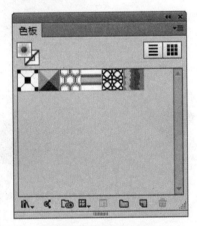

图6-76 选择"显示图案色板"选项　　　图6-77 显示预设图案

专家指点

　　展开"色板"面板，单击面板底部的"显示图案色板"按钮 ，显示系统提供的图案。若要对图形对象应用预设图案进行填充，首先使用选择工具在图形窗口中将其选择，然后在"色板"面板中选择所需的图案即可。

STEP 05 将图形窗口中所选择的图形直接拖曳至"色板"面板中，当鼠标指针呈 形状时释放鼠标左键，即可将该图形定义为图案，如图6-78所示。

STEP 06 在图像窗口中选择需要填充图案的图形，如图6-79所示。

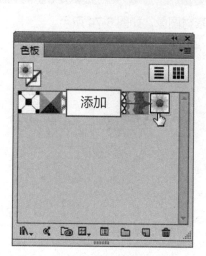

图 6-78 自定义图案

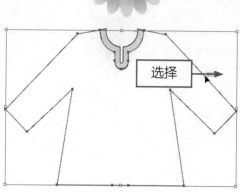

图 6-79 选择图形

**STEP 07** 在"色板"浮动面板中单击所定义的图案，即可为所选择的图形填充自定义的图案，如图 6-80 所示。

图 6-80 填充图案

# CHAPTER

## 玩转高级变形工具：
## 混合与封套扭曲

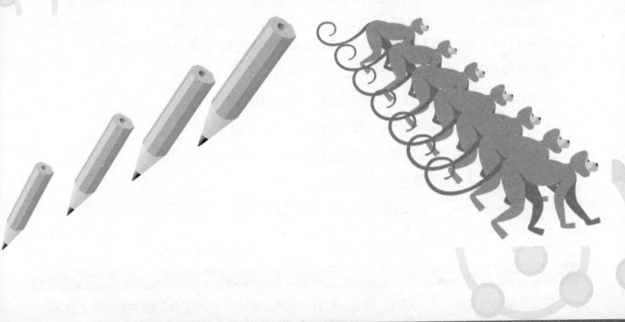

## 章前知识导读

　　图形的混合操作是在两个或两个以上的图形路径之间创建混合效果，进行混合操作的图形路径在形状、颜色等方面形成一种光滑的过渡效果。封套扭曲是 Illustrator CC 中最灵活、最具可控性的变形功能，它可以使对象按照封套的形状产生变形。

## 新手重点索引

✎ 混合图形
✎ 扭曲对象
✎ 封套扭曲

# ➔ 7.1 混合图形

图形的混合操作主要包括混合图形的创建与释放、混合选项的设置和混合图形效果的编辑三个方面。

## 7.1.1 用混合工具创建混合

混合工具 🔲 有些类似于动画创作中的生成关键帧的做法。比较重要的关键帧由高级动画师来完成，而关键帧之间的过渡部分则一般的动画师就可以胜任了。在 Illustrator CC 中也是一样，不但可以从两个或更多的图形之间创建一系列的中间对象，还可以创建一系列的中间颜色出来。

只需绘制两个图形对象（可以是开放的路径，或是闭合的路径和输入的文字），然后运用混合工具依次单击图形，系统将会根据两个图形之间的差别自动进行计算，以生成中间的过渡图形。

在 Illustrator CC 中，使用工具面板中的混合工具 🔲（或单击"对象"｜"混合"｜"建立"命令与按【Ctrl + Alt + B】组合键）均可在图形窗口中将选择的图形创建为混合效果。

图形的混合操作主要有 3 种，分别如下：

＊ 直接混合：即在所选择的两个图形路径之间进行混合。

＊ 沿路径混合：即图形在混合的同时并沿指定的路径布置。

＊ 复合路径：即在两个以上图形之间进行混合。

下面介绍用混合工具创建混合的操作方法。

| 素材文件 | 光盘 \ 素材 \ 第 7 章 \7.1.1.ai |
|---|---|
| 效果文件 | 光盘 \ 效果 \ 第 7 章 \7.1.1.ai |
| 视频文件 | 光盘 \ 视频 \ 第 7 章 \7.1.1 用混合工具创建混合 .mp4 |

**【操练＋视频】——用混合工具创建混合**

**STEP 01** 单击"文件"｜"打开"命令，打开一幅素材图像。选取工具面板中的混合工具 🔲，将鼠标指针移至图像中的一个图形上，当指针呈 ✥ 形状（如图 7-1 所示）时单击鼠标左键。

**STEP 02** 将鼠标指针移至另一个图形上，指针呈 ✥ 形状，效果如图 7-2 所示。

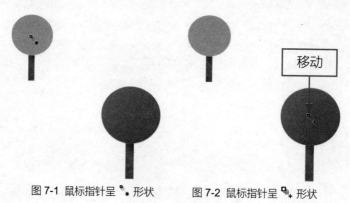

图 7-1 鼠标指针呈 ✥ 形状　　图 7-2 鼠标指针呈 ✥ 形状

**STEP 03** 单击鼠标左键，即可创建混合图形，如图 7-3 所示。

图 7-3 混合图形

## 7.1.2 用混合命令创建混合

在 Illustrator CC 中将两个图形选中，单击"对象"｜"混合"｜"建立"命令，即可创建混合图形。

下面介绍用混合命令创建混合的操作方法。

| | 素材文件 | 光盘 \ 素材 \ 第 7 章 \7.1.2.ai |
|---|---|---|
| | 效果文件 | 光盘 \ 效果 \ 第 7 章 \7.1.2.ai |
| | 视频文件 | 光盘 \ 视频 \ 第 7 章 \7.1.2 用混合命令创建混合 .mp4 |

【操练＋视频】——用混合命令创建混合

**STEP 01** 单击"文件"｜"打开"命令，打开一幅素材图像，如图 7-4 所示。

**STEP 02** 将两个图形选中，单击"对象"｜"混合"｜"建立"命令，即可创建混合图形，如图 7-5 所示。

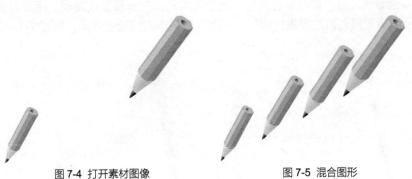

图 7-4 打开素材图像                    图 7-5 混合图形

## 7.1.3 修改混合对象

对选择的图形进行混合之后，它们就会形成一个整体，这个整体由原混合对象以及对象之间形成的路径组成。除了混合数值之外，混合对象的排列顺序以及混合路径的形状也是影响混合效果的重要因素。

### 1. 对象的排列顺序对混合效果的影响

在对图形创建混合效果时，选择的图形的排列顺序在很大程度上决定了混合操作的最终效果。图形的排列顺序在绘制图形时就已决定，即先绘制的图形在下方，后绘制的图形在上方。当在不同排列顺序的图形中进行混合操作时，通常是由位于最下方的图形依次向上直到最上方，如图 7-6 所示。

图 7-6 不同排列顺序的文字创建的混合图形

专家指点

　　选择的图形在混合过程中产生混合的顺序实际就是在图形窗口中绘制图形的顺序，因此在执行混合操作时，若未得到满意的效果，可以尝试单击"对象"|"排列"命令下的子菜单命令，调整图形的排列顺序后，再进行混合操作；或在混合操作完成之后，选中所混合的图形，再单击"对象"|"混合"|"反向堆叠"命令，可以将混合效果中每个中间过渡的堆叠顺序发生变化，即将最前面的对象移动至堆叠顺序的最后面。

### 2. 通过调整路径以改变混合效果

当创建混合图形之后，系统会在混合对象之间自动建立一条直线路径。用户可使用工具面板中的相应路径编辑工具对该路径进行调整，从而得到更丰富的混合效果，如图 7-7 所示。

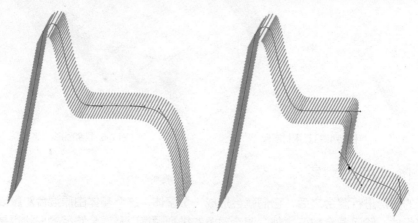

图 7-7 原混合路径与调整路径的混合效果

### 3. 路径锚点对混合效果的影响

在创建混合效果时，选取工具面板中的混合工具，单击对象中的不同锚点，可以创建出许多不同的混合效果。在需要混合的对象上选择不同的锚点，可以使混合图形产生从一个对象的选中锚点至另一个对象的选中锚点上旋转的效果。选择的不同锚点及其混合效果如图 7-8 所示。

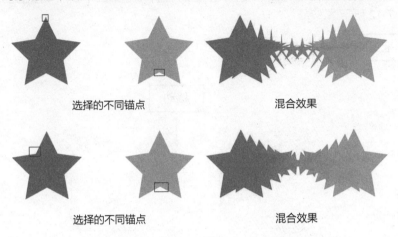

图 7-8 选择不同的锚点创建的混合效果

下面介绍修改混合对象的操作方法。

| | 素材文件 | 光盘 \ 素材 \ 第 7 章 \7.1.3.ai |
|---|---|---|
| | 效果文件 | 光盘 \ 效果 \ 第 7 章 \7.1.3.ai |
| | 视频文件 | 光盘 \ 视频 \ 第 7 章 \7.1.3 修改混合对象 .mp4 |

【操练＋视频】——修改混合对象

**STEP 01** 单击"文件"｜"打开"命令，打开一幅素材图像。按【Ctrl + A】组合键，选择图像窗口中的所有图形，如图 7-9 所示。

**STEP 02** 单击"对象"｜"混合"｜"建立"命令，混合图形沿着开放的路径进行排列，如图 7-10 所示。

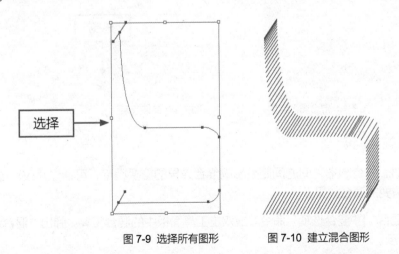

图 7-9 选择所有图形　　　图 7-10 建立混合图形

**STEP 03** 选取工具面板中的直接选择工具 ，将鼠标指针移至所绘制的开放路径上，在最上方的锚点上单击鼠标左键，水平向左拖曳鼠标，该锚点的位置随之改变，混合图形的效果也随之改变，如图 7-11 所示。

**STEP 04** 若想改变混合图形的弯曲程度，则将鼠标指针移至第二个锚点（从上至下）的手柄方向点上，如图 7-12 所示。

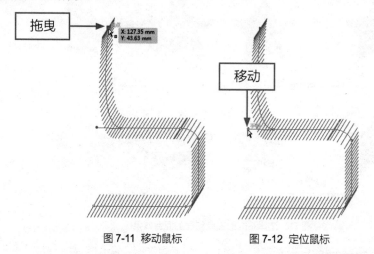

图 7-11 移动鼠标　　　　　图 7-12 定位鼠标

**STEP 05** 单击鼠标左键并拖曳，拖至合适位置后释放鼠标左键，即可改变混合图形的效果，如图 7-13 所示。

**STEP 06** 采用同样的方法，根据需要调整其他路径锚点，最终效果如图 7-14 所示。

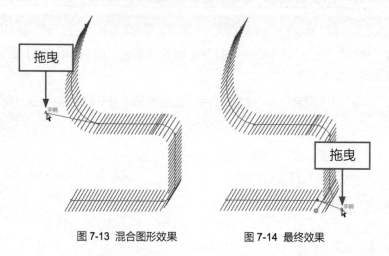

图 7-13 混合图形效果　　　　　图 7-14 最终效果

### 7.1.4 设置混合选项

在创建混合效果时，混合图形之间的间距是影响混合效果的重要因素，可通过修改其混合的间距或方向制作出所需要的混合效果。

单击"对象"|"混合"|"混合选项"命令，或双击工具面板中的混合工具，弹出"混合选项"对话框，如图 7-15 所示。

图 7-15 "混合选项"对话框

该对话框中的主要选项含义如下：

\* 间距：用于控制混合图形之间的过渡样式，其中包括"平滑颜色"、"指定的步数"和"指定的距离" 3 个选项。若选择"平滑颜色"选项，系统将自动根据混合的两个图形之间的颜色和形状确定混合的步数；若选择"指定步数"选项，并在其右侧的文本框中设置一个数值参数，可以控制混合操作的数量，参数值越大，所获得的混合效果越平滑；若选择"指定的距离"选项，并在其右侧的文本框中设置一个距离参数，可以控制混合对象中相邻路径对象之间的距离，距离值越小，所获得的混合效果越平滑。

\* 取向：包括"对齐页面"按钮 ﹌ 和"对齐路径"按钮 ﹌ 两个按钮，单击不同的按钮可以控制混合图形的方向。若单击"对齐页面"按钮 ﹌，将使混合效果中的每一个中间混合对象的方向垂直于页面的 X 轴，如图 7-16 所示；若单击"对齐路径"按钮，将使混合效果中的每一个中间混合图形的方向垂直于该处的路径，如图 7-17 所示。

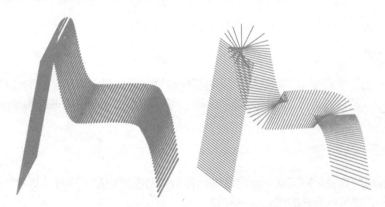

图 7-16 对齐页面　　　　　　　　　　图 7-17 对齐路径

下面介绍设置混合选项的操作方法。

| | 素材文件 | 光盘 \ 素材 \ 第 7 章 \7.1.4.ai |
|---|---|---|
| | 效果文件 | 光盘 \ 效果 \ 第 7 章 \7.1.4.ai |
| | 视频文件 | 光盘 \ 视频 \ 第 7 章 \7.1.4 设置混合选项 .mp4 |

【操练＋视频】——设置混合选项

STEP 01 单击"文件"｜"打开"命令，打开一幅素材图像，如图 7-18 所示。

**STEP 02** 单击"对象"｜"混合"｜"混合选项"命令，在弹出的"混合选项"对话框设置"指定的步数"为 5，如图 7-19 所示。

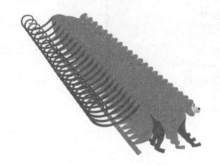

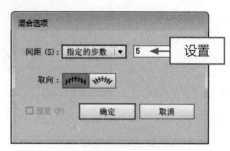

图 7-18 打开素材图像　　　　　　　　图 7-19 设置混合选项

**STEP 03** 单击"确定"按钮，即可设置图形混合选项，效果如图 7-20 所示。

图 7-20 混合图形排列效果

专家指点

　　在"混合"子菜单中，若选择"反向混合轴"选项，可以将所创建的替换混合轴图形的位置进行反向；若选择"反向堆叠"选项，可以将混合图形中两端的图形颜色和形状大小进行反向。

## 7.1.5 修改混合轴

　　在修改混合轴前先要重新定义一个混合轴，将所有对象选中后，执行"对象"｜"混合"｜"替换混合轴"命令，即可将原先的混合轴替换掉。

　　下面介绍修改混合轴的操作方法。

| | 素材文件 | 光盘 \ 素材 \ 第 7 章 \7.1.5.ai |
| --- | --- | --- |
| | 效果文件 | 光盘 \ 效果 \ 第 7 章 \7.1.5.ai |
| | 视频文件 | 光盘 \ 视频 \ 第 7 章 \7.1.5 修改混合轴 .mp4 |

【操练 + 视频】——修改混合轴

**STEP 01** 单击"文件"｜"打开"命令，打开一幅素材图像，如图 7-21 所示。

**STEP 02** 将两个图形选中，单击"对象"｜"混合"｜"建立"命令，创建两个图形之间的混合效果，如图 7-22 所示。

图 7-21 打开素材图像　　　　图 7-22 图形混合效果

**STEP 03** 选取工具面板中的钢笔工具 ，在图形窗口中绘制一条开放的直线路径，如图 7-23 所示。

**STEP 04** 使用选择工具 图 将已创建的混合图形和开放路径选中，单击"对象"｜"混合"｜"替换混合轴"命令，混合图形将沿开放的路径进行排列，如图 7-24 所示。

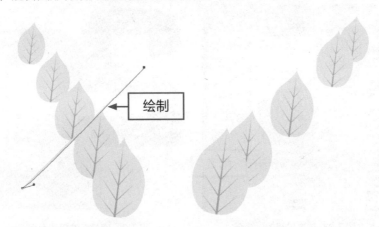

绘制

图 7-23 绘制直线路径　　　　图 7-24 沿路径排列图形

## 7.1.6 释放混合对象

创建混合图形后，选中混合图形，单击"对象"｜"混合"｜"释放"命令或按【Ctrl +
Shift + Alt + B】组合键，即可释放所选择的混合图形，并将其还原成未创建混合效果之前的状态。

下面介绍释放混合对象的操作方法。

| | | |
|---|---|---|
| | 素材文件 | 光盘 \ 素材 \ 第 7 章 \7.1.6.ai |
| | 效果文件 | 光盘 \ 效果 \ 第 7 章 \7.1.6.ai |
| | 视频文件 | 光盘 \ 视频 \ 第 7 章 \7.1.6 释放混合对象 .mp4 |

**STEP 01** 单击"文件"｜"打开"命令，打开一幅素材图像，如图 **7-25** 所示。

**STEP 02** 选取工具面板中的选择工具 ▶，选择相应的图形，如图 **7-26** 所示。

图 7-25 打开素材图像　　　　　　　图 7-26 选择图形

**STEP 03** 单击"对象"｜"混合"｜"释放"命令，如图 **7-27** 所示。

**STEP 04** 执行操作后，即可释放所选择的混合图形，效果如图 **7-28** 所示。

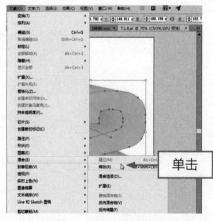

图 7-27 单击"释放"命令　　　　　　图 7-28 释放所选择的混合图形

# ▶ 7.2 扭曲对象

下面先来了解扭曲对象的使用方法及应用技巧，使用不同的扭曲对象工具可以得到相应的变形效果。

## ◤ 7.2.1 使用整形工具

使用工具面板中的整形工具 ▷ 可以在当前选择的图形或路径中添加锚点或调整锚点的位置，如图 **7-29** 所示。

整形工具主要用于调整和改变路径形状。当鼠标指针呈 ▶ 形状时单击鼠标左键，可以添加锚

点；当鼠标指针呈 ▶ 形状时，则可以拖曳路径。

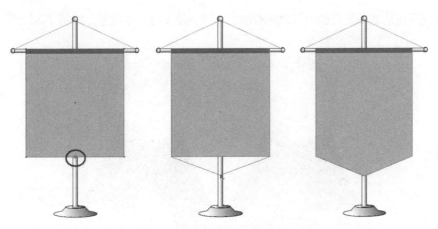

图 7-29 使用整形工具改变形状后的效果

另外，若选择的路径为开放路径，可以直接使用整形工具对添加的锚点进行拖曳，并改变路径的形状；若选择的路径为闭合路径，则需要使用路径编辑工具，才能对所添加的锚点进行独立编辑。

下面介绍使用整形工具的操作方法。

| | 素材文件 | 光盘 \ 素材 \ 第 7 章 \7.2.1.ai |
|---|---|---|
| | 效果文件 | 光盘 \ 效果 \ 第 7 章 \7.2.1.ai |
| | 视频文件 | 光盘 \ 视频 \ 第 7 章 \7.2.1 使用整形工具 .mp4 |

【操练 + 视频】——使用整形工具

**STEP 01** 单击"文件" | "打开"命令，打开一幅素材图像。选取工具面板中的直接选择工具 ▣，选择需要改变的图形，如图 7-30 所示。

**STEP 02** 选取工具面板中的整形工具 ▣，将鼠标指针移至所选图形的合适位置，指针呈 ▶ 形状，如图 7-31 所示。

移动

图 7-30 选择图形　　　图 7-31 移动鼠标

STEP 03 单击鼠标左键，即可添加一个路径锚点，如图 7-32 所示。

STEP 04 使用直接选择工具选中所添加的锚点，并调整该锚点的位置，如图 7-33 所示。

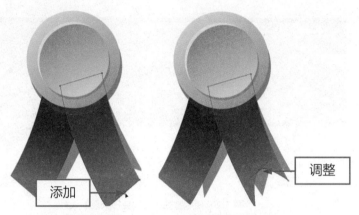

图 7-32 添加路径锚点　　　　　图 7-33 调整描点位置

STEP 05 再使用锚点工具对锚点进行调节，效果如图 7-34 所示。

STEP 06 采用同样的方法，对图像窗口中的其他图形进行变形，效果如图 7-35 所示。

图 7-34 调节手柄后的效果　　　　　图 7-35 整形效果

## 7.2.2 使用变形工具

使用工具面板中的变形工具 可以将简单的图形变为复杂的图形。此外，它不仅可以对开放式的路径生效，也可以对闭合式的路径生效。

下面介绍使用变形工具的操作方法。

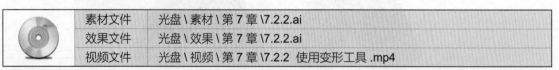

| | 素材文件 | 光盘 \ 素材 \ 第 7 章 \7.2.2.ai |
| --- | --- | --- |
| | 效果文件 | 光盘 \ 效果 \ 第 7 章 \7.2.2.ai |
| | 视频文件 | 光盘 \ 视频 \ 第 7 章 \7.2.2 使用变形工具 .mp4 |

【操练 + 视频】——使用变形工具

STEP 01 单击"文件" | "打开"命令，打开一幅素材图像，如图 7-36 所示。

STEP 02 将鼠标指针移至变形工具图标 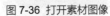 上双击鼠标左键，弹出"变形工具选项"对话框，设置"宽度"为 25mm、"高度"为 25mm、"角度"为 0°、"强度"50%，选中"细节"和"简化"复选框，并分别在其右侧的数值框中输入 3、40，如图 7-37 所示。

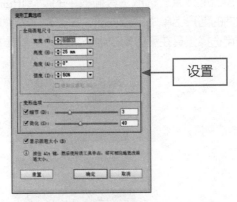

设置

图 7-36 打开素材图像　　　　图 7-37 设置变形工具选项

专家指点

"变形工具选项"对话框中的主要选项的含义如下：

* "宽度和高度"选项：用于设置变形工具的画笔大小。

* "角度"选项：用于设置变形工具的画笔角度。

* "强度"选项：用于设置变形工具在使用时的画笔强度，数值越大，则图形变形的速度就越快。

* "细节"复选框：用于设置图形轮廓上各锚点之间的间距。选中此复选框后，可以通过直接拖曳滑块或输入数值设置此选项，数值越大，则点的间距越小。

* "简化"复选框：用于设置减少图形中多余点的数量，而且不会影响图形的整体外观。

* "显示画笔大小"：选中此复选框，可以在图像窗口中使用画笔时显示画笔的大小。

STEP 03 单击"确定"按钮，将鼠标指针移至图像窗口中需要变形的图形附近，如图 7-38 所示。

STEP 04 单击鼠标左键并轻轻地向图形内部进行拖曳，即可使图形变形，效果如图 7-39 所示。

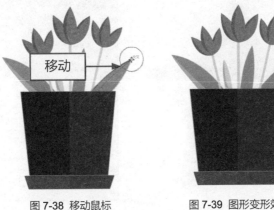

移动

图 7-38 移动鼠标　　　　图 7-39 图形变形效果

## 7.2.3 使用旋转扭曲工具

使用工具面板中的旋转扭曲工具 可以对图形进行旋转扭曲变换操作，从而使图形变形为类似于涡流的效果。选取工具面板中的旋转扭曲工具，移动鼠标指针至图形窗口，在窗口中需要旋转扭曲的图形上单击鼠标左键，在停顿 1 秒钟后即可直接对图形进行旋转扭曲，如图 7-40 所示（若使用选择工具在图形窗口中选择图形，旋转扭曲工具将只对选择的图形进行变形操作）。

图 7-40 图形旋转扭曲变换效果

下面介绍使用旋转扭曲工具的操作方法。

| 素材文件 | 光盘 \ 素材 \ 第 7 章 \7.2.3.ai |
|---|---|
| 效果文件 | 光盘 \ 效果 \ 第 7 章 \7.2.3.ai |
| 视频文件 | 光盘 \ 视频 \ 第 7 章 \7.2.3 使用旋转扭曲工具 .mp4 |

【操练＋视频】——使用旋转扭曲工具

STEP 01 单击"文件"｜"打开"命令，打开一幅素材图像，如图 7-41 所示。

STEP 02 将鼠标指针移至旋转扭曲工具图标 上双击鼠标左键，弹出"旋转扭曲工具选项"对话框，设置"宽度"为75mm、"高度"为75mm、"角度"为0°、"强度"为60%、"旋转扭曲速率"为50°、"细节"为6、"简化"为50，如图 7-42 所示。

图 7-41 打开素材图像

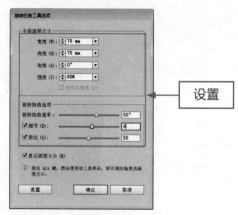

图 7-42 设置工具选项

**STEP 03** 单击"确定"按钮，将鼠标指针移至图像窗口中需要进行旋转扭曲操作的图形上，如图 7-43 所示。

**STEP 04** 按住鼠标左键不放，旋转扭曲工具即可按照设置的参数值对图形进行旋转扭曲操作，如图 7-44 所示。

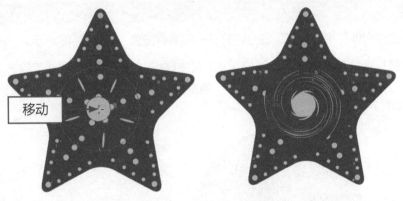

图 7-43 移动鼠标　　　　　　图 7-44 旋转扭曲

专家指点

使用旋转扭曲工具时，可以根据自身的需要在"旋转扭曲工具选项"对话框中进行相应的参数设置，以制作出不同的图像和视觉效果。其中，设置"旋转扭曲速率"时，设置的数值越大，图形旋转扭曲的速度就越快。

## 7.2.4　使用缩拢工具

使用工具面板中的缩拢工具 可以对图形制作挤压变形效果。选取工具面板中的收缩工具，移动鼠标指针至图形窗口，在窗口中需要收缩的图形上单击鼠标左键，在停顿 1 秒钟后即可直接对图形进行收缩变形，如图 7-45 所示（若使用选择工具图形窗口中选择图形，则收缩工具将只对选择的图形进行变形操作）。

图 7-45　图形收缩变形效果

下面介绍使用缩拢工具的操作方法。

| | | |
|---|---|---|
| 素材文件 | 光盘 \ 素材 \ 第 7 章 \7.2.4.ai | |
| 效果文件 | 光盘 \ 效果 \ 第 7 章 \7.2.4.ai | |
| 视频文件 | 光盘 \ 视频 \ 第 7 章 \7.2.4 使用缩拢工具 .mp4 | |

【操练＋视频】——使用缩拢工具

**STEP|01** 单击"文件"｜"打开"命令，打开一幅素材图像，如图 7-46 所示。

**STEP|02** 将鼠标指针移至缩拢工具图标 📇 上双击鼠标左键，弹出"收缩工具选项"对话框，设置"宽度"为 85mm、"高度"为 85mm、"角度"为 0°、"强度"20%、"细节"为 1、"简化"为 10，如图 7-47 所示。

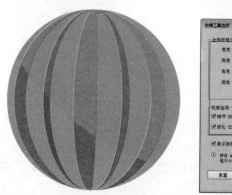

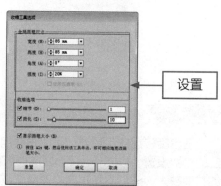

设置

图 7-46 打开素材图像　　　　图 7-47 设置工具选项

**STEP|03** 单击"确定"按钮，将鼠标指针移至图形的正中央单击鼠标左键，此时在图像窗口中显示图形收缩的预览效果，如图 7-48 所示。

**STEP|04** 将图形收缩至合适程度后释放鼠标左键，即可查看图形收缩后的效果，如图 7-49 所示。

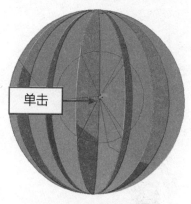

单击

图 7-48 收缩预览效果　　　　图 7-49 图形收缩效果

## 7.2.5 使用膨胀工具

膨胀工具的作用主要是以画笔的大小对图形的形状进行向外扩展，即以鼠标单击点为中心向画笔笔触的外缘进行扩展变形，如图 7-50 所示。

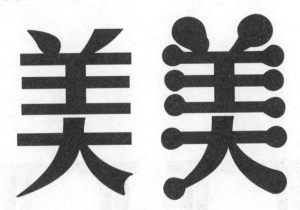

图 7-50 图形膨胀变形效果

若膨胀工具的画笔位置处于图形的边缘，则该图形的边缘向画笔的外缘进行膨胀，但观察到的图形形状则是向图形的内部进行收缩变形。若使用选择工具在图形窗口中选择图形，则膨胀工具只对选择的图形进行膨胀变形操作。

下面介绍使用膨胀工具的操作方法。

| 素材文件 | 光盘 \ 素材 \ 第 7 章 \7.2.5.ai |
|---|---|
| 效果文件 | 光盘 \ 效果 \ 第 7 章 \7.2.5.ai |
| 视频文件 | 光盘 \ 视频 \ 第 7 章 \7.2.5 使用膨胀工具 .mp4 |

【操练＋视频】——使用膨胀工具

**STEP 01** 单击"文件"｜"打开"命令，打开一幅素材图像，如图 7-51 所示。

**STEP 02** 将鼠标指针移至膨胀工具图标 上双击鼠标左键，弹出"膨胀工具选项"对话框，设置"宽度"为 30mm、"高度"为 50mm、"角度"为 0°、"强度"40%、"细节"为 2、"简化"为 10，如图 7-52 所示。

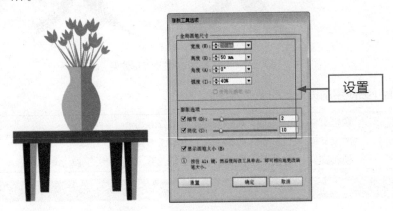

图 7-51 打开素材图像 图 7-52 设置工具选项

**STEP 03** 单击"确定"按钮，画笔形状根据设置的参数值以椭圆形进行显示。将鼠标指针移至需要进行膨胀的图形上，如图 7-53 所示。

**STEP 04** 单击鼠标左键，即可使花瓶图形进行膨胀变形，并呈现出一种弧面效果，如图 7-54 所示。

图 7-53 移动鼠标　　　　　　　　　图 7-54 图像膨胀变形效果

## 7.2.6　使用扇贝工具

使用工具面板中的扇贝工具 ⬚ 可以让图形产生扇形外观，使图形产生向某一点聚集的效果，如图 7-55 所示。

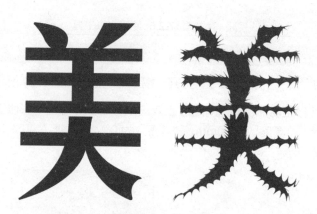

图 7-55 图形变形效果

下面介绍使用扇贝工具的操作方法。

| | | |
|---|---|---|
| 素材文件 | 光盘 \ 素材 \ 第 7 章 \7.2.6.ai | |
| 效果文件 | 光盘 \ 效果 \ 第 7 章 \7.2.6.ai | |
| 视频文件 | 光盘 \ 视频 \ 第 7 章 \7.2.6 使用扇贝工具 .mp4 | |

**【操练＋视频】——使用扇贝工具**

**STEP 01** 单击"文件"｜"打开"命令，打开一幅素材图像（如图 7-56 所示），选择需要变形的图形。

**STEP 02** 在扇贝工具图标 ⬚ 上双击鼠标左键，弹出"扇贝工具选项"对话框，设置"宽度"

为20mm、"高度"为20mm、"角度"为0°、"强度"40%、"复杂性"为3、"细节"为1，选中"画笔影响内切线手柄"和"画笔影响外切线手柄"复选框，如图 7-57 所示。

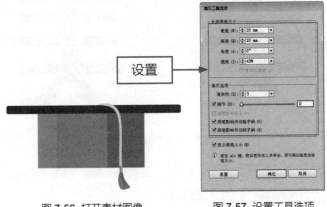

图 7-56 打开素材图像　　　　　　图 7-57 设置工具选项

**STEP 03** 单击"确定"按钮，将鼠标指针移至所选图形的路径外侧单击鼠标左键，即可显示图形变形的预览效果，如图 7-58 所示。

**STEP 04** 沿着图形外侧拖曳鼠标，即可使图形外缘进行变形，效果如图 7-59 所示。

图 7-58 扇贝变形预览效果　　　　　　图 7-59 变形效果

**专家指点**

　　通过在"扇贝工具选项"对话框中设置不同的参数与选项，可以让图形边缘产生许多不同样式的锯齿或细小的皱褶状曲线效果。另外，在使用变形工具的过程中，若选择了某一个图形，则该工具只会针对这个图形进行变形；若没有选中图形，则图像窗口中可以被画笔触及到的图形都会产生变形。

## ◢ 7.2.7　使用晶格工具

　　使用 Illustrator CC 中的晶格工具 🖾 可以对图形进行细化处理，从而使图形产生放射效果，如图 7-60 所示。

　　下面介绍使用晶格工具的操作方法。

| | 素材文件 | 光盘 \ 素材 \ 第 7 章 \7.2.7.ai |
|---|---|---|
| | 效果文件 | 光盘 \ 效果 \ 第 7 章 \7.2.7.ai |
| | 视频文件 | 光盘 \ 视频 \ 第 7 章 \7.2.7　使用晶格工具 .mp4 |

**【操练＋视频】——使用晶格工具**

图 7-60　图形变形效果

STEP01 单击"文件"｜"打开"命令，打开一幅素材图像，如图 7-61 所示。

STEP02 选择需要变形的图形，如图 7-62 所示。

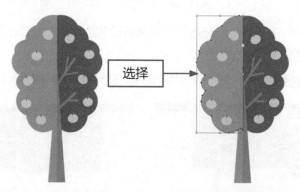

选择

图 7-61　打开素材图像　　　　　　　　图 7-62　选择图形

STEP03 在晶格化工具图标 上双击鼠标左键，弹出"晶格化工具选项"对话框，设置"宽度"为 15mm、"高度"为 15mm、"角度"为 0°、"强度"20%、"复杂性"为 4、"细节"为 2，选中"画笔影响锚点"复选框，如图 7-63 所示。

STEP04 单击"确定"按钮，将鼠标指针移至所选图形的内部，即画笔的中心点在图形内部，如图 7-64 所示。

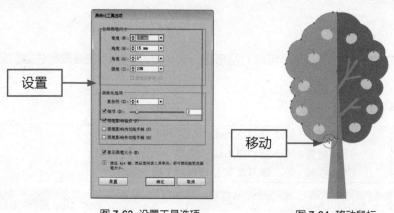

设置

移动

图 7-63　设置工具选项　　　　　　　　图 7-64　移动鼠标

STEP 05 单击鼠标左键，并沿着图形走向拖曳鼠标，即可使该图形变形，如图 7-65 所示。

STEP 06 采用同样的方法，为图像中的其他图形进行晶格化变形操作，效果如图 7-66 所示。

图 7-65 图形变形　　　　图 7-66 变形效果

## 7.2.8 使用皱褶工具

使用工具面板中的皱褶工具 可以对图形进行折皱变形，从而使图形产生抖动效果，如图 7-67 所示（若使用选择工具在图形窗口中选择图形，则皱褶工具将只对选择的图形进行变形操作）。

图 7-67 图形变形效果

下面介绍使用皱褶工具的操作方法。

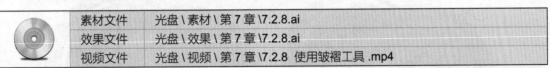

| 素材文件 | 光盘 \ 素材 \ 第 7 章 \7.2.8.ai |
| 效果文件 | 光盘 \ 效果 \ 第 7 章 \7.2.8.ai |
| 视频文件 | 光盘 \ 视频 \ 第 7 章 \7.2.8 使用皱褶工具 .mp4 |

【操练 + 视频】——使用皱褶工具

STEP 01 单击"文件"｜"打开"命令，打开一幅素材图像，如图 7-68 所示。

STEP 02 将鼠标指针移至皱褶工具图标 上双击鼠标左键，弹出"皱褶工具选项"对话框，设置"宽度"为 50mm、"高度"为 50mm、"角度"为 0°、"强度"为 50％、"水平"为

40%、"垂直"为 80%、"复杂性"为 4、"细节"为 1，选中"画笔影响内切线手柄"和"画笔影响外切线手柄"复选框，如图 7-69 所示。

图 7-68 打开素材图像　　　　　　　图 7-69 设置工具选项

专家指点

　　在扇贝工具、晶格化工具和皱褶工具的对话框中，除了一些常用的设置选项外还增添了一些选项，这些选项的含义如下：

　　\* "复杂性"数值框：用于设置图形变形的复杂程度，数值越大，图形的变形程度越明显。若输入的数值为 0，则图形将无任何变化。

　　\* "画笔影响锚点"复选框：选中此复选框，在使用变形工具时画笔只针对图形的锚点并使之变形。

　　\* "画笔影响内切线手柄"复选框：选中此复选框，在使用变形工具时画笔只针对锚点的内切线手柄并使之变形。

　　\* "画笔影响外切线手柄"复选框：选中此复选框，在使用变形工具时画笔只会针对锚点的外切线手柄并使之变形。

STEP 03 单击"确定"按钮，将鼠标指针移至所选择变形的图形上按下鼠标左键不放，图像窗口中即可显示图形边缘抖动并随之变形的预览效果，如图 7-70 所示。

STEP 04 沿着图形的形状拖曳鼠标，使图形变形至满意效果后释放鼠标即可，效果如图 7-71 所示。

图 7-70 预览效果

图 7-71 图形变形效果

**STEP 05** 采用同样的方法，对图像窗口中其他图形进行皱褶变形操作，效果如图 7-72 所示。

**STEP 06** 使用直接选择工具对经过变形操作的图形进行适当的修饰，让图像效果更加美观，如图 7-73 所示。

图 7-72 图形变形效果

图 7-73 修饰效果

## 7.2.9 使用宽度工具

使用宽度工具 可以横向拉伸路径，绘制出特殊的图形效果。在使用变形类工具对图形进行变形操作时，鼠标指针在默认状态下显示为空心圆，其半径越大，则操作中变形的区域也就越大。

另外，在使用变形类工具对图形进行变形操作时，按住【Alt】键的同时拖曳鼠标，可以动态改变空心圆的大小及形状。若需要精确地控制每种变形工具的操作参数，也可以双击工具面板中的相应工具，然后在弹出的对话框中设置各项参数即可。

下面介绍使用宽度工具的操作方法。

| 素材文件 | 光盘 \ 素材 \ 第 7 章 \7.2.9.ai |
| --- | --- |
| 效果文件 | 光盘 \ 效果 \ 第 7 章 \7.2.9.ai |
| 视频文件 | 光盘 \ 视频 \ 第 7 章 \7.2.9 使用宽度工具 .mp4 |

【操练＋视频】——使用宽度工具

**STEP 01** 单击"文件"｜"打开"命令，打开一幅素材图像，如图 7-74 所示。

**STEP 02** 选取宽度工具 ，将鼠标指针移至路径的末端，此时指针呈 形状，如图 7-75 所示。

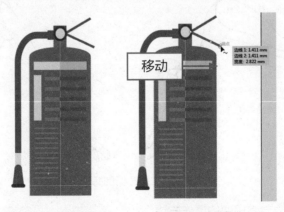
图 7-74 打开素材图像      图 7-75 定位鼠标

**STEP 03** 单击鼠标左键并向左侧拖曳，即可加宽路径，如图 7-76 所示。

**STEP 04** 采用同样的方法，对图像窗口中其他图形进行宽度变形操作，效果如图 7-77 所示。

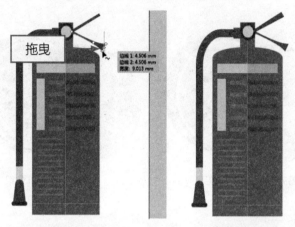

图 7-76 加宽路径　　　　　　　图 7-77 图形变形

# ▶7.3 封套扭曲

封套是用于扭曲对象的图形，被扭曲的对象叫做封套内容。封套类似于容器，封套内容则类似于水，将水装进圆形的容器时，水的边界就会呈现为圆形；装进方形容器时，水的边界又会呈现为方形，封套扭曲也与之类似。

## 7.3.1 用变形建立封套扭曲

建立封套扭曲有 3 种方式：一是使用"用变形建立"命令建立封套扭曲；二是使用"用网格建立"命令建立封套扭曲；三是使用"用顶层对象建立"命令建立封套扭曲。

选取工具面板中的选择工具，在图形窗口中选择需要进行变形操作的图形，单击"对象"｜"封套扭曲"｜"用变形建立"命令或按【Ctrl + Shift + Alt + W】组合键，弹出"变形选项"对话框，设置各变形选项，单击"确定"按钮，图形应用封套扭曲后效果如图 7-78 所示。

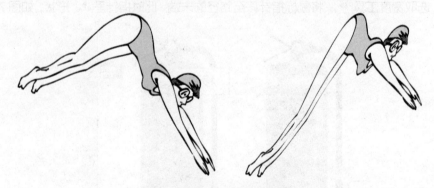

图 7-78 图形应用封套扭曲后的效果

下面介绍用变形建立封套扭曲的操作方法。

| 素材文件 | 光盘 \ 素材 \ 第 7 章 \7.3.1.ai |
|---|---|
| 效果文件 | 光盘 \ 效果 \ 第 7 章 \7.3.1.ai |
| 视频文件 | 光盘 \ 视频 \ 第 7 章 \7.3.1 用变形建立封套扭曲 .mp4 |

**【操练＋视频】——用变形建立封套扭曲**

**STEP 01** 单击"文件"｜"打开"命令，打开一幅素材图像，如图 7-79 所示。

**STEP 02** 选择需要变形的图形，如图 7-80 所示。

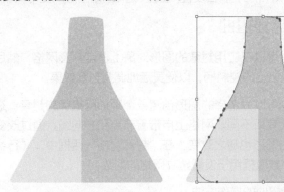

图 7-79 打开素材图像　　　　　　　图 7-80 选择图形

**STEP 03** 单击"对象"｜"封套扭曲"｜"用变形建立"命令，弹出"变形选项"对话框，单击"样式"下拉按钮，在弹出的下拉列表中选择"上弧形"选项，选中"水平"单选按钮，设置"弯曲"为 50%、"扭曲"为 0%、"垂直"为 0%，如图 7-81 所示。

**STEP 04** 单击"确定"按钮，即可使选中的图形按照所设置的参数进行变形，并适当调整图形的高度，效果如图 7-82 所示。

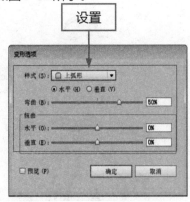

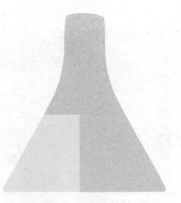

图 7-81 设置变形选项　　　　　　　图 7-82 图像效果

**专家指点**

"变形选项"对话框中主要选项的含义如下：

* "样式"文本框：用于设置图形变形的样式，单击文本框右侧的下拉按钮，在弹出的下拉列表中提供了 15 种封套扭曲样式，可通过选择不同的样式对图形制作出不同的封套扭曲效果。

* "水平"和"垂直"单选按钮：选中"水平"单选按钮，则图形的变形操作作用于水平方向上；选中"垂直"单选按钮，则图形的变形操作作用于垂直方向上。

* "弯曲"数值框：用于设置所选图形的弯曲程度，若在其右侧的数值框中输入正值，则选择的图形将向上或向左变形；若输入负值，则选择的图形将向下或向右变形。

* "扭曲"选项区：用于设置选择的图形在变形的同时是否进行扭曲操作，在其右侧的数值框中输入不同的数值，图形扭曲的程度和方向也会有所不同。若设置"水平"选项，则图形的变形将偏向于水平方向；若设置"垂直"选项，则图形的变形将偏向于垂直方向。

## 7.3.2 用网格建立封套扭曲

使用"用网格建立"命令可以在应用封套的图形对象上覆盖封套网格，然后可使用工具面板中的直接选择工具拖曳封套网格上的控制柄，以便灵活地调整封套效果。

使用"用网格建立"命令可以为选择的图形创建一个矩形网格状的封套。在对话框中设置不同的参数，所创建的网格也会有所不同。网格上自带着节点和方向线，通过改变节点和方向线可以改变网格的形状，封套中的图形也随之改变。在"封套网格"话框中，"行数"数值框用来设置建立网格的行数，"列数"数值框用于设置建立网格的列数。

下面介绍用网格建立封套扭曲的操作方法。

| | 素材文件 | 光盘\素材\第 7 章\7.3.2（1）.ai、7.3.2（2）.ai |
| --- | --- | --- |
| | 效果文件 | 光盘\效果\第 7 章\7.3.2.ai |
| | 视频文件 | 光盘\视频\第 7 章\7.3.2 用网格建立封套扭曲 .mp4 |

**【操练 + 视频】——用网格建立封套扭曲**

**STEP 01** 单击"文件"｜"打开"命令，打开两幅素材图像，如图 7-83 所示。

图 7-83 打开素材图像

**STEP 02** 将人物图形复制粘贴于相框素材的文档中，并选择人物图形。单击"对象"｜"封套扭曲"｜"用网格建立"命令，弹出"封套网格"对话框，设置"行数"为 2、"列数"为 2，如图 7-84 所示。

**STEP 03** 单击"确定"按钮，即可对人物图形建立封套网格，再使用选择工具调整人物图形的位置和大小，如图 7-85 所示。

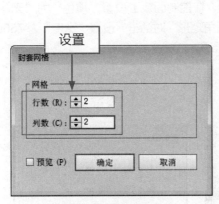

图 7-84 设置网格选项　　　　　　　　　　　　　　图 7-85 调整图形

**STEP 04** 选取工具面板中的直接选择工具，将鼠标指针移至封套网格的锚点上单击鼠标左键并拖曳，即可调整网格点的位置和形状，如图 7-86 所示。

**STEP 05** 采用同样的方法，对封套网格的锚点进行调整，人物图形也随之变形，效果如图 7-87 所示。

图 7-86 调整锚点　　　　　　　　　　　　　　图 7-87 变形效果

## 7.3.3 用顶层对象建立封套扭曲

在使用"用顶层对象建立"命令对图形进行封套效果时，所选择的图形数量应在两个或两个以上，否则无法建立封套效果。

下面介绍用顶层对象建立封套扭曲的操作方法。

| 素材文件 | 光盘 \ 素材 \ 第 7 章 \7.3.3.ai |
|---|---|
| 效果文件 | 光盘 \ 效果 \ 第 7 章 \7.3.3.ai |
| 视频文件 | 光盘 \ 视频 \ 第 7 章 \7.3.3 用顶层对象建立封套扭曲 .mp4 |

**STEP 01** 单击"文件"｜"打开"命令，打开一幅素材图像，如图 **7-88** 所示。

**STEP 02** 选取工具面板中的圆角矩形工具 ⬛，在控制面板上设置"填色"为"无"、"描边"为黑色。在图像窗口中单击鼠标左键，弹出"圆角矩形"对话框，设置"宽度"为 750px、"高度"为 750px、"圆角半径"为 30px，如图 **7-89** 所示。

图 7-88 打开素材图像

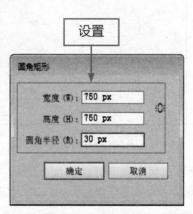

图 7-89 设置参数值

**STEP 03** 单击"确定"按钮，即可绘制一个指定大小的圆角矩形框，如图 **7-90** 所示。按【Ctrl＋A】组合键，将图像窗口中的所有图形全部选中。

**STEP 04** 单击"对象"｜"封套扭曲"｜"用顶层对象建立"命令，即可使用圆角矩形框建立封套效果，如图 **7-91** 所示。

图 7-90 绘制圆角矩形框

图 7-91 封套效果

## 7.3.4 编辑封套内容

编辑封套扭曲的操作除了编辑封套图形外，还可以编辑内容，即被封套的图形在控制面板上单击"编辑内容"按钮 ⊠，或单击"对象"｜"封套扭曲"｜"编辑内容"命令，系统将自动选中编辑内容，此时可以通过控制面板对该内容的颜色、描边等选项进行相应的编辑操作。编辑完

封套图形后,单击"对象"|"封套扭曲"|"编辑封套"命令,即可将拆分的图形又组成一个封套图形。

下面介绍编辑封套内容的操作方法。

| | 素材文件 | 光盘 \ 素材 \ 第 7 章 \7.3.4.ai |
|---|---|---|
| | 效果文件 | 光盘 \ 效果 \ 第 7 章 \7.3.4.ai |
| | 视频文件 | 光盘 \ 视频 \ 第 7 章 \7.3.4 编辑封套内容 .mp4 |

【操练 + 视频】——编辑封套内容

STEP 01 单击"文件"|"打开"命令,打开一幅素材图像,如图 7-92 所示。

STEP 02 选择封套的图形,如图 7-93 所示。

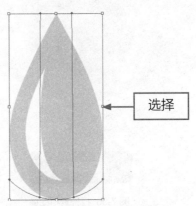

图 7-92 打开素材图像　　　　图 7-93 选择图形

STEP 03 在控制面板上单击"编辑内容"按钮 ，系统将自动选择封套图形。使用直接选择工具在需要编辑的锚点上单击鼠标左键,使锚点处于编辑状态,如图 7-94 所示。

STEP 04 拖曳鼠标,即可调整封套图形的形状,效果如图 7-95 所示。

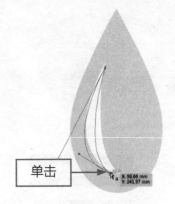

图 7-94 单击锚点　　　　图 7-95 图像效果

## 7.3.5 释放封套扭曲

若要取消图形的封套效果,则单击"对象"|"封套扭曲"|"释放"命令,将弹出一个呈

灰色填充的封套图形，将其删除后，图形即可恢复至变形前的效果。

下面介绍释放封套扭曲的操作方法。

| | 素材文件 | 光盘 \ 素材 \ 第 7 章 \7.3.5.ai |
|---|---|---|
| | 效果文件 | 光盘 \ 效果 \ 第 7 章 \7.3.5.ai |
| | 视频文件 | 光盘 \ 视频 \ 第 7 章 \7.3.5 释放封套扭曲 .mp4 |

【操练＋视频】——释放封套扭曲

STEP 01 单击"文件"｜"打开"命令，打开一幅素材图像，如图 7-96 所示。

STEP 02 选择需要删除封套扭曲的图形对象，如图 7-97 所示。

图 7-96 打开素材图像　　　　　　图 7-97 选中图形对象

STEP 03 单击"对象"｜"封套扭曲"｜"释放"命令，将弹出一个呈灰色填充的封套图形，如图 7-98 所示。

STEP 04 将其删除，并适当调整图形的位置，效果如图 7-99 所示。

图 7-98 释放封套扭曲　　　　　　图 7-99 调整图形位置

## 7.3.6 扩展封套扭曲

当图形应用封套扭曲效果后，就无法再为其应用其他类型的封套。若想进一步对该图形进行编辑，此时可对图形进行转换。

下面介绍扩展封套扭曲的操作方法。

| | 素材文件 | 光盘 \ 素材 \ 第 7 章 \7.3.6.ai |
|---|---|---|
| | 效果文件 | 光盘 \ 效果 \ 第 7 章 \7.3.6.ai |
| | 视频文件 | 光盘 \ 视频 \ 第 7 章 \7.3.6 扩展封套扭曲 .mp4 |

【操练＋视频】——扩展封套扭曲

**STEP 01** 单击"文件"｜"打开"命令，打开一幅素材图像，如图 7-100 所示。

**STEP 02** 选择需要扩展的封套扭曲图形，如图 7-101 所示。

图 7-100 打开素材图像

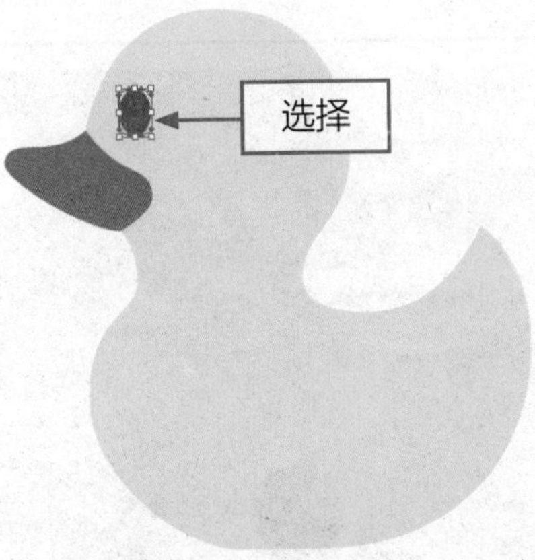

图 7-101 选中图形对象

**STEP 03** 单击"对象"｜"封套扭曲"｜"扩展"命令，如图 7-102 所示。

**STEP 04** 执行操作后，即可将封套扭曲的图形转换为独立的图形对象，如图 7-103 所示。

图 7-102 单击"扩展"命令

图 7-103 转换为独立的图形对象

# CHAPTER

## 准确直观的视觉效果：
## 文字与图表

更清晰的画面效果，更逼真的
影音特效，拥有它们，在家也
可以享受IMAX。

## 章前知识导读

在平面设计中，文字是不可缺少的设计元素，它直接传达着设计者的表达意图。另外，在实际工作中，人们经常使用图表来表达各种数据的统计结果，从而得到更加准确、直观的视觉效果。

## 新手重点索引

创建文字

编辑文本

图表

# ▶ 8.1 创建文字

虽然 Illustrator CC 是一款图形软件，但它的文本操作功能同样非常强大。其工具面板中提供了 7 种文本工具，分别是为：字工具 T 、区域文字工具 T 、路径文字工具 ⌁ 、直排文字工具 IT 、直排区域文字工具 IT 、直排路径文字工具 ⌁ 和修饰文字工具 T 。使用这些文字输入工具不仅可以按常规的书写方法来输入文本，还可以将文本限制在一个区域之内。

## ▉ 8.1.1 创建与编辑点文字

使用工具面板中的文字工具和直排文字工具均可在图形窗口中直接输入所需的文字内容，其操作方法是一样的，只是文本排列的方式不一样。利用这两种工具输入文字的方式有两种：一种是按指定的行进行输入；另一种是按指定的范围进行输入。

使用工具面板中的文字工具 T （或直排文字工具 IT ）在图形窗口中直接输入文字时，文字不能自动换行，若需要换行，必须按【Enter】键强制性换行，这种方法一般用于创建标题和篇幅比较小的文本。

下面介绍创建与编辑点文字的操作方法。

| | | |
|---|---|---|
| 素材文件 | 光盘 \ 素材 \ 第 8 章 \8.1.1.ai | |
| 效果文件 | 光盘 \ 效果 \ 第 8 章 \8.1.1.ai | |
| 视频文件 | 光盘 \ 视频 \ 第 8 章 \8.1.1 创建与编辑点文字 .mp4 | |

【操练＋视频】——创建与编辑点文字

**STEP 01** 单击"文件" | "打开"命令，打开一幅素材图像，如图 8-1 所示。

**STEP 02** 选取工具面板中的文字工具 T ，将鼠标指针移至图像窗口中，此时指针呈 形状，如图 8-2 所示。

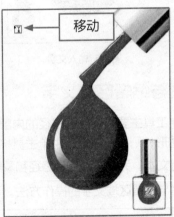

移动

图 8-1 打开素材图像     图 8-2 移动鼠标

**STEP 03** 在图像窗口中的合适位置单击鼠标左键，确认文字的插入点，如图 8-3 所示。

**STEP 04** 当插入点呈闪烁的光标状态时，在控制面板上设置"填色"为黑色、"字体"为"微软雅黑"、"字体大小"为 36pt，如图 8-4 所示。

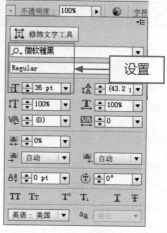

图 8-3 确认插入点      图 8-4 设置工具属性

**STEP 05** 选择一种输入法，输入相应的文字，如图 8-5 所示。

**STEP 06** 选中"健康"文字，设置"字号"为 60pt，并调整文字至合适位置，效果如图 8-6 所示。

图 8-5 输入文字      图 8-6 设置文字属性

## 8.1.2 创建与编辑区域文字

使用区域文字工具主要是在闭合路径的内部创建文本，即用文本填充一个现有的路径形状。若没有选择路径图形，则在图像窗口中单击鼠标左键确认插入点时，将会弹出信息提示框，提示用户在路径中创建文本。另外，在复合路径和蒙版的路径上是无法创建区域文字的。

下面介绍创建与编辑区域文字的操作方法。

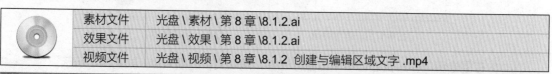

| 素材文件 | 光盘 \ 素材 \ 第 8 章 \8.1.2.ai |
|---|---|
| 效果文件 | 光盘 \ 效果 \ 第 8 章 \8.1.2.ai |
| 视频文件 | 光盘 \ 视频 \ 第 8 章 \8.1.2 创建与编辑区域文字 .mp4 |

【操练 + 视频】——创建与编辑区域文字

**STEP 01** 单击"文件"｜"打开"命令，打开一幅素材图像，如图 8-7 所示。

STEP 02 选取工具面板中的矩形工具，设置"填色"为"无"、"描边"为"无"，在图像窗口中的合适位置绘制一个矩形框，如图 8-8 所示。

图 8-7 打开素材图像　　　　　　　　图 8-8 绘制矩形框

STEP 03 选取工具面板中的区域文字工具 ⬚，将鼠标指针移至矩形框内部的路径附近，此时指针呈 ⬚ 形状，如图 8-9 所示。

STEP 04 单击鼠标左键，确认区域文字的插入点，如图 8-10 所示。

图 8-9 移动鼠标　　　　　　　　　图 8-10 确认区域文字插入点

STEP 05 当插入点呈闪烁的光标状态时，在控制面板上设置"填色"为白色、"字体"为"微软雅黑"、"字体大小"为 18pt，选择一种输入法，并输入相应的文字，如图 8-11 所示。

STEP 06 输入完成后，使用选择工具对矩形框的大小进行调整，同时区域文字也随之进行调整，如图 8-12 所示。

图 8-11 输入文字　　　　　　　　　图 8-12 调整文字

需要注意的是，用上述两种方法输入的文本选框后都有一个文本控制框，其四周有文本控制柄，文本下方的横线是文字基线。

使用文字工具直接输入文字与按指定区域输入文字的区别如下：

* 使用直接输入方法输入文字的第一行的左下角有一个实心点，而按指定区域输入的文字第一行左下角则是一个空心点，如图 8-13 所示。

图 8-13 不同输入方法输入文字的显示模式

* 在旋转直接输入的文字的控制柄时，文字本身也随之旋转，如图 8-14 所示；而在旋转按指定区域输入的文本时，文字则不会随着控制柄的旋转而旋转，如图 8-15 所示。

图 8-14 旋转直接输入的文字　　　　　　　图 8-15 旋转指定区域输入的文字

* 缩放直接输入文字的文本控制柄时，文本本身也随之缩小或放大，如图 8-16 所示；而缩放按指定区域输入的文本时，则不会随着控制柄的缩放而缩放，如图 8-17 所示。

图 8-16 缩放直接输入的文字　　　　　　　图 8-17 缩放指定区域输入的文字

### ◢ 8.1.3  创建与编辑路径文字

使用工具面板中的路径文字工具 ⬚ 或直排路径文字工具 ⬚ 均可以使文字沿着绘制的路径排列，当然路径可以是开放的，也可以是闭合的，如图 8-18 所示。但输入文本后的路径将失去填充和轮廓属性，不过可以使用相关工具编辑其锚点和形状。

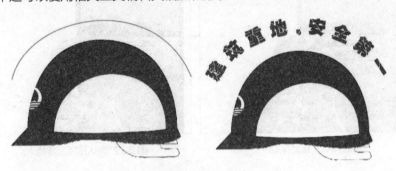

图 8-18  输入路径文字

下面介绍创建与编辑路径文字的操作方法。

| | 素材文件 | 光盘 \ 素材 \ 第 8 章 \8.1.3.ai |
|---|---|---|
| | 效果文件 | 光盘 \ 效果 \ 第 8 章 \8.1.3.ai |
| | 视频文件 | 光盘 \ 视频 \ 第 8 章 \8.1.3 创建与编辑路径文字 .mp4 |

【操练 + 视频】——创建与编辑路径文字

**STEP 01** 单击"文件" | "打开"命令，打开一幅素材图像，如图 8-19 所示。

**STEP 02** 选取工具面板中的钢笔工具，设置"填色"为"无"、"描边"为"无"，在图像窗口中的合适位置绘制一条开放路径，如图 8-20 所示。

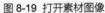

图 8-19  打开素材图像

绘制

图 8-20  绘制开放路径

专家指点

创建开放路径后，不论在路径上的任何位置确认插入点，插入点都会以开放路径的起始点为准。

**STEP 03** 选取工具面板中的路径文字工具 ⬚，将鼠标指针移至开放路径上，此时指针呈 ⤮ 形状，如图 8-21 所示。

**STEP 04** 单击鼠标左键，确认路径文字的插入点，如图 8-22 所示。

图 8-21 移动鼠标

图 8-22 确认路径文字插入点

**STEP 05** 当插入点呈闪烁的光标状态时，在控制面板上设置"填色"为黑色、"字体"为"微软雅黑"、"字体大小"为 36pt，选择一种输入法，并输入相应的文字，如图 8-23 所示。

**STEP 06** 输入完成后，对路径进行适当调整，效果如图 8-24 所示。

图 8-23 输入文字

图 8-24 创建路径文字

## ▶ 8.2 编辑文本

Illustrator CC 提供了强大的文本处理功能，可以满足不同版面的设计需要。它不仅可以在图像窗口中创建横排或竖排文本，也可以对文本的属性进行编辑，如字体、字号、字间距、行间距等，还可以将文本置于路径图形中。

### 8.2.1 设置字符格式

与其他图形图像软件一样，在 Illustrator CC 中可以通过"字符"面板对所创建的文本对象进行编辑，如选择文字、改变字体大小和类型、设置文本行距、设置文本字距等操作，从而使用户能够更加自由地编辑文本对象中的文字，使其更符合整体版面的设计安排。通过"字符"面板可以很方便地对文本对象中的字符格式进行精确的编辑与调整，这些属性包括字体类型、文体大小、文本行距、文本字距、文字的水平以及垂直比例、间距等属性的设置。

例如，字体的类型可以通过"字符"面板进行设置，也可以通过单击"文字"｜"字体"命令，在弹出的子菜单中选择相应的字体类型，以更改字体，如图 8-25 所示。

图 8-25　更改文字类型与大小

在"字符"面板中，可以在"设置字体系列"下拉列表框中选择所需的字体类型，同时也可以在"设置字体样式"下拉列表框中设置所需的字体样式。不过需要注意的是，该选项只能对英文字体类型进行设置。

字体大小即指文字的尺寸大小。在 Illustrator CC 中，字体的大小一般用 pt（磅）为度量单位。用户可以在"字符"面板中的"设置字体大小"下拉列表框中选择预设的常用字体大小数值，也可以在该选项右侧的数值框中自定义设置字体大小的数值。不过需要注意的是，该选项中的数值范围为 0.1pt ～ 1296pt。

下面介绍设置字符格式的操作方法。

| | 素材文件 | 光盘 \ 素材 \ 第 8 章 \8.2.1.ai |
|---|---|---|
| | 效果文件 | 光盘 \ 效果 \ 第 8 章 \8.2.1.ai |
| | 视频文件 | 光盘 \ 视频 \ 第 8 章 \8.2.1 设置字符格式 .mp4 |

**【操练＋视频】——设置字符格式**

**STEP 01** 单击"文件"｜"打开"命令，打开一幅素材图像，如图 8-26 所示。

**STEP 02** 运用选择工具 选择文字，如图 8-27 所示。

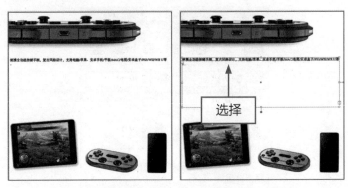

图 8-26　打开素材图像　　　　图 8-27　选择文字

**STEP 03** 单击"窗口"｜"文字"｜"字符"命令，调出"字符"面板。单击"设置字体系列"

下拉按钮，在弹出的下拉列表中选择"文鼎霹雳体"，在"设置字体大小"数值中设置"字体大小"为 36pt，如图 8-28 所示。

**STEP 04** 执行操作的同时，所选择的文字效果随之改变，如图 8-29 所示。

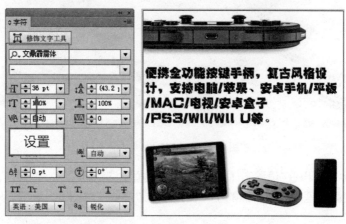

图 8-28 设置字符选项　　　　　　　　　　图 8-29 文字效果

专家指点

　　在"字符"浮动面板中，除了设置字体类型外，还可以设置字体的样式，但该选项主要针对的是英文字体类型。

## 8.2.2 设置段落格式

在 Illustrator CC 中，还可以对整个文本对象进行对齐方式、缩进、段落间距等段落格式的设置。这样使选择的文本对象形成更加统一的段落，使整个设计版面中心的文本对象更具整体性。

在 Illustrator CC 中，所输入的文本对象若以多行形式显示，那么该文本对象将称之为段落文本。对于创建的段落文本，可以通过"段落"面板很方便地对其进行相应的参数设置和编辑，如设置段落文本的对齐方式、段落的缩进方式等编排操作。单击"窗口"｜"文字"｜"段落"命令或按【Ctrl + Alt + T】组合键，即可打开"段落"面板，如图 8-30 所示。

图 8-30 "段落"面板

在"段落"面板中直接设置所需的选项，也可以通过面板菜单设置与调整段落文本。在Illustrator CC中，若使用选择工具选择图形窗口中的段落文本，那么所设置的段落格式将会影响整个文本中的文字对象；若使用文本工具选择段落文本中的一个或多个文字，那么所设置的段落格式将只会影响选择的文字部分，而不会影响段落文本中其他文字的参数属性。

"段落"面板中共提供了7个对齐按钮，它们用于设置段落文本的对齐方式，其含义如下：

＊ 左对齐▣：单击该按钮，段落文本中的文字对象将以整个文本对象的边缘为界进行左对齐，如图8-31所示。该按钮为段落文本的默认对齐方式。

＊ 居中对齐▣：单击该按钮，段落文本中的文字对象将以整个文本对象的边缘为界进行居中对齐，如图8-32所示。

图 8-31 段落左对齐　　　　　　　图 8-32 段落居中对齐

＊ 右对齐▣：单击该按钮，段落文本中的文字对象将以整个文本对象的中心线为界，进行右对齐，如图8-33所示。

图 8-33 段落右对齐

＊ 两端对齐，末行左对齐▣：单击该按钮，段落文本中的文字对象将以整个文本对象的左右两边为界进行对齐，但会将处于段落文本最后一行的文本以其左边为界进行左对齐。

＊ 两端对齐，末行居中对齐▣：单击该按钮，段落文本中的文字对象将以整个文本对象的左右两边为界进行对齐，但会将处于段落文本最后一行的文本以其中心线为界进行居中对齐。

＊ 两端对齐，末行右对齐▣：单击该按钮，段落文本中的文字对象将以整个文本对象的左右两边为界进行对齐。

＊ 全部两端对齐▣：单击该按钮，段落文本中的文字对象将以整个文本对象的左右两边为界对齐段落中的所有文本对象。

若对直排段落文本进行对齐操作，对齐功能的效果会发生一些变动，左对齐的直排文本将沿着文本框的上方对齐，右对齐的直排文本将沿着文本框的下方对齐，居中对齐的直排文本将垂直居中而不是水平居中，如图 8-34 所示。

图 8-34 直排文字对齐效果

下面介绍设置段落格式的操作方法。

| | 素材文件 | 光盘 \ 素材 \ 第 8 章 \8.2.2.ai |
| --- | --- | --- |
| | 效果文件 | 光盘 \ 效果 \ 第 8 章 \8.2.2.ai |
| | 视频文件 | 光盘 \ 视频 \ 第 8 章 \8.2.2 设置段落格式 .mp4 |

【操练 + 视频】——设置段落格式

**STEP 01** 单击"文件"｜"打开"命令，打开一幅素材图像，如图 8-35 所示。

**STEP 02** 运用选择工具 选择文字，如图 8-36 所示。

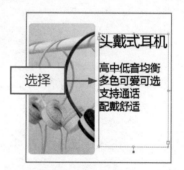

图 8-35 打开素材图像　　　　图 8-36 选择文字

专家指点

　　段落缩进是指段落文本每行文字两端与文本框边界之间的间隔距离。在 Illustrator CC 中，不仅可以分别设置段落文本与文本框左、右边界的缩进量数值，还可以特别设置段落文本第一行文字的缩进量数值，其缩进量参数值范围为 -1296pt ～ 1296pt。

　　缩进量数值的设置只对选择的或鼠标所单击行的文本对象产生影响，因此可以很方便地在段落中设置所需行的文本对象的缩进量数值。

　　若要设置文本段落的缩进方式，首先使用文本工具选择所需操作的段落文本，也可在所需操作的文本对象的任意位置单击鼠标左键，然后在"段落"面板中的段落缩进选项中设置所需的参数值，并按【Enter】键确认，即可完成段落的缩进方式设置。

**STEP 03** 单击"窗口"｜"文字"｜"段落"命令，调出"段落"浮动面板，单击"右对齐"按钮 ▤，如图 8-37 所示。

**STEP 04** 执行操作的同时，图像窗口中的文字对齐方式随之改变，如图 8-38 所示。

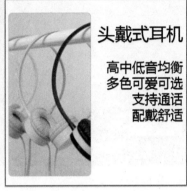

图 8-37 单击"右对齐"按钮　　　图 8-38 "右对齐"对齐方式

## 8.2.3 导入文本

若导入的文本是 PSD 格式文件，在"Photoshop 导入选项"对话框中一定要注意选中"将图层转换为对象"单选按钮，才能对置入的文件文本进行编辑。另外，当置入其他格式的文件时，会弹出相应的对话框或提示信息框，可以根据需要进行相应的操作。

下面介绍导入文本的操作方法。

| 素材文件 | 光盘 \ 素材 \ 第 8 章 \8.2.3.ai、8.2.3.psd |
| --- | --- |
| 效果文件 | 光盘 \ 效果 \ 第 8 章 \8.2.3.ai |
| 视频文件 | 光盘 \ 视频 \ 第 8 章 \8.2.3 导入文本 .mp4 |

【操练 + 视频】——导入文本

**STEP 01** 单击"文件"｜"打开"命令，打开一幅素材图像，如图 8-39 所示。

**STEP 02** 单击"文件"｜"置入"命令，弹出"置入"对话框，选择置入的文件并设置文件类型，如图 8-40 所示。

图 8-39 打开素材图像　　　图 8-40 选择置入文件

**STEP 03** 单击"置入"按钮，即可将文件置入图像中，如图 8-41 所示。

**STEP 04** 调整图像的大小和位置，即可制作出美观的图像效果，如图 8-42 所示。

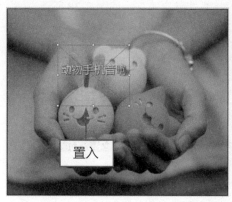

图 8-41 置入文件

图 8-42 调整图像大小和位置

## 8.2.4 文本绕排

Illustrator CC 具有较好的图文混排功能，可以实现常见的图文混排效果。和文本分栏一样，进行图文混排的前提是用于混排的文本必须是文本块或区域文字，不能是直接输入的文本和路径文本，否则将无法实现图文混排效果。在文本中插入的图形可以是任意形态的图形路径，还可以与置入的位图图像和画笔工具创建的图形对象进行混排，但需要经过处理后才可以应用。

所谓规则图文混排，是指文本对象按照规则的几何路径与图形或图像对象进行混合排列，如图 8-43 所示。规则的几何路径可以是矩形、正方形、圆形、多边形和星形等图形形状。

图 8-43 规则的图文混排效果

所谓不规则图文混排，是指文本对象按照非规则的路径、图形或图像进行混合排列。使用直接选择工具将图形的背景删除，才能让文本与图形进行不规则图文混排操作。

若所绘制或置入的是不规则的图形对象，可以直接将其移至所需混排的文本对象上，再将图形对象调整至文本对象的前面，然后单击"对象"｜"文本绕排"｜"文本绕排选项"命令，弹出"文本绕排选项"对话框。在该对话框中，设置"位移"数值，单击"确定"按钮，即可实现不规则图文混排效果，如图 8-44 所示。

食无赦
冬天, 很多人常感到皮肤干燥、头晕嗜睡
, 反应能力降低, 这时如果 能吃些生
津止渴、润喉去燥的水 果, 会
使人顿觉清爽舒适 。那么
, 冬季吃什么 水果好
呢? 据悉, 冬 天带有
保健医疗 性质的水
果要数梨 和甘蔗。
梨 中含苹
果酸、柠 檬酸、
葡萄糖、 果糖、钙
、铁以及多 种维生素
, 有润喉生津 、润肺 止咳、滋
养肠胃、降低血压、清热镇静的作用。高血压患
者, 如果有头晕目眩、心悸耳鸣者, 经常吃梨,
可减轻症状。

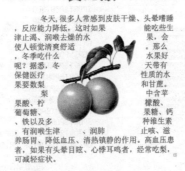

图 8-44 不规则的图文混排

不过需要注意的是，若不想让所绘制的规则几何图形具有填充和轮廓属性，可以使用工具面板中的选择工具选择该图形，然后通过“颜色”面板或在工具面板中进行相应的设置。

下面介绍文本绕排的操作方法。

| | | |
|---|---|---|
| | 素材文件 | 光盘 \ 素材 \ 第 8 章 \8.2.4.ai |
| | 效果文件 | 光盘 \ 效果 \ 第 8 章 \8.2.4.ai |
| | 视频文件 | 光盘 \ 视频 \ 第 8 章 \8.2.4 文本绕排 .mp4 |

## 【操练 + 视频】——文本绕排

STEP 01 单击“文件”｜“打开”命令，打开一幅素材图像，如图 8-45 所示。

STEP 02 选取工具面板中的选择工具，在图形窗口中按住【Shift】键的同时依次选择文字与图像，如图 8-46 所示。

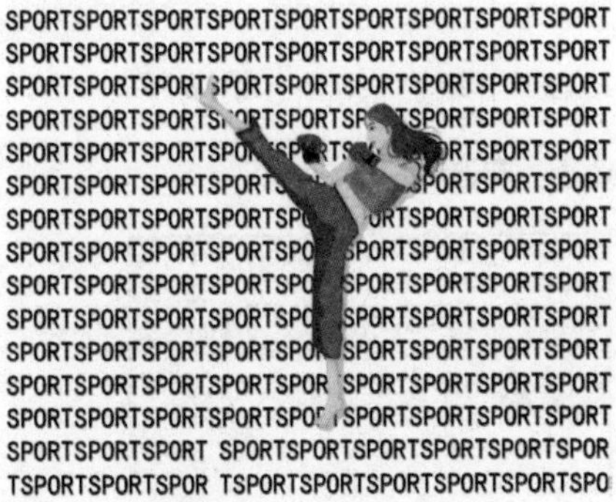

图 8-45 打开素材图像

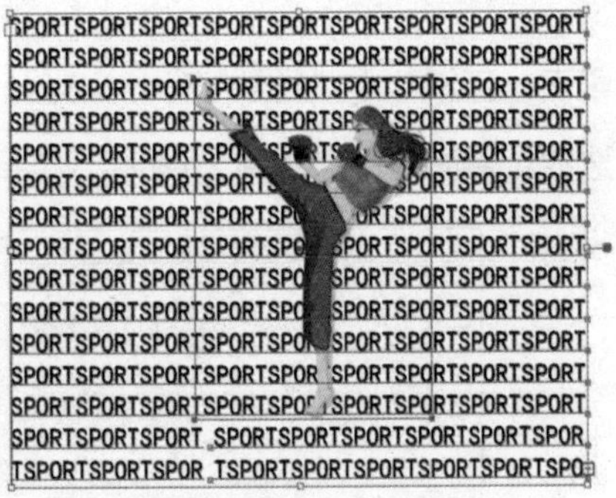

图 8-46 选择文字与图像

### 专家指点

进行图文混排操作时，一定要注意输入的文本是区域文字或处于文本框中，文本和图形必须置于同一个图层，且图形在文本的上方，才能进行图文混排操作。

STEP 03 单击“对象”｜“文本绕排”｜“建立”命令，如图 8-47 所示。

STEP 04 执行操作后，即可创建规则的图文混排效果，如图 8-48 所示。

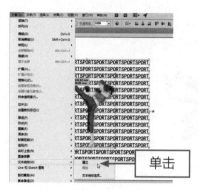

图 8-47 单击"建立"命令

图 8-48 规则图文混排

## 8.2.5 将文字转换为轮廓

将文字转换为轮廓的方法有以下 3 种：

* 方法 1：选择文字，单击"文字"|"创建轮廓"命令，即可将文字转换成轮廓。

* 方法 2：选择文字，按【Shift + Ctrl + O】组合键，即可将文字转换成轮廓。

* 方法 3：选择文字，在图像窗口中单击鼠标左键，在弹出的快捷菜单中选择"创建轮廓"选项，即可将文字转换成轮廓。

下面介绍将文字转换为轮廓的操作方法。

| 素材文件 | 光盘 \ 素材 \ 第 8 章 \8.2.5.ai |
|---|---|
| 效果文件 | 光盘 \ 效果 \ 第 8 章 \8.2.5.ai |
| 视频文件 | 光盘 \ 视频 \ 第 8 章 \8.2.5 将文字转换为轮廓 .mp4 |

【操练 + 视频】——将文字转换为轮廓

**STEP 01** 单击"文件"|"打开"命令，打开一幅素材图像，如图 8-49 所示。

**STEP 02** 选取工具面板中的选择工具 ，选择文本，如图 8-50 所示。

图 8-49 打开素材图像

图 8-50 选择文本

**STEP 03** 单击"文字"|"创建轮廓"命令，如图 8-51 所示。

**STEP 04** 执行操作后，即可将文字转换为轮廓，如图 8-52 所示。

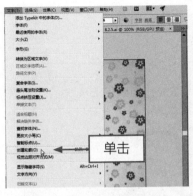

图 8-51 单击"创建轮廓"命令

图 8-52 创建轮廓

## 8.2.6 查找和替换字体

在"查找字体"对话框中，若图像窗口中有多个图层，单击"更改"按钮，系统只会将当前图层的文字进行替换。再次单击"更改"按钮，即可替换其他图层的文字字体。或单击"全部更改"按钮，可将图像窗口中的所有文字进行字体替换。

下面介绍查找和替换字体的操作方法。

| | | |
|---|---|---|
| 素材文件 | 光盘 \ 素材 \ 第 8 章 \8.2.6.ai | |
| 效果文件 | 光盘 \ 效果 \ 第 8 章 \8.2.6.ai | |
| 视频文件 | 光盘 \ 视频 \ 第 8 章 \8.2.6 查找和替换字体 .mp4 | |

【操练 + 视频】——查找和替换字体

**STEP 01** 单击"文件"｜"打开"命令，打开一幅素材图像，如图 8-53 所示。

**STEP 02** 选择需要替换字体的文字，如图 8-54 所示。

图 8-53 打开素材图像

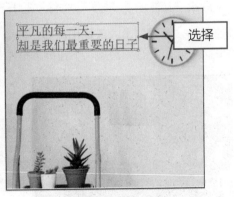

图 8-54 选择文字

**STEP 03** 单击"文字"｜"查找字体"命令，弹出"查找字体"对话框，在"替换字体来自"下拉列表框中选择"系统"选项，下方列表框中会显示系统中所有的字体，选择"微软雅黑"选项，如图 8-55 所示。

**STEP 04** 单击"更改"按钮，即可将所选文字的字体进行替换。单击"完成"按钮，即可完成操作，如图 8-56 所示。

图 8-55 选择字体                    图 8-56 替换字体

## 8.2.7 查找和替换文本

在"查找和替换"对话框中单击"查找"按钮后，该按钮将自动转换成"查找下一个"按钮。若单击"查找和替换"按钮，既可以查找文字，也可以替换文字。另外，使用"查找和替换"对话框，还可以对特殊符号进行查找和替换，单击文本框右侧的"插入特殊符号"下拉按钮 ▶，在弹出的下拉列表中选择相应的特殊符号，并进行查找和替换操作即可。

下面介绍查找和替换文本的操作方法。

| 素材文件 | 光盘 \ 素材 \ 第 8 章 \8.2.7.ai |
| 效果文件 | 光盘 \ 效果 \ 第 8 章 \8.2.7.ai |
| 视频文件 | 光盘 \ 视频 \ 第 8 章 \8.2.7 查找和替换文本 .mp4 |

【操练＋视频】——查找和替换文本

STEP 01 单击"文件"｜"打开"命令，打开一幅素材图像，如图 8-57 所示。

STEP 02 单击"编辑"｜"查找和替换"命令，弹出"查找和替换"对话框，在"查找"下拉列表框中输入"不"，在"替换"下拉列表框中输入"补"，如图 8-58 所示。

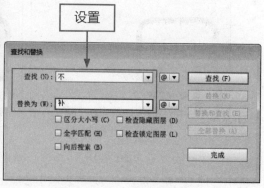

图 8-57 打开素材图像                图 8-58 设置查找和替换选项

STEP 03 单击"查找"按钮，即可在文档中查找到符合条件的文字，如图 8-59 所示。

**STEP 04** 单击"全部替换"按钮，即可将文档中符合条件的文字内容全部替换，并弹出提示信息框，单击"确定"按钮，再单击"完成"按钮即可，如图 8-60 所示。

图 8-59 查找文字

图 8-60 替换文字

## 8.2.8 改变文字方向

利用转换文本方向命令，可以改变文字的方向。若文字是垂直的，则可以将文字转换为水平。

下面介绍改变文字方向的操作方法。

| | 素材文件 | 光盘 \ 素材 \ 第 8 章 \8.2.8.ai |
|---|---|---|
| | 效果文件 | 光盘 \ 效果 \ 第 8 章 \8.2.8.ai |
| | 视频文件 | 光盘 \ 视频 \ 第 8 章 \8.2.8 改变文字方向 .mp4 |

【操练 + 视频】——改变文字方向

**STEP 01** 单击"文件"｜"打开"命令，打开一幅素材图像，如图 8-61 所示。

**STEP 02** 运用选择工具 选择文字，如图 8-62 所示。

图 8-61 打开素材图像

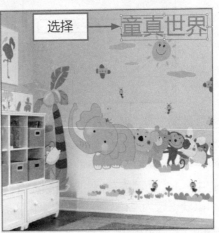

图 8-62 选择文字

**STEP 03** 单击"文字"|"文字方向"|"垂直"命令，如图 8-63 所示。

**STEP 04** 执行操作后，即可转换文字的方向，适当调整其位置，效果如图 8-64 所示。

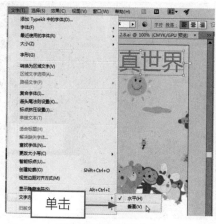

图 8-63 单击垂直命令

图 8-64 转换文本方向

**专家指点**

　　在 Illustrator CC 中，日文字体和西文字体中的字符可以混合，作为一种复合字体使用。单击"文字"|"复合字体"命令，弹出"复合字体"对话框，单击"新建"按钮，弹出"新建复合字体"对话框，设置名称选项，如图 8-65 所示。单击"确定"按钮，选择相应的字符类别，即可创建新的复合字体，如图 8-66 所示，单击"确定"按钮进行保存。

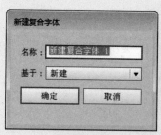

图 8-65 设置名称选项

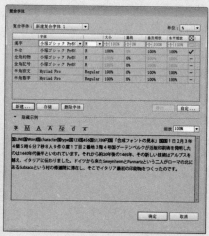

图 8-66 创建新的复合字体

## ▶ 8.3 图表

　　在工作中，人们为了将获得的各种数据进行统计和比较，使用图表就是表达的一种最佳方式，通过图表可以获得较为准确、直观的效果。

　　Illustrator CC 不仅提供了丰富的图表类型，还可以对所创建的图表进行数据设置、类型更改以及设置参数等编辑操作。

## 8.3.1 创建图表

图表的创建操作主要包括确定图表范围的长度和宽度，以及进行比较的图表资料，而资料才是图表的核心和关键。

图表资料的输入是创建图表过程中非常重要的一环。在 Illustrator CC 中，可以通过 3 种方法来输入图表资料：第一种方法是使用图表数据输入框直接输入相应的图表数据；第二种方法是导入其他文件中的图表资料；第三种方法是从其他的程序或图表中复制资料。

在图表数据输入框中，第一排左侧的文本框为数据输入框，一般图表的数据都在该文本框中。图表数据输入框中的每一个方格就是一个单元格。在实际操作过程中，单元格内即可输入图表资料，也可输入图表标签和图例名称。

图表标签和图例名称是组成图表的必要元素，一般情况下需要先输入标签和图例名称，然后在与其对应的单元格中输入数据。数据输入完毕后，单击 ✓ 按钮，即可创建相应的图表。在创建图表时，指定图表大小是指确定图表的高度和宽度，其方法有两种：一是通过拖曳鼠标来任意创建图表，二是输入数值来精确创建图表。

选取工具面板中的柱形图工具，将鼠标指针移至图像窗口中，指针呈 ┼ 形状，单击鼠标左键并拖曳，此时将会显示一个矩形框，矩形框的长度和宽度即是图表的长度和宽度。释放鼠标后，将弹出一个图表数据框，在其中输入相应的数据，如图 8-67 所示。

数据输入完毕后，单击"应用"按钮 ✓，即可创建数据图表，如图 8-68 所示。

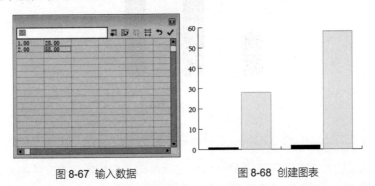

图 8-67 输入数据　　　　　　　图 8-68 创建图表

使用图表工具在图像窗口中直接创建图表时，若按住【Shift】键的同时拖曳鼠标，可以绘制一个正方形的图表；若按住【Alt】键的同时拖曳鼠标，则图表将以鼠标单击处的点为中心向四周扩展，以创建图表。

在图表数据框中输入数据时，若按【Enter】键，光标将会自动跳至同一列的下一个单元格中；若按【Tab】键，则光标将会自动跳至同一行的下一个单元格中；使用键盘上的方向键也可以移动光标的位置；在需要输入数据的单元格上单击鼠标左键，也可以激活单元格。

下面介绍创建图表的操作方法。

| 素材文件 | 无 |
| --- | --- |
| 效果文件 | 光盘 \ 效果 \ 第 8 章 \8.3.1.ai |
| 视频文件 | 光盘 \ 视频 \ 第 8 章 \8.3.1 创建图表 .mp4 |

**STEP 01** 新建文档，选取工具面板中的柱形图工具 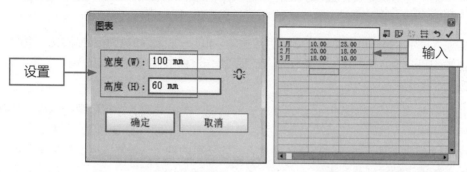，将鼠标指针移至图像窗口中，指针呈 ╬ 形状，单击鼠标左键，弹出"图表"对话框，设置"宽度"为 100mm、"高度"为 60mm，如图 8-69 所示。

**STEP 02** 单击"确定"按钮，弹出图表数据框，在其中输入相应的数据，如图 8-70 所示。

图 8-69 输入数值　　　　　　　　　　　图 8-70 输入数据

**STEP 03** 数据输入完毕后，单击"应用"按钮 ✓，即可创建数据图表，如图 8-71 所示。

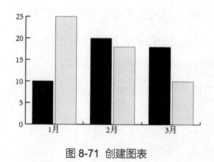

图 8-71 创建图表

## 8.3.2 从 Microsoft Excel 数据中创建图表

使用复制、粘贴的方法可以在某些 Microsoft Excel 电子表格或文本文件中复制需要的资料，其具体操作步骤和方法与复制文本的操作步骤和方法完全相同。

首先在其他应用程序中复制需要的资料，然后粘贴至 Illustrator CC 的图表数据输入框中，如此反复，直至完成复制操作。同时，图表数据框中的数据也可以直接在数据框中进行复制、粘贴或剪切操作。

下面介绍从 Microsoft Excel 数据中创建图表的操作方法。

| | 素材文件 | 光盘 \ 素材 \ 第 8 章 \8.3.2.xls |
| --- | --- | --- |
| | 效果文件 | 光盘 \ 效果 \ 第 8 章 \8.3.2.ai |
| | 视频文件 | 光盘 \ 视频 \ 第 8 章 \8.3.2 从 Microsoft Excel 数据中创建图表 .mp4 |

**STEP 01** 新建文档，在面积图工具图标 上双击鼠标左键，在弹出的"图表类型"对话框的"数

值轴"选项区中设置"最大值"为 300、"刻度"为 5，如图 8-72 所示。

STEP02 单击"确定"按钮，在图像窗口中绘制一个合适大小的图表坐标轴，其效果如图 8-73 所示。

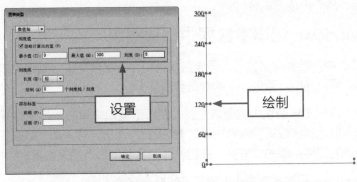

图 8-72 设置数值轴选项　　　　图 8-73 图表坐标轴

STEP03 打开"8.3.2.xls"的 Excel 文档，选中需要复制的数据单元格，如图 8-74 所示。

STEP04 按【Ctrl + C】组合键将单元格中的数据进行复制，返回图表文档，选中图表数据框中的第一个单元格，如图 8-75 所示。

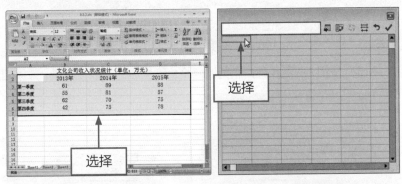

图 8-74 选中单元格　　　　　图 8-75 选择单元格

STEP05 按【Ctrl + V】组合键，即可将数据粘贴至图表数据框中，如图 8-76 所示。

STEP06 单击数据框上的"应用"按钮☑，即可创建相应的面积图表，如图 8-77 所示。

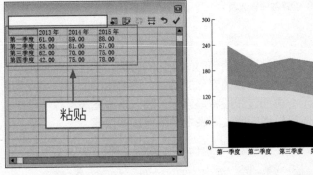

图 8-76 粘贴数据　　　　　图 8-77 创建面积图表

　　面积图表所表示的数据数值关系与折线图表比较相似，但相比后者，前者更强调整体在数据值上的变化。面积图表是通过用点表示一组或多组数据数值，并以线段连接不同组的数据数值点，从而形成面积区域。

### 8.3.3 从 Windows 记事本数据中创建图表

　　在 Illustrator CC 中，若要将数据导入图表数据框中，其文件格式必须是文本格式。在导入的文本中，数据之间必须有间距，否则导入的数据会很乱。

　　其导入方法为：选取工具面板中的图表工具，在图形窗口中单击鼠标左键并拖曳，创建一个图表，弹出数据输入框，在该数据输入框中单击 ▦ 按钮，弹出"导入图表数据"对话框。在该对话框中选择需要导入的文件，单击"打开"按钮，即可将数据导入图表数据输入框中。

　　下面介绍从 Windows 记事本数据中创建图表的操作方法。

| 素材文件 | 光盘 \ 素材 \ 第 8 章 \8.3.3.txt |
| --- | --- |
| 效果文件 | 光盘 \ 效果 \ 第 8 章 \8.3.3.ai |
| 视频文件 | 光盘 \ 视频 \ 第 8 章 \8.3.3 从 Windows 记事本数据中创建图表 .mp4 |

**【操练 + 视频】——从 Windows 记事本数据中创建图表**

**STEP 01** 新建文档，在折线图工具图标 ☒ 上双击鼠标左键，在弹出的"图表类型"对话框的"数值轴"选项区中设置"最大值"为 100、"刻度"为 5，如图 8-78 所示。

**STEP 02** 单击"确定"按钮，在图像窗口中绘制一个合适大小的图表坐标轴，效果如图 8-79 所示。

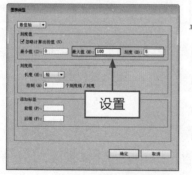

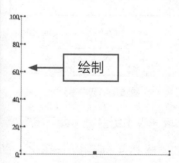

图 8-78 设置数值轴选项　　　　图 8-79 图表坐标轴

　　折线图表是通过线段表现数据数值随时间变化的趋势，它可以帮助用户把握事物发展的过程，分析变化趋势和辨别数据数值变化的特性。该类型的图表是将同项目的数据数值以点的方式在图表中表示，再通过线段将其连接。通过折线图表不仅能够纵向比较图表中各个横行的数据数值，还可以横向比较图表中的纵行数据数值。

**STEP 03** 单击图表数据框上的"导入数据"按钮 ▦，如图 8-80 所示。

**STEP 04** 弹出"导入图表数据"对话框，选择需要的文件，如图 8-81 所示。

图 8-80 单击"导入数据"按钮

图 8-81 选择需要的文件

STEP 05 单击"打开"按钮，即可将文件中的数据导入到图表数据框中，如图 8-82 所示。

STEP 06 单击数据框上的"应用"按钮 ✓，即可创建相应的折线图表，如图 8-83 所示。

图 8-82 导入数据

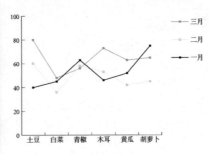

图 8-83 创建折线图表

## 8.3.4 编辑图表图形

对于创建不同类型的图表，不仅可以编辑图表的数据数值和图表的显示效果，还可以对不同类型图表的"图表类型"对话框中的参数进行设置与编辑（这里的参数设置是指该对话框中"选项"选项区中的参数设置）。

### 1．设置柱形图表和堆积柱形图表的参数选项

选取工具面板中的选择工具，在图形窗口中选择柱形图表或堆积形图表，单击"对象"|"图表"|"类型"命令，弹出"图表类型"对话框。在该对话框中，柱形图表和堆积图表的选项区中的参数相同，如图 8-84 所示。

该选项区中的参数含义如下：

＊ 列宽：用于设置柱形的宽度，其默认值为 90%。

＊ 簇宽度：用于设置一组范围内所有柱表的宽度总和。簇表示为应用于图表中的同类项目数值的一组柱形，其默认值为 80%。

### 2．设置条形图表与堆积条形图表的参数选项

在"图表类型"对话框中，条形图表与堆积条形图表的选项区中的参数相同，如图 8-85 所示。

图 8-84 柱形图表的选项区

图 8-85 条形图表的选项区

该选项区中的参数含义如下：

\* 条形宽度：用于设置条形的宽度，其默认值为 **90%**。

\* 簇宽度：用于设置一组范围内所有柱表的度宽总和。簇即表示为应用于图表中的同类项目数值的一组柱形，其默认值为 **80%**。

### 3．设置折线图表与雷达图表的参数选项

在"图表类型"对话框中，折线图表与雷达图表选项区中的参数相同，如图 8-86 所示。

该选项区中的参数含义如下：

\* 标记数据点：选中该复选框后，那么图表中的每个数据点将以一个矩形图表样式显示。

\* 连接数据点：选中该复选框，那么图表将以线段将各个数据点连接起来。

\* 线段边到边跨 X 轴：选中该复选框，那么图表中连接数据点的线段沿 X 轴方向从左至右延伸至图表 Y 轴所标记的数值纵轴末端。

\* 绘制填充线：只有在选中"连接数据点"复选框后，该选项才可用。选中该复选框，那么图表将以下方"线宽"文本框中设置的参数值改变所创建数据连接线的线宽大小。

图 8-86 折线图表与雷达图表的选项区

### 4．设置散点图表的参数选项

散点图表的"图表类型"对话框中的"选项"选项区中除了多了一个"线段边到边跨 X 轴"复选框外，其他参数和折线图表与雷达图表的参数完全相同。

### 5．设置饼形图表的参数选项

饼形图表的"图表选项"对话框中的选项区如图 8-87 所示。

图 8-87 饼形图表选项区

该选项区中的参数含义如下：

＊ 图例：单击其右侧的下拉按钮，在弹出的下拉列表中若选择"无图例"选项，图表将不会显示图例；若选择"标准图例"选项，则图表将图例与项目名称放置在图表的外侧；若选择"楔形图例"选项，则图表将项目名称放置在图表内，如图 8-88 所示。

＊ 排序：单击其右侧的下拉按钮，在弹出的下拉列表中若选择"无"选项，那么图表将完全按数据值输入的顺序顺时针排列在饼形中；若选择"第一个"选项，则图表将数据数值中最大数据比值放置在顺时针所排列的第一个位置，而其他数据数值将按照数据数值输入的顺序顺时针排列在饼形中；若选择"全部"选项，则图表将按照数据数值的大小顺序顺时针排列在饼形中。

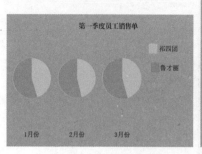
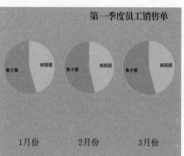

图 8-88 饼形图表显示模式

下面介绍编辑图表图形的操作方法。

| | | |
|---|---|---|
| 素材文件 | 光盘 \ 素材 \ 第 8 章 \8.3.4.ai | |
| 效果文件 | 光盘 \ 效果 \ 第 8 章 \8.3.4.ai | |
| 视频文件 | 光盘 \ 视频 \ 第 8 章 \8.3.4 编辑图表图形 .mp4 | |

【操练 + 视频】——编辑图表图形

**STEP 01** 单击"文件"｜"打开"命令，打开一幅素材图表，如图 8-89 所示。

**STEP 02** 使用选择工具 ⊾ 选择柱形图表，如图 8-90 所示。

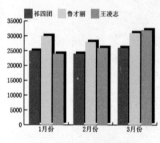
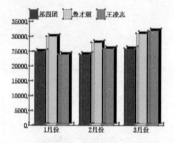

图 8-89 打开素材图表　　　　图 8-90 选择柱形图表

专家指点

　　除了饼形图表外，其他类型的图表都有一条数据坐标轴。在"图表类型"对话框中，使用"数值轴"中的选项可以指定数值坐标轴的位置。选择不同的图表类型，其"数值轴"下拉列表框中的选项会有所不同。

＊当选择柱形图表、堆积形图表、折线图表或面积图表时，可在"数值轴"下拉列表框中选择"位于左侧"、"位于右侧"、"位于两侧"3 个选项。选择不同的选项，创建的图表也各不相同。

＊当选择条形图表和堆积条形图表时，可在"数值轴"下拉列表框中选择"位于上侧"、"位于下侧"、"位于两侧"3 个选项。选择不同的选项，创建的图表也各不相同。

＊当选择散点图表时，可在"数值轴"下拉列表框中选择"位于左侧"和"位于两侧"2 个选项。选择不同的选项，创建的图表也各不相同。

> ✳ 当选择雷达图表时，"数值轴"下拉列表框中只有"位于每侧"选项。

**STEP 03** 单击鼠标右键，在弹出的快捷菜单中选择"类型"选项，在"图表类型"对话框的"选项"选项区中设置"列宽"为 50%，如图 8-91 所示。

**STEP 04** 单击"确定"按钮，即可将设置的选项应用于图表中，如图 8-92 所示。

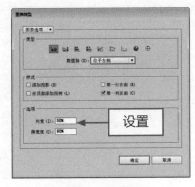

图 8-91 设置选项

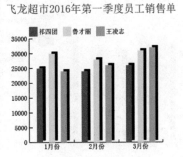

图 8-92 图表效果

## 8.3.5 修改图表数据

若要对已经创建的图表中的数据进行编辑修改，首先要使用工具面板中的选择工具将其选择，然后单击"对象"|"图表"|"数据"命令（或在图形窗口中单击鼠标右键，在弹出的快捷菜单中选择"数据"选项），此时将弹出该图表的相关数据输入框。可在该数据输入框中对数据进行修改，最后单击✔按钮，即可将修改的数据应用到选择的图表中。

若要调换图表的行/列，首先要使用工具面板中的选择工具在图形窗口中选择该图表，然后单击"对象"|"图表"|"数据"命令，弹出数据输入框，在该数据输入框中单击 ⊞ 按钮，最后单击✔按钮，即可调换选择图表的行/列，如图 8-93 所示。

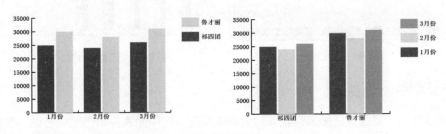

图 8-93 调换图表行/列

当对图表数据框中的数据进行更改后，若单击"恢复"按钮 ↺，即可将所有修改的数据恢复至修改前的数值。若已经应用于图表中，"恢复"按钮将无法应用。

下面介绍修改图表数据的操作方法。

| | | |
|---|---|---|
| 素材文件 | 光盘 \ 素材 \ 第 8 章 \8.3.5.ai | |
| 效果文件 | 光盘 \ 效果 \ 第 8 章 \8.3.5.ai | |
| 视频文件 | 光盘 \ 视频 \ 第 8 章 \8.3.5 修改图表数据 .mp4 | |

**STEP 01** 单击"文件"｜"打开"命令，打开一幅素材图表，如图 8-94 所示。

**STEP 02** 选中图表并单击鼠标右键，在弹出的快捷菜单中选择"数据"选项，弹出图表数据框，如图 8-95 所示。

图 8-94 打开素材图表

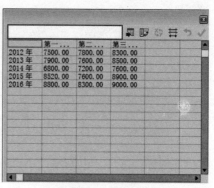

图 8-95 显示图表数据框

**STEP 03** 在图表数据框中选中需要更改数据的单元格，并在数值框中输入数值，如图 8-96 所示。

**STEP 04** 单击"应用"按钮 ✔，即可改变图表中的相应数据，如图 8-97 所示。

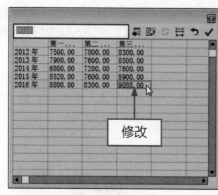

图 8-96 修改数据

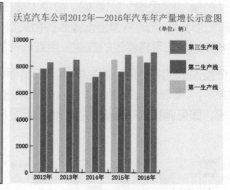

图 8-97 更改数据效果

## ◤ 8.3.6 转换图表类型

编辑图表操作主要通过"图表类型"对话框来实现：选中图表并单击鼠标右键，在弹出的快捷菜单中选择"类型"选项，或在图表工具上双击鼠标左键，都可以弹出"图表类型"对话框。

在该对话框中可以更改图表的类型，添加图表的样式，设置图表选项，以及对图表的坐标轴进行相应的设置。

下面介绍转换图表类型的操作方法。

| 素材文件 | 光盘 \ 素材 \ 第 8 章 \8.3.6.ai |
| --- | --- |
| 效果文件 | 光盘 \ 效果 \ 第 8 章 \8.3.6.ai |
| 视频文件 | 光盘 \ 视频 \ 第 8 章 \8.3.6 转换图表类型 .mp4 |

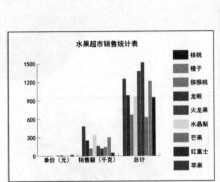

【操练 + 视频】——转换图表类型

**STEP 01** 单击"文件"|"打开"命令，打开一幅素材图表，如图 8-98 所示。

**STEP 02** 使用选择工具 选中柱形图表，单击"对象"|"图表"|"类型"命令，在弹出的"图表类型"对话框的"类型"选项区中，单击"折线图"按钮 ，如图 8-99 所示。

图 8-98 打开素材图表

图 8-99 单击"折线图"按钮

**STEP 03** 单击"确定"命令，即可更改图表的类型，如图 8-100 所示。

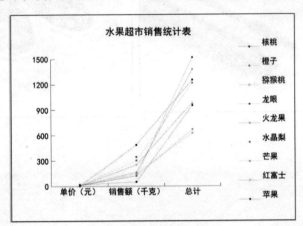

图 8-100 更改图表类型

# CHAPTER

## 呈现丰富的图形效果：
## 图层与蒙版

### 章前知识导读

在 Illustrator 中绘制复杂的图形时，使用图层可以将不同的对象分别放置在不同的图层中，从而很容易地对它们分别进行单独操作。蒙版是 Illustrator 中又一个能产生特效的方法，经常与图层一起配合使用，可以呈现出丰富的图形效果。

### 新手重点索引

   创建与编辑图层
   混合模式的使用方法
   图层蒙版的使用方法

# ▶ 9.1 创建与编辑图层

图层就像一叠含有不同图形图像的透明纸，按照一定的顺序叠放在一块，最终形成一幅完整的图形图像。

图层在图形处理中起着十分重要的作用，它可以将创建或编辑的不同图形通过图层进行管理，方便用户对图形的编辑操作，也可以使图形的效果更加丰富。

## ◢ 9.1.1 图层的创建

Illustrator CC 中的图层操作与管理主要是通过"图层"浮动面板来实现的。在绘制复杂的图形时，可以将不同的图形放置于不同的图层中，从而可以更加方便地对单独的图形进行编辑，也可以重新组织图形之间的显示顺序。

单击"窗口" | "图层"命令或按【F7】键，即可打开"图层"面板，如图 9-1 所示。

"图层"面板中的主要选项、图标和按钮含义如下：

\* 图层名称：每个图层在"图层"面板中都有一个名称，以方便用户进行区分。

\* 切换可视性图标👁：用于显示和隐藏图层。

\* 切换锁定图标🔒：若某个图层中显示该图标，即该图层属于锁定状态。

\* 建立 / 释放剪切蒙版▣|：单击该按钮，即可为当前所选图层中的对象创建或释放剪切蒙版。

\* 创建新子图层⬕|：单击该按钮，可在当前工作图层中添加新的子图层。

\* 创建新图层▣|：单击该按钮，即可在"图层"面板中创建一个新图层。

\* 删除所选图层🗑|：单击该按钮，即可删除当前选择的图层。

\* 面板菜单▤|：单击该按钮，弹出"图层"面板菜单，如图 9-2 所示。

图 9-1 "图层"面板

图 9-2 "图层"面板菜单

在 Illustrator 中，一个独立的图层可以包含多个子图层，若隐藏或锁定其主图层，那么该图层中所有子图层也将隐藏或锁定。

在 Illustrator CC 中，创建新图层的方法有 3 种，分别如下：

\* 单击"图层"面板底部的"创建新图层"按钮，即可快速地创建新图层。

＊按住【Alt】键的同时，单击"图层"面板底部的"创建新图层"按钮，弹出"图层选项"对话框，如图 9-3 所示。在该对话框中设置相应的选项，单击"确定"按钮，即可创建一个新的图层。

图 9-3 "图层选项"对话框

＊单击"图层"面板右上角的 按钮，在弹出的面板菜单中选择"新建图层"选项，弹出"图层选项"对话框。在该对话框中设置相应的选项，单击"确定"按钮，即可创建一个新图层。

下面介绍创建图层的具体操作方法。

| | 素材文件 | 光盘 \ 素材 \ 第 9 章 \9.1.1.ai |
|---|---|---|
| | 效果文件 | 光盘 \ 效果 \ 第 9 章 \9.1.1.ai |
| | 视频文件 | 光盘 \ 视频 \ 第 3 章 \9.1.1 图层的创建 .mp4 |

【操练＋视频】——图层的创建

STEP 01 单击"文件"｜"打开"命令，打开一幅素材图像，如图 9-4 所示。

STEP 02 单击"窗口"｜"图层"命令，调出"图层"面板，其中"图层 1"的预览框中显示了图像窗口中在该图层中的图形，如图 9-5 所示。

图 9-4 打开素材图像

图 9-5 "图层"面板

专家指点

在创建新图层时，若按住【Ctrl】键的同时，单击"创建新图层"按钮，可以在所有图层的上方新建一个图层；若按住【Alt ＋ Ctrl】组合键的同时单击"创建新图层"按钮，可以在所有选择的图层的下方新建一个图层。

STEP 03 将鼠标指针移至面板下方的"创建新图层"按钮 上，如图 9-6 所示。

STEP 04 单击鼠标左键即可创建一个新的图层，系统默认的名称为"图层 2"，如图 9-7 所示。

图 9-6 移动鼠标

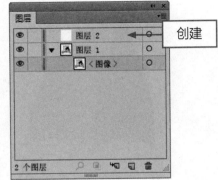

图 9-7 创建图层

## 9.1.2 图层的复制

若要复制"图层"面板中的某一图层,首先要对其进行选择,然后单击"图层"面板右侧的 按钮,在弹出的面板菜单中选择"复制图层"选项;或在选择该图层后,直接将其拖曳至"图层"面板底部的"创建新图层"按钮上,即可快速地复制选择的图层,如图 9-8 所示。

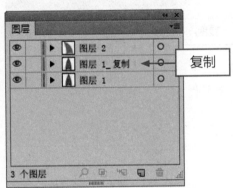

图 9-8 复制图层

使用"图层"面板复制的图层可以将原图层中的所有子图层毫无保留地复制到新的图层中。

复制的图层名称将在原图层名称后面加上"- 复制",若需要更改其名称,可在该图层上双击鼠标左键,在弹出的"图层选项"对话框的"名称"文本框中设置好所需的名称,单击"确定"按钮,即可更改该图层的名称。

下面介绍复制图层的操作方法。

| | 素材文件 | 光盘 \ 素材 \ 第 9 章 \9.1.2.ai |
|---|---|---|
| | 效果文件 | 光盘 \ 效果 \ 第 9 章 \9.1.2.ai |
| | 视频文件 | 光盘 \ 视频 \ 第 9 章 \9.1.2 图层的复制 .mp4 |

【操练 + 视频】——图层的复制

**STEP|01** 单击"文件"|"打开"命令,打开一幅素材图像,如图 9-9 所示。

**STEP|02** 单击"窗口"|"图层"命令,打开"图层"面板,如图 9-10 所示。

图 9-9 打开素材图像

图 9-10 "图层"面板

STEP 03 选中"图层2",单击面板右上角的 按钮,在弹出的面板菜单中选择"复制'图层2'"选项,"图层"面板即可显示复制的图层,如图 9-11 所示。

STEP 04 使用选择工具选择图像窗口中所复制的图形,并对其进行镜像操作,并调整图形在图像窗口中的位置和颜色,如图 9-12 所示。

复制

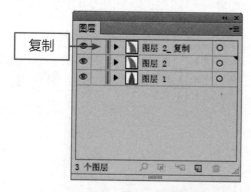

图 9-11 复制图层

调整

图 9-12 调整图形

专家指点

　　若需要设置图层选项,可在该图层上双击鼠标左键,弹出"图层选项"对话框,如图 9-13 所示。该对话框中的主要选项含义如下:

图 9-13 "图层选项"对话框

﹡ 名称:用于显示当前图层的名称,可在该文本框中为选择的图层重新命名。

* 颜色：在该下拉列表框中选择一种颜色，即可定义当前所选图层中被选择图形的变换控制框颜色。另外，若双击其右侧的颜色图标，将弹出"颜色"对话框，可在该对话框中选择或创建自定义的颜色，从而自定义当前所选图层中被选择图形的变换控制框颜色。

* 模板：选中该复选框，即可将当前图层转换为模板。当图层转换为模板后，其"切换可视性"图标 将显示为 ，同时该图层将被锁定，并且该图层名称的字体将呈倾斜状。

* 显示：选中该复选框，即可显示当前图层中的对象；若取消选择该复选框，将隐藏当前图层中的对象。

* 预览：选中该复选框，系统将以预览的形式显示当前工作图层中的对象；若取消选择该复选框，则以线条的形式显示当前图层中的对象，并且当前图层名称前面的 图标将变成 。

* 锁定：选中该复选框，将锁定当前图层中的对象，并在图层名称的前面显示锁定图标 。图层被锁定后，不可对其图形进行编辑或选择操作。

* 打印：选中该复选框，在输出打印时将打印当前图层中的对象；若取消选择该复选框，该图层中的对象将无法打印，并且该图层名称的字体将呈倾斜状。

* 变暗图像至：选中该复选框，可使当前图层中的图像变淡显示，其右侧的文本框用于设置图形变淡显示的程度。当然，"变暗图像至"选项只能使当前图层中的图形变淡显示，但在打印和输出时效果不会发生变化。

在绘制图形的过程中，某些图层中包含了子图层，若在子图层上双击鼠标左键，则会弹出"选项"对话框，在其中可以设置子图层的名称和显示等属性。

## 9.1.3 图层顺序的调整

图形窗口中的每个对象都位于所属的图层中，因此可以直接通过"图层"面板选择所需操作的对象。

若要选择图层中所包含的某一对象时，只需单击该对象所在图层名称右侧的 ○ 图标，即可选择该对象。选择的对象图层名称右侧的图标显示为 ◎，并且其后面将显示一个彩色方块 □，如图9-14所示。

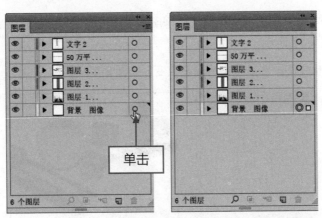

图 9-14 选择图层中的对象

除了可以在"图层"面板中选择单个对象外，还可以采用同样的操作方法选择面板中群组或整个主图层、次级主图层、子图层所包含的对象。

"图层"面板中的图层是按照一定的秩序进行排列的，图层排列的秩序不同，在图形窗口中所产生的效果也就不同。因此，在使用 Illustrator 绘制或编辑图层时经常需要移动图层，以根据需要来调整其排列秩序。

当选择图层中所包含的对象时，其右侧都将显示一个彩色方块▢，单击并拖曳该彩色方块在"图层"面板中任意上下移动，即可移动该图层对象的排列秩序。

在拖曳彩色方块▢至所需图层的位置时，若按住【Alt】键，可以复制的方式进行拖动操作；若按住【Ctrl】键，可以将其拖曳至锁定状态的主图层或次极图层、子图层和群组图层中。

下面介绍调整图层顺序的操作方法。

| 素材文件 | 光盘 \ 素材 \ 第 9 章 \9.1.3.ai |
|---|---|
| 效果文件 | 光盘 \ 效果 \ 第 9 章 \9.1.3.ai |
| 视频文件 | 光盘 \ 视频 \ 第 9 章 \9.1.3 图层顺序的调整 .mp4 |

【操练 + 视频】——图层顺序的调整

**STEP 01** 单击"文件" | "打开"命令，打开一幅素材图像，如图 9-15 所示。

**STEP 02** 打开"图层"面板，选择"图层 1"，如图 9-16 所示。

图 9-15 打开素材图像

图 9-16 选择图层

**STEP 03** 单击鼠标左键并向上拖曳，当拖曳至所需要的位置后释放鼠标，即可调整当前所选图层的排列秩序，如图 9-17 所示。

**STEP 04** 同时，画板中的图像效果也会随之改变，如图 9-18 所示。

图 9-17 调整图层排列秩序

图 9-18 图像效果

在文档中选择一个对象后，"图层"面板中该对象所在图层的缩览图右侧会显示一个 ▢图标，将该图标拖曳到其他图层，可以将当前选择的对象移动到目标图层中。

在"图层"面板中选择"图层 1"，单击该对象所在图层名称右侧的○图标，如图 9-19 所示。将"图层 1"右侧的▪图标拖曳到"图层 2"中，如图 9-20 所示，即可移动图层中的对象。

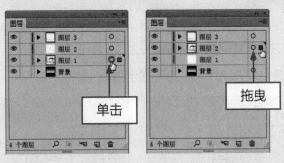

图 9-19 单击○图标　　图 9-20 拖曳▪图标

▪图标的颜色取决于当前图层的颜色，由于 Illustrator 会为不同的图层分配不同的颜色，因此将对象调整到其他图层后，该图标的颜色也会变为目标图层的颜色。

## 9.1.4 图层的显示与隐藏

为了便于在图形窗口中绘制或编辑具有多个元素的图形对象，用户可以通过隐藏图层的方法在图形窗口中隐藏图层中的图形对象。

### 1．隐藏图层

隐藏图层的方法有 3 种，分别如下：

* 在"图层"面板中单击需要隐藏的图层名称前面的"切换可视性"图标👁，即可快速隐藏该图层，并且隐藏的图层名称前面的👁图标将显示为▢。

* 在"图层"面板中选择不需要隐藏的图层，单击面板右上角的▪图按钮，在弹出的面板菜单中选择"隐藏其他图层"选项，即可隐藏未选择的图层。

* 在"图层"面板中选择不需要隐藏的图层，按住【Alt】键的同时单击该图层名称前面的"切换可视性"图标👁，即可隐藏除选择图层以外的图层。

### 2．显示隐藏的图层

显示隐藏的图层的方法有 3 种，分别如下：

* 若需要显示隐藏的图层，可在"图层"面板中单击其图层名称前面的"切换可视性"图标▢，即可显示该图层。

* 在"图层"面板中选择任一图层，单击面板右上角的▪图按钮，在弹出的面板菜单中选择"显示所有图层"选项，即可显示所有隐藏的图层。

* 在"图层"面板中，按住【Alt】键的同时在任一图层的"切换可视性"图标▢上单击鼠标左键，

即可显示所有隐藏的图层。

下面介绍显示与隐藏图层的操作方法。

| 素材文件 | 光盘 \ 素材 \ 第 9 章 \9.1.4.ai |
|---|---|
| 效果文件 | 无 |
| 视频文件 | 光盘 \ 视频 \ 第 9 章 \9.1.4 图层的显示与隐藏 .mp4 |

【操练＋视频】——图层的显示与隐藏

**STEP 01** 单击"文件"｜"打开"命令，打开一幅素材图像。打开"图层"面板，将鼠标指针移至"雨伞"图层左侧的"切换可视性"图标💿上，如图 9-21 所示。

**STEP 02** 单击鼠标左键，"切换可视性"图标显示为▓（如图 9-22 所示），表示该图层已被隐藏。

图 9-21 移动鼠标

图 9-22 隐藏图层

**STEP 03** 执行操作的同时，图像窗口中的图形也随之被隐藏，效果如图 9-23 所示。

**STEP 04** 在"雨伞"图层的"切换可视性"图标▓上单击鼠标左键，当"切换可视性"图标💿时即可显示该图层，如图 9-24 所示。

图 9-23 隐藏图层效果　　　　　　图 9-24 显示图层效果

## 9.1.5 对象的定位与锁定

在工作区中选择对象后，如果想要了解所选对象在"图层"目标中的位置，可单击定位对象按钮，或选择"图层"面板菜单中的"定位对象"选项。该选项对于定位复杂图稿，尤其是重叠图层中的对象非常有用。

在"图层"面板中选择相应的图层后单击"切换锁定"图标■，"切换锁定"图标显示为🔒，即该图层已被锁定。

下面介绍定位与锁定图层对象的操作方法。

| | 素材文件 | 光盘 \ 素材 \ 第 9 章 \9.1.5.ai |
|---|---|---|
| | 效果文件 | 光盘 \ 效果 \ 第 9 章 \9.1.5.ai |
| | 视频文件 | 光盘 \ 视频 \ 第 9 章 \9.1.5 对象的定位与锁定 .mp4 |

【操练 + 视频】——对象的定位与锁定

**STEP 01** 单击"文件" | "打开"命令，打开一幅素材图像，如图 9-25 所示。

**STEP 02** 使用选择工具选择相应的图形对象，如图 9-26 所示。

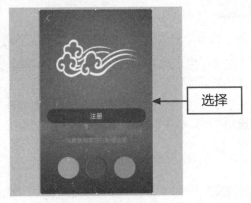

图 9-25 打开素材图像　　　　图 9-26 选择图形对象

**STEP 03** 打开"图层"面板，单击面板右上角的■按钮，在弹出的面板菜单中选择"定位对象"选项，如图 9-27 所示。

**STEP 04** 执行操作后，即可定位对象在"图层"面板中的位置，如图 9-28 所示。

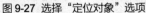

图 9-27 选择"定位对象"选项　　　　图 9-28 定位对象

**STEP 05** 将鼠标指针移至相应图层左侧的"切换锁定"图标■上，如图 9-29 所示。

**STEP 06** 单击鼠标左键，"切换锁定"图标显示为🔒，即该图层已被锁定，如图 9-30 所示。

图 9-29 移动鼠标　　　　　　图 9-30 锁定图层

## 9.1.6　将对象粘贴到原图层

　　若要将对象粘贴到原图层中，可以在"图层"面板菜单中选择"粘贴时记住图层"选项，然后进行粘贴操作，对象会粘贴至原图层中，而不管该图层在"图层"面板中是否处于选择状态。

　　下面介绍将对象粘贴到原图层的操作方法。

| 素材文件 | 光盘 \ 素材 \ 第 9 章 \9.1.6.ai |
| 效果文件 | 光盘 \ 效果 \ 第 9 章 \9.1.6.ai |
| 视频文件 | 光盘 \ 视频 \ 第 9 章 \9.1.6 将对象粘贴到原图层 .mp4 |

【操练 + 视频】——将对象粘贴到原图层

**STEP 01** 单击"文件"｜"打开"命令，打开一幅素材图像，如图 9-31 所示。

**STEP 02** 使用选择工具选择相应的图形对象，如图 9-32 所示。

图 9-31 打开素材图像　　　　　　图 9-32 选择图形对象

STEP 03 打开"图层"面板，单击面板右上角的 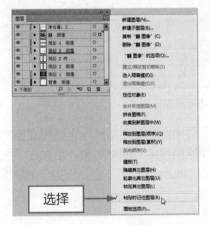 按钮，在弹出的面板菜单中选择"粘贴时记住图层"选项，如图 9-33 所示。

STEP 04 单击"编辑"|"复制"命令，如图 9-34 所示，复制所选的图形对象。

图 9-33 选择"粘贴时记住图层"选项 　　　　图 9-34 单击"复制"命令

STEP 05 单击"编辑"|"粘贴"命令，粘贴图形对象，适当调整其大小和位置，如图 9-35 所示。

STEP 06 展开"图层"面板，可以看到对象已被粘贴至原图层中，如图 9-36 所示。

图 9-35 粘贴图形对象

图 9-36 "图层"面板

专家指点

　　在使用 Illustrator CC 绘制或编辑图层时，过多的图层将占用许多内存资源，所以有时需要合并多个图层。在"图层"面板中选择多个需要合并的图层，单击面板右上角的 按钮，在弹出的面板菜单中选择"合并所选图层"选项，即可合并选择的图层。

## 9.1.7 图层的删除

　　对于"图层"面板中不需要的图层，可以在面板中快速地将其删除。删除图层的方法有两种，分别如下：

＊ 在"图层"面板中选择需要删除的图层（若需要删除多个图层，可按住【Ctrl】键的同时依次用鼠标选择附加的非相邻图层；若按住【Shift】键，则可用鼠标选择附加的相邻图层），单击"图层"面板底部的"删除图层"按钮 🗑 |，弹出提示信息框，如图 9-37 所示。单击"是"按钮，即可删除选择的图层。

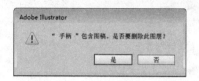

图 9-37　提示信息框

＊ 在"图层"面板中选择需要删除的图层，并用鼠标直接将其拖至面板底部的"删除图层"按钮上，即可快速地删除选择的图层。若需要删除图层中的图形对象，首先在"图层"面板中选择该图层对象，然后单击"删除图层"按钮，此时 Illustrator 将不会弹出提示信息框，而是即刻删除该图层对象。

下面介绍删除图层的操作方法。

| | | |
|---|---|---|
| 素材文件 | 光盘 \ 素材 \ 第 9 章 \9.1.7.ai | |
| 效果文件 | 光盘 \ 效果 \ 第 9 章 \9.1.7.ai | |
| 视频文件 | 光盘 \ 视频 \ 第 9 章 \9.1.7　图层的删除 .mp4 | |

【操练 + 视频】——图层的删除

STEP 01 单击"文件"｜"打开"命令，打开一幅素材图像，如图 9-38 所示。

STEP 02 打开"图层"面板，选中需要删除的图层，单击"删除所选图层"按钮 🗑 |，如图 9-39 所示。

 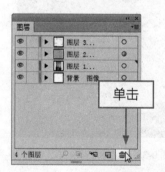

图 9-38　打开素材图像　　图 9-39　单击"删除所选图层"按钮

专家指点

若想显示隐藏图层中的对象，可以单击"图层"面板右上角的 按钮，在弹出的面板菜单中选择"面板选项"选项，然后在弹出的"图层面板选项"对话框中取消选择"仅显示图层"复选框即可。

STEP 03 弹出提示信息框，单击"是"按钮，即可删除选择的图层，如图 9-40 所示。

STEP 04 执行操作后，图像窗口中的图形也随之删除，如图 9-41 所示。

| 图 9-40　删除图层 | 图 9-41　删除图形 |

　　选择图形或图像后，可以在"透明度"面板中设置它的混合模式和不透明度。混合模式决定了当前对象与它下面的对象堆叠时是否混合，以及采用什么方式混合。

### ◢ 9.2.1　变暗与变亮

　　"变暗"与"变亮"是两种效果恰好相反的混合模式，运用这两种混合模式时应当注意它们不是图形之间的色彩混合后的效果。因此，在绘制图形时要把握好图形的色彩明度。

　　下面介绍使用"变暗"与"变亮"混合模式的操作方法。

| 素材文件 | 光盘\素材\第9章\9.2.1.ai |
|---|---|
| 效果文件 | 光盘\效果\第9章\9.2.1.ai |
| 视频文件 | 光盘\视频\第9章\9.2.1 变暗与变亮.mp4 |

**【操练+视频】——变暗与变亮**

STEP 01 单击"文件"｜"打开"命令，打开一幅素材图像，选择相应的图形，如图 9-42 所示。

STEP 02 单击"窗口"｜"透明度"命令，调出"透明度"浮动面板，单击"混合模式"下拉按钮 ，在弹出的下拉列表框中选择"变暗"选项，如图 9-43 所示。

| 图 9-42　打开素材图像 | 图 9-43　选择"变暗"选项 |

**STEP|03** 执行操作后，所选择的图形在图像窗口中的效果也随之改变，效果如图 9-44 所示。

**STEP|04** 选择图形，选择"变亮"混合模式选项，即可得到另一个不同的图像效果，如图 9-45 所示。

图 9-44 "变暗"混合模式效果　　　图 9-45 "变亮"混合模式效果

专家指点

　　"颜色加深"可以降低颜色的亮度，而"颜色减淡"则可以提高颜色的亮度。在混合模式的操作过程中，"颜色加深"可以将所选择的图形根据图形的颜色灰度而变暗，在与其他图形相融合过程中会降低所选图形的亮度，如图 9-46 所示。

　　"颜色减淡"可以将所选图形与其下方的图形进行颜色混合，从而增加色彩饱和度，会使图形的整体颜色色调变亮，如图 9-47 所示。

图 9-46 "颜色加深"混合模式效果　　　图 9-47 "颜色减淡"混合模式效果

## 9.2.2 正片叠底与叠加

　　使用"正片叠底"混合模式可以使所选择的图形颜色比原图形颜色 暗，而"叠加"混合模式可以使所选择的图形的亮部颜色变得更亮，而暗部颜色变得暗淡。

　　下面介绍使用"正片叠底"与"叠加"混合模式的操作方法。

| 素材文件 | 光盘 \ 素材 \ 第 9 章 \9.2.2.ai |
|---|---|
| 效果文件 | 光盘 \ 效果 \ 第 9 章 \9.2.2.ai |
| 视频文件 | 光盘 \ 视频 \ 第 9 章 \9.2.2 正片叠底与叠加 .mp4 |

【操练 + 视频】——正片叠底与叠加

STEP 01 单击"文件"｜"打开"命令，打开一幅素材图像，如图 9-48 所示。

STEP 02 使用选择工具选择图像窗口中需要进行混合模式设置的图形，利用"透明度"浮动面板，在"混合模式"下拉列表框中选择"正片叠底"选项，所选图形在图像窗口中的效果也随之改变，如图 9-49 所示。

图 9-48 打开素材图像　　　　　　图 9-49 "正片叠底"混合模式

STEP 03 选择图形，选择"叠加"混合模式选项，即可得到另一个不同的图像效果，如图 9-50 所示。

图 9-50 "叠加"混合模式

### 9.2.3 柔光与强光

使用"柔光"混合模式时，若选择的图形颜色超过 50% 的灰色，则下方的图形颜色变暗；若低于 50% 的灰色，则可以使下方的图形颜色变亮。

使用"强光"混合模式时，若选择的图形颜色超过 50% 的灰色，则下方的图形颜色变亮；若低于 50% 的灰色，则可以使下方的图形颜色变暗。

下面介绍使用"柔光"与"强光"混合模式的操作方法。

| 素材文件 | 光盘 \ 素材 \ 第 9 章 \9.2.3.ai |
|---|---|
| 效果文件 | 光盘 \ 效果 \ 第 9 章 \9.2.3.ai |
| 视频文件 | 光盘 \ 视频 \ 第 9 章 \9.2.3 柔光与强光 .mp4 |

**【操练 + 视频】——柔光与强光**

`STEP 01` 单击"文件"｜"打开"命令，打开一幅素材图像，如图 9-51 所示。

`STEP 02` 选取工具面板中的矩形工具，在"颜色"面板中设置 CMYK 参数值为 0%、100%、0%、0%，在图像窗口中绘制一个合适的矩形图形，并选择该图形，如图 9-52 所示。

图 9-51 打开素材图像　　　　图 9-52 绘制并选择矩形图形

`STEP 03` 在"透明度"面板的"混合模式"下拉列表框中选择"柔光"选项，所选图形在图像窗口中的效果也随之改变，如图 9-53 所示。

`STEP 04` 选择图形，在"透明度"面板的"混合模式"下拉列表框中选择"强光"选项，即可得到另一个不同的图像效果，如图 9-54 所示。

图 9-53 "柔光"混合模式效果　　　　图 9-54 "强光"混合模式效果

## 9.2.4 明度与混色

"明度"主要是将选择的图形与其下方图形两者的颜色色相、饱和度进行混合。若选择的图形和其下方图形的颜色色调都较暗，则混合效果也会较暗。

"混色"主要是将选择的图形与其下方图形两者的颜色色相、饱和度进行互换。若下方图形颜色为灰度，进行"混色"混合后下方图形将无任何变化。

下面介绍使用"明度"与"混色"混合模式的操作方法。

| 素材文件 | 光盘\素材\第 9 章\9.2.4.ai |
|---|---|
| 效果文件 | 光盘\效果\第 9 章\9.2.4.ai |
| 视频文件 | 光盘\视频\第 9 章\9.2.4 明度与混色 .mp4 |

【操练 + 视频】——明度与混色

**STEP 01** 单击"文件"｜"打开"命令，打开一幅素材图像，如图 9-55 所示。

**STEP 02** 运用选择工具选择图像中的正圆形对象，如图 9-56 所示。

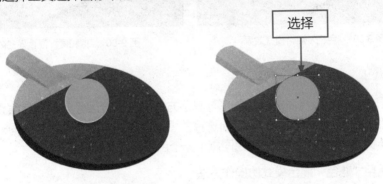

图 9-55 打开素材图像　　　　图 9-56 选择圆形对象

**STEP 03** 选择所绘制的图形，在"透明度"浮动面板的"混合模式"下拉列表框中选择"明度"选项，所选图形在图像窗口中的效果也随之改变，如图 9-57 所示。

**STEP 04** 选择图形，选择"混色"混合模式选项，即可得到另一个不同的图像效果，如图 9-58 所示。

图 9-57 "明度"混合模式效果　　　图 9-58 "混色"混合模式效果

## 9.2.5 色相与饱和度

"色相"混合模式是采用底色的亮度、饱和度以及绘图色的色相来创建最终色，"饱和度"混合模式与"色相"混合模式的混合方式相似。

单击"文件"｜"打开"命令，打开一幅素材图像。在"透明度"浮动面板的"混合模式"

下拉列表框中选择"色相"选项，所选图形在图像窗口中的效果也随之改变，如图 9-59 所示。选择图形，选择"饱和度"混合模式选项，即可得到另一个不同的图像效果，如图 9-60 所示。

图 9-59 "色相"混合模式效果

图 9-60 "饱和度"混合模式效果

## 9.2.6 滤色

"滤色"混合模式可以将所选择的图形与其下方的图形进行层叠，从而使层叠区域变亮，同时会对混合图形的色调进行均匀处理。若所选择的图形与其下方的图形颜色为同一色系，层叠的区域明度会有所提高，但也会与图形颜色同属于一个色系。

下面介绍使用"滤色"混合模式的操作方法。

| | 素材文件 | 光盘 \ 素材 \ 第 9 章 \9.2.6.ai |
|---|---|---|
| | 效果文件 | 光盘 \ 效果 \ 第 9 章 \9.2.6.ai |
| | 视频文件 | 光盘 \ 视频 \ 第 9 章 \9.2.6 滤色 .mp4 |

【操练 + 视频】——滤色

STEP 01 单击"文件"｜"打开"命令，打开一幅素材图像，如图 9-61 所示。

STEP 02 在图像窗口中选择需要进行混合模式设置的图形，在"透明度"浮动面板的"混合模式"下拉列表框中选择"滤色"选项，所选图形在图像窗口中的效果也随之改变，如图 9-62 所示。

图 9-61 打开素材图像

图 9-62 "滤色"混合模式效果

应用"差值"混合模式时，若选择的对象的颜色色调为白色，将会反相其下方对象的色调颜色；若选择的对象色调为黑色，将不会反相其下方对象的色调颜色；若选择的对象色调为白色与黑色之间的灰色，将按该颜色色调的程度进行相对应的反相，如图9-63所示。

图 9-63 "差值"混合模式效果

设置"排除"混合模式后，若所选择的图形为黑色，则图形下方的图形颜色与下方原图形颜色的互补色相近，效果如图 9-64 所示。

图 9-64 "排除"混合模式效果

# ▶ 9.3 图层蒙版的使用方法

蒙版在英文中的拼写是 MASK（面具），它的工作原理与面具一样，可以把图像中不想看到的地方遮挡起来，只透过蒙版的形状来显示想要看到的部分。更准确地说，蒙版可以裁切图形中的部分线稿，从而只有一部分线稿可以透过创建的一个或者多个形状显示。

## ◢ 9.3.1 创建与编辑蒙版

蒙版可以用线条、几何形状及位图图像来创建，也可以通过复合图层和文字来创建，它可以是由单个路径或复合路径构成。

在 Illustrator CC 中，可通过单击"对象"｜"剪切蒙版"｜"建立"命令对图形进行遮挡，从而达到创建蒙版的效果。

创建蒙版除了使用命令外，也可以在选择需要建立剪切蒙版的图形后，在图像窗口中单击鼠标右键，在弹出的快捷菜单中选择"建立剪切蒙版"选项，即可创建剪切蒙版。

若对创建的蒙版位置不满意，首先使用工具面板中的直接选择工具在图形窗口中选择该蒙版，然后直接将其拖曳至所需的位置即可，而且其下方的对象不会发生变化。也可以选择创建剪切蒙版的图形，调整其位置或路径形状，从而改变蒙版的效果。

下面介绍创建与编辑蒙版的操作方法。

| | 素材文件 | 光盘\素材\第 9 章\9.3.1.ai |
|---|---|---|
| | 效果文件 | 光盘\效果\第 9 章\9.3.1.ai |
| | 视频文件 | 光盘\视频\第 9 章\9.3.1 创建与编辑蒙版 .mp4 |

**【操练＋视频】——创建与编辑蒙版**

**STEP 01** 单击"文件"｜"打开"命令，打开两幅素材图像，如图 9-65 所示。

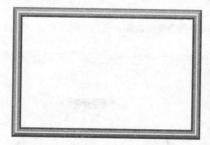

图 9-65 打开素材图像

**STEP 02** 将相框素材图像复制到风景素材图像的文档中，并调整相框与风景素材的大小与位置，如图 9-66 所示。

**STEP 03** 选取工具面板中的矩形工具，设置"填色"为"无"、"描边"为"无"，在图像窗口中绘制一个与相框一样大小的矩形图形，如图 9-67 所示。

图 9-66 调整图形

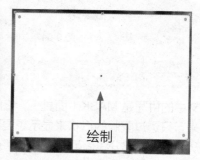

图 9-67 绘制白色矩形

**STEP 04** 将图像窗口中的图形全部选中，如图 9-68 所示。

**STEP 05** 单击"对象"｜"剪切蒙版"｜"建立"命令，即可为图像创建剪切蒙版，如图 9-69 所示。

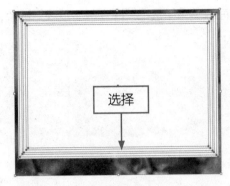

图 9-68 全部选中图形　　　　　　　　　　　图 9-69 创建剪切蒙版

**STEP 06** 使用直接选择工具选择图像窗口中需要编辑的锚点，如图 **9-70** 所示。

**STEP 07** 单击鼠标左键并拖曳，即可修改图形形状，如图 **9-71** 所示。

图 9-70　选择锚点　　　　　　　　　　图 9-71　修改图形形状

**STEP 08** 采用同样的方法修改其他图形形状，效果如图 **9-72** 所示。

图 9-72　图像效果

## ◢ 9.3.2　通过文字创建蒙版

　　使用文字创建蒙版可以制作出一些意想不到的效果，如图 **9-73** 所示。创建蒙版的图形通常位于图像窗口中的最顶层，它可以是单一的路径，也可以是复合路径。选择需要创建蒙版的图形后，单击"图层"面板右上角的 ■ 按钮，在弹出的面板菜单中选择"建立剪切蒙版"选项，也可以为图形创建文字剪切蒙版。

图 9-73 使用文字创建的蒙版效果

下面介绍通过文字创建蒙版的操作方法。

| | 素材文件 | 光盘 \ 素材 \ 第 9 章 \9.3.2.ai |
|---|---|---|
| | 效果文件 | 光盘 \ 效果 \ 第 9 章 \9.3.2.ai |
| | 视频文件 | 光盘 \ 视频 \ 第 9 章 \9.3.2 通过文字创建蒙版 .mp4 |

【操练 + 视频】——通过文字创建蒙版

**STEP 01** 单击"文件"｜"打开"命令，打开一幅素材图像，如图 9-74 所示。

**STEP 02** 按【Ctrl + A】组合键，选择图像窗口中的所有图形，如图 9-75 所示。

图 9-74 打开素材图像　　　　　图 9-75 选择所有图形

**STEP 03** 单击"对象"｜"剪切蒙版"｜"建立"命令，如图 9-76 所示。

**STEP 04** 执行操作后，即可创建文字剪切蒙版，效果如图 9-77 所示。

图 9-76 单击"建立"命令　　　　　图 9-77 创建文字剪切蒙版

### 9.3.3 不透明蒙版

若想创建的不透明蒙版达到良好的图像效果，那么所绘制的图形填充为黑白色是最佳选择。若图形的颜色为黑色，则图像呈完全透明状态；若图形的颜色为白色，则图像呈半透明状态。图形的灰色度越高，则图像就越透明。

下面介绍创建不透明蒙版的操作方法。

| | | |
|---|---|---|
| 素材文件 | 光盘 \ 素材 \ 第 9 章 \9.3.3.ai |
| 效果文件 | 光盘 \ 效果 \ 第 9 章 \9.3.3.ai |
| 视频文件 | 光盘 \ 视频 \ 第 9 章 \9.3.3 不透明蒙版 .mp4 |

【操练 + 视频】——不透明蒙版

STEP 01 单击"文件"｜"打开"命令，打开一幅素材图像，如图 9-78 所示。

STEP 02 选取工具面板中的椭圆工具 ◯，在图像窗口中的合适位置绘制一个椭圆形，如图 9-79 所示。

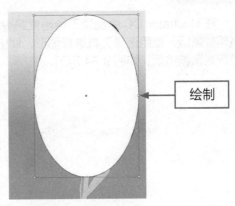

绘制

图 9-78 打开素材图像　　　　图 9-79 绘制椭圆

STEP 03 展开"渐变"面板，设置"渐变填充"为 Black,White Radial、"类型"为"径向"。单击"反向渐变"按钮 ⬛，使填充的渐变色进行反向，如图 9-80 所示。

STEP 04 选择图像窗口中的所有图形，如图 9-81 所示。

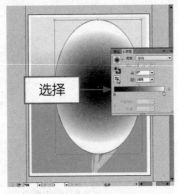

选择

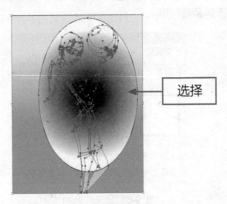

选择

图 9-80 设置渐变填充　　　　图 9-81 选择所有图形

展开"透明度"面板，单击面板右上角的 ▤ 按钮，在弹出的面板菜单中选择 "建立不透明蒙版"选项，如图 9-82 所示。

**STEP 06** 执行操作后，即可为图像创建不透明蒙版，效果如图 9-83 所示。

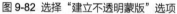

图 9-82 选择"建立不透明蒙版"选项　　图 9-83 创建不透明蒙版

---

**专家指点**

在 Illustrator CC 中创建不透明度蒙版后，可以通过"透明度"面板来停用和激活不透明度蒙版。使用选择工具选择图形，调出"透明度"面板，按住【Shift】键的同时单击蒙版对象缩览图，如图 9-84 所示。

图 9-84 单击蒙版对象缩览图

执行操作后，蒙版缩览图上会显示一个红色的"×"，如图 9-85 所示。同时，即可停用蒙版，效果如图 9-86 所示。要激活不透明蒙版，可以按住【Shift】键的同时单击蒙版对象缩览图。

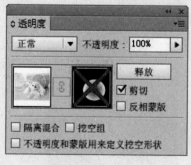

图 9-85 显示红色的"×"　　　　　　图 9-86 停用蒙版

## ◢ 9.3.4 反相蒙版

反相蒙版与不透明蒙版相似,建立反相蒙版图形的白色区域可以将其下方的图形遮盖,而黑色区域下方的图形,则呈完全透明状态。

在创建不透明蒙版和反相蒙版后,选择所建立蒙版的图形,"透明度"面板中的"剪切"和"反相"复选框呈选中状态。若取消复选框的选中状态,则可以取消剪切蒙版和反相蒙版,但不透明蒙版不会取消,除非单击面板右上角的按钮,在弹出的面板菜单中选择"释放不透明蒙版"选项。

下面介绍创建反相蒙版的操作方法。

| | 素材文件 | 光盘\素材\第9章\9.3.4.ai |
|---|---|---|
| | 效果文件 | 光盘\效果\第9章\9.3.4.ai |
| | 视频文件 | 光盘\视频\第9章\9.3.4 反相蒙版.mp4 |

【操练+视频】——反相蒙版

**STEP 01** 单击"文件"│"打开"命令,打开两幅素材图像,如图9-87所示。

图9-87 打开素材图像

**STEP 02** 将背景素材图像复制到人物素材图像的文档中,并调整背景与人物素材的位置,如图9-88所示。

**STEP 03** 将图像窗口中的图形全部选中后,展开"透明度"面板,单击面板右上角的■按钮,在弹出的面板菜单中选择"新建不透明蒙版为反相蒙版"选项;再次单击面板右上角的■按钮,在面板菜单中选择"建立不透明蒙版"选项,即可为图像创建反相蒙版,如图9-89所示。

图9-88 拖入素材图像          图9-89 创建反相蒙版

### 9.3.5 释放蒙版

若对创建的蒙版效果不满意，需要重新对蒙版中的对象进一步进行编辑时，就需要先释放蒙版效果，才可对对象进行编辑。

释放蒙版效果的方法有 6 种，分别如下：

﹡方法 1：选取工具面板中的选择工具，在图形窗口中选择需要释放的蒙版，单击"图层"面板底部的"建立 / 释放剪切蒙版"按钮，即可释放创建的剪切蒙版。

﹡方法 2：选取工具面板中的选择工具，在图形窗口中选择需要释放的蒙版，在窗口中的任意位置单击鼠标右键，在弹出的快捷菜单中选择"释放剪切蒙版"选项，即可释放创建的剪切蒙版。

﹡方法 3：选取工具面板中的选择工具，在图形窗口中选择需要释放的蒙版，单击"对象"｜"剪切蒙版"｜"释放"命令，即可释放创建的剪切蒙版。

﹡方法 4：选取工具面板中的选择工具，选择需要释放剪切蒙版的图形，按【Alt + Ctrl + 7】组合键，即可释放蒙版。

﹡方法 5：选取工具面板中的选择工具，选择需要释放剪切蒙版的图形，单击"图层"面板右上角的按钮，在弹出的面板菜单中选择"释放剪切蒙版"选项，即可释放蒙版。

﹡方法 6：对于不透明蒙版，可以在图形窗口中选择需要释放的蒙版，单击"透明度"面板中的"释放"按钮，即可释放创建的不透明蒙版，如图 9-90 所示。

图 9-90 释放蒙版

### 9.3.6 取消不透明蒙版链接

创建不透明度蒙版后，在"透明度"面板中蒙版对象与被蒙版的对象之间有一个链接图标，它表示蒙版与被其遮罩的对象保持链接，此时移动、选择或变换对象时蒙版会同时变换因此被遮罩的区域不会改变。

下面介绍取消不透明蒙版链接的操作方法。

| | 素材文件 | 光盘 \ 素材 \ 第 9 章 \9.3.6.ai |
|---|---|---|
| | 效果文件 | 光盘 \ 效果 \ 第 9 章 \9.3.6.ai |
| | 视频文件 | 光盘 \ 视频 \ 第 9 章 \9.3.6 取消不透明蒙版链接 .mp4 |

**STEP 01** 单击"文件"｜"打开"命令，打开一幅素材图像，如图 9-91 所示。

**STEP 02** 使用选择工具选择中图形，调出"透明度"面板，单击"指示不透明蒙版链接到图稿"图标 🔗，如图 9-92 所示。

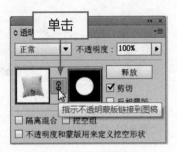

图 9-91 打开素材图像　　　　　　图 9-92 "透明度"面板

**STEP 03** 执行操作后，即可取消链接，如图 9-93 所示。

**STEP 04** 在文档中适当调整对象的位置，效果如图 9-94 所示。

图 9-93 取消链接　　　　　　图 9-94 调整对象位置

## 9.3.7 剪切不透明蒙版

在默认情况下，新创建的不透明蒙版为剪切状态，即蒙版对象以外的内容都被剪切掉了，此时在"透明度"面板中"剪切"选项为选择状态。

若取消"剪切"选项的选中状态，可在遮盖对象的同时让蒙版对象以外的内容显示出来。

下面介绍剪切不透明蒙版的操作方法。

| | 素材文件 | 光盘 \ 素材 \ 第 9 章 \9.3.7.ai |
| --- | --- | --- |
| | 效果文件 | 光盘 \ 效果 \ 第 9 章 \9.3.7.ai |
| | 视频文件 | 光盘 \ 视频 \ 第 9 章 \9.3.7 剪切不透明蒙版 .mp4 |

**STEP 01** 单击"文件"｜"打开"命令，打开一幅素材图像，如图 9-95 所示。

**STEP 02** 使用选择工具选择图形，调出"透明度"面板，如图 9-96 所示。

图 9-95 打开素材图像　　　　　　　　　图 9-96 "透明度"面板

**STEP 03** 取消选择"剪切"复选框，如图 9-97 所示。

**STEP 04** 执行操作后，即可显示蒙版对象以外的内容，效果如图 9-98 所示。

图 9-97 取消选择"剪切"复选框　　　　图 9-98 显示蒙版对象以外的内容

专家指点

　　在默认情况下，蒙版对象中的白色区域会完全显示下面的对象，黑色区域会完全遮盖下面的对象，灰色区域会使对象呈现透明效果，如图 9-99 所示。

图 9-99 默认的蒙版显示效果

若在"透明度"面板中选中"反相蒙版"复选框，可以反相蒙版的明度值，如图9-100所示；若取消选择"反相蒙版"复选框，可以将蒙版恢复为正常状态。

图 9-100 反相蒙版

# CHAPTER

## 让绘图更简单、
## 精彩：画笔与符号

### 章前知识导读

　　画笔工具和"画笔"面板是 Illustrator 中可以实现绘画效果的主要工具。符号工具可以方便、快捷地生成很多相似的图形实例，也是应用比较广泛的工具之一。

### 新手重点索引

　　✎ 画笔
　　✎ 符号

# ➡ 10.1 画笔

Illustrator CC 中的画笔工具是一个非常奇妙的工具。使用该工具可以实现模拟画家所用的不同形状的笔刷，在指定的路径周围均匀地分布指定的图案等功能，从而使用户能够充分展示自己的艺术构思，表达自己的艺术思想。同时，熟练地使用"画笔"面板可以给所需要的路径或图形添加一些画笔笔触，从而达到丰富路径和图形的目的。

## ◢ 10.1.1 使用画笔绘制图形

在"画笔"面板中，提供了包括点状、书法效果、图案和线条画笔 4 种类型的画笔笔触，通过组合使用这几种画笔笔触可以得到千变万化的图形效果。选取画笔工具 ✐，在"画笔"面板中选择一种画笔，单击并拖曳鼠标可绘制线条，并对路径应用画笔描边。若要绘制闭合路径，可以在绘制的过程中按住【Alt】键（鼠标指针会变为 ○ 形状），然后放开鼠标按键。

下面介绍使用画笔绘制图形的操作方法。

| | 素材文件 | 光盘 \ 素材 \ 第 10 章 \10.1.1.ai |
|---|---|---|
| | 效果文件 | 光盘 \ 效果 \ 第 10 章 \10.1.1.ai |
| | 视频文件 | 光盘 \ 视频 \ 第 10 章 \10.1.1 使用画笔绘制图形 .mp4 |

【操练 + 视频】——使用画笔绘制图形

**STEP 01** 单击"文件"｜"打开"命令，打开一幅素材图像，如图 10-1 所示。

**STEP 02** 使用画笔工具 ✐，在控制面板中设置"描边粗细"为 2pt，如图 10-2 所示。

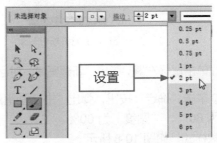

图 10-1 打开素材图像　　　　　　　　　图 10-2 设置"描边粗细"

**STEP 03** 打开"画笔"面板，选择相应的画笔类型，如图 10-3 所示。

**STEP 04** 选取画笔工具绘制图形，效果如图 10-4 所示。

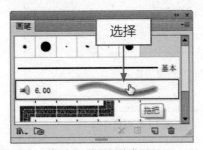

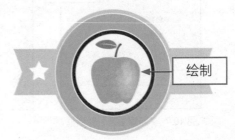

图 10-3 选择画笔类型　　　　　　　　　图 10-4 绘制图形

## 10.1.2 创建画笔

使用工具面板中的画笔工具可以创建不同笔触的路径效果，如使用画笔工具可以创建书法画笔、散点画笔、艺术形式的画笔和图案画笔等。

下面介绍创建画笔的操作方法。

| 素材文件 | 光盘 \ 素材 \ 第 10 章 \10.1.2.ai |
| 效果文件 | 光盘 \ 效果 \ 第 10 章 \10.1.2.ai |
| 视频文件 | 光盘 \ 视频 \ 第 10 章 \10.1.2 创建画笔 .mp4 |

【操练 + 视频】——创建画笔

STEP 01 单击"文件"｜"打开"命令，打开一幅素材图像，如图 10-5 所示。

STEP 02 单击"窗口"｜"画笔"命令，调出"画笔"浮动面板，将鼠标指针移至面板下方的"新建画笔"按钮 上，如图 10-6 所示。

图 10-5 打开素材图像

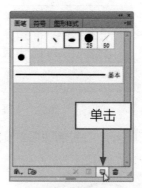

图 10-6 移动鼠标

STEP 03 单击鼠标左键，弹出"新建画笔"对话框，选中"书法画笔"单选按钮，如图 10-7 所示。

STEP 04 单击"确定"按钮，弹出"书法画笔选项"对话框，设置"名称"为"书法画笔 1"、"角度"为 60°、"圆度"为 60%、"大小"为 10pt，在画笔形状编辑器中可以预览设置的书法画笔笔触样式，如图 10-8 所示。

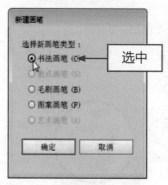

图 10-7 "新建画笔"对话框

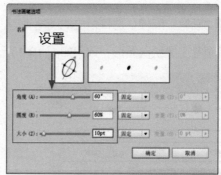

图 10-8 设置选项

STEP 05 单击"确定"按钮，即可将所创建的"书法画笔 1"的画笔笔触添加到"画笔"浮动面板中。将鼠标指针移至"书法画笔 1"画笔笔触上（如图 10-9 所示），单击鼠标左键即可选中该画笔笔触。

**STEP 06** 选取工具面板中的画笔工具 ✐，在控制面板上设置"填色"为"无"、"描边"为黄色（#E67A2E）、"描边粗细"为 5pt。将鼠标指针移至图像窗口中的合适位置后单击鼠标左键，即可将该画笔笔触应用于图像窗口中，根据图像的需要应用画笔笔触，可以绘制出美观的图像效果，如图 10-10 所示。

图 10-9 添加画笔笔触　　　　图 10-10 图像效果

## 10.1.3 使用画笔库

画笔库是 Illustrator 提供的一组预设画笔。单击"画笔"面板中的"'画笔库'菜单"按钮 ▣·，或执行"窗口"|"画笔库"命令，在打开的下拉菜单中可以选择画笔库。

下面介绍使用画笔库的操作方法。

| | 素材文件 | 光盘 \ 素材 \ 第 10 章 \10.1.3.ai |
|---|---|---|
| | 效果文件 | 光盘 \ 效果 \ 第 10 章 \10.1.3.ai |
| | 视频文件 | 光盘 \ 视频 \ 第 10 章 \10.1.3 使用画笔库 .mp4 |

【操练＋视频】——使用画笔库

**STEP 01** 单击"文件"|"打开"命令，打开一幅素材图像，如图 10-11 所示。

**STEP 02** 单击"画笔"浮动面板右上角的 ▤ 按钮，在弹出的面板菜单中选择"打开画笔库"|"Wacom 6D 画笔"|"6d 艺术钢笔画笔"选项，即可弹出"6d 艺术钢笔画笔"浮动面板，将鼠标指针移至"6d 散点画笔 1"画笔笔触上单击鼠标左键，如图 10-12 所示。

图 10-11 打开素材图像

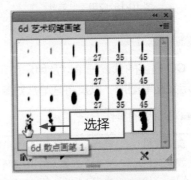

图 10-12 选择画笔笔触

**STEP 03** 执行操作后，该画笔笔触即可添加到"画笔"浮动面板中。选中所添加的"6d 散点画笔 1"画笔笔触，如图 10-13 所示。

**STEP 04** 选取工具面板中的画笔工具 ✏，在控制面板上设置"填色"为"无"、"描边"为白色、"描边粗细"为 2pt、"不透明度"为 90%，如图 10-14 所示。

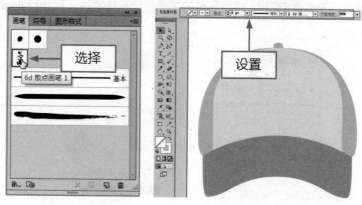

图 10-13  添加画笔笔触          图 10-14  设置画笔笔触

**STEP 05** 将鼠标指针移至图像窗口中的合适位置单击鼠标左键，即可将该画笔笔触应用于图像窗口中，如图 10-15 所示。

**STEP 06** 采用同样的方法，根据图像的需要合理地应用画笔笔触，即可制作出更加美观的图像效果，如图 10-16 所示。

图 10-15  应用画笔笔触          图 10-16  图像效果

## 10.1.4  编辑画笔

Illustrator CC 提供的预设画笔以及用户自定义的画笔都可以进行修改，包括缩放、替换和更新图形，重新定义画笔图形，以及将画笔从对象中删除等。

下面介绍编辑画笔的操作方法。

| | | |
|---|---|---|
| | 素材文件 | 光盘 \ 素材 \ 第 10 章 \10.1.4.ai |
| | 效果文件 | 光盘 \ 效果 \ 第 10 章 \10.1.4.ai |
| | 视频文件 | 光盘 \ 视频 \ 第 10 章 \10.1.4 编辑画笔 .mp4 |

STEP 01 单击"文件"｜"打开"命令，打开一幅素材图像，如图 10-17 所示。

STEP 02 使用选择工具 选择添加了画笔描边的对象，如图 10-18 所示。

图 10-17 打开素材图像　　　　　　图 10-18 选择画笔描边对象

STEP 03 双击比例缩放工具，弹出"比例缩放"对话框，选中"比例缩放描边和效果"复选框，设置"等比"为 80%，如图 10-19 所示。

STEP 04 单击"确定"按钮，可以同时缩放对象和画笔描边，如图 10-20 所示。

图 10-19 设置比例缩放选项　　　　图 10-20 同时缩放对象和画笔描边

STEP 05 单击"画笔"面板中的"所选对象的选项"按钮 ，弹出"描边选项（图案画笔）"对话框，设置"缩放"为 300%，如图 10-21 所示。

STEP 06 单击"确定"按钮，即可将画笔描边放大，效果如图 10-22 所示。

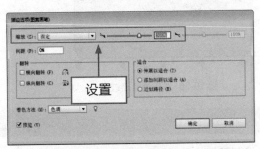

图 10-21 "描边选项（图案画笔）"对话框　　图 10-22 图像效果

## 10.1.5 添加画笔描边

画笔描边可以应用于任何绘图工具或形状工具创建的线条，如钢笔工具和铅笔工具绘制的路径，矩形和弧形等工具创建的图形等。

下面介绍添加画笔描边的操作方法。

| 素材文件 | 光盘 \ 素材 \ 第 10 章 \10.1.5.ai |
|---|---|
| 效果文件 | 光盘 \ 效果 \ 第 10 章 \10.1.5.ai |
| 视频文件 | 光盘 \ 视频 \ 第 10 章 \10.1.5 添加画笔描边 .mp4 |

**【操练 + 视频】——添加画笔描边**

**STEP 01** 单击"文件"｜"打开"命令，打开一幅素材图像，如图 **10-23** 所示。

**STEP 02** 使用选择工具 ↖ 选择相应的图形对象，如图 **10-24** 所示。

图 10-23 打开素材图像

图 10-24 选择图形对象

**STEP 03** 设置"描边"为绿色（**#75BB2A**），调出"画笔"面板，选择"蔓藤 2"画笔，如图 **10-25** 所示。

**STEP 04** 执行操作后，即可添加画笔描边，效果如图 **10-26** 所示。

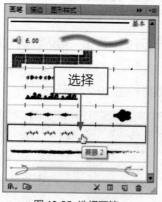
图 10-25 选择画笔

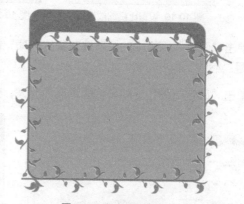
图 10-26 添加画笔描边

# ▶ 10.2 符号

在 Illustrator CC 中，符号是指保存在"符号"面板中的图形对象，而这些图形对象可以在当前图形窗口中被多次运用，而且不会增加文件的大小。

## 10.2.1　设置符号

符号用于表现文档中大量重复的对象，如花草、纹样和地图上的标记等，使用符号可以简化复杂对象的制作和编辑过程。

符号指的是保存在"符号"浮动面板中的图形对象，其最初的目的是为了让文件大小减小，而 Illustrator CC 则让它增加了新的创造性工具，从而使符号变成了极具诱惑力的设计工具，不仅能在图像窗口中被多次使用，创建出自然、疏密有致的集合体，而且不会增加文件的负担。

若用户的文档是新建的，调出的"符号"浮动面板中只会显示"红色箭头"的符号图标；若打开一幅素材图像，也并不是所有的"符号"浮动面板中都会有符号的显示。

下面介绍设置符号的操作方法。

| | | |
|---|---|---|
| 素材文件 | 光盘 \ 素材 \ 第 10 章 \10.2.1.ai | |
| 效果文件 | 光盘 \ 效果 \ 第 10 章 \10.2.1.ai | |
| 视频文件 | 光盘 \ 视频 \ 第 10 章 \10.2.1　设置符号 .mp4 | |

【操练＋视频】——设置符号

**STEP|01** 单击"文件"｜"打开"命令，打开一幅素材图像。如图 10-27 所示。

**STEP|02** 单击"窗口"｜"符号"命令，调出"符号"浮动面板，使用选择工具将图像中的所有图形全部选中，单击面板下方的"新建符号"按钮 | ▣ |，如图 10-28 所示。

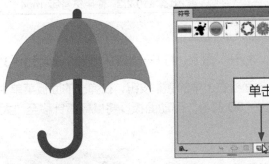

图 10-27 打开素材图像　　图 10-28 单击"新建符号"按钮

专家指点

若没有按住【Alt】键，单击"符号"面板底部的"新建符号"按钮，则不会弹出"符号选项"对话框。另外，还有一种创建符号的方法：在图形窗口中选择要创建符号的图形，然后将其拖曳至"符号"面板处，当鼠标指针呈 ⌖ 形状时释放鼠标，即可将当前选择的图形创建为新符号。

**STEP|03** 弹出"符号选项"对话框，设置"名称"为"雨伞"、"导出类型"为"图形"，如图 10-29 所示。

**STEP|04** 单击"确定"按钮，即可完成新建符号的操作，所选择的图形也显示于"符号"浮动面板中，如图 10-30 所示。

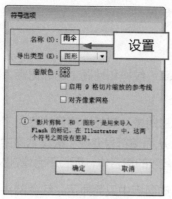

图 10-29 设置符号选项

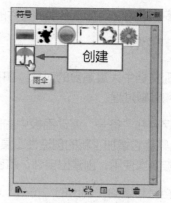

图 10-30 新建符号

## 10.2.2 使用符号库

在 Illustrator CC 中，除了默认的"符号"面板中所提供的有限符号外，还提供了丰富的符号库以供加载。单击"符号"面板右侧的 ▼ 按钮，在弹出的面板菜单中选择"打开符号库"选项，在弹出的下拉选项中选择相应的选项，即可打开相应的符号库，如加载"提基"符号库中的符号。

下面介绍使用符号库的操作方法。

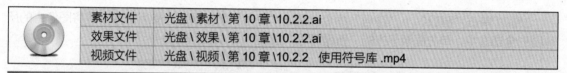

| 素材文件 | 光盘 \ 素材 \ 第 10 章 \10.2.2.ai |
| 效果文件 | 光盘 \ 效果 \ 第 10 章 \10.2.2.ai |
| 视频文件 | 光盘 \ 视频 \ 第 10 章 \10.2.2 使用符号库 .mp4 |

【操练 + 视频】——使用符号库

**STEP 01** 单击"文件"｜"打开"命令，打开一幅素材图像，如图 10-31 所示。

**STEP 02** 单击"符号"浮动面板右上角的 ▼≡ 按钮，在弹出的面板菜单中选择"打开符号库"｜"3D 符号"选项，即可调出"3D 符号"浮动面板。将鼠标指针移至"太阳"符号图标上单击鼠标左键，如图 10-32 所示。

图 10-31 打开素材图像

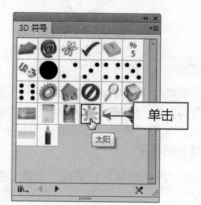

图 10-32 选择符号

**STEP 03** 执行操作后，该符号图标即可添加到"符号"浮动面板中。选择所添加的符号，单击

面板下方的"置入符号实例"按钮⊦↪|，如图 10-33 所示。

STEP 04 执行操作后，即可将该符号置入图像窗口中，并调整符号的位置与大小，如图 10-34 所示。

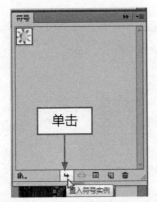

图 10-33 单击"置入符号实例"按钮　　　　图 10-34 调整符号

STEP 05 单击面板下方的"断开符号链接"按钮｜♣|，再在控制面板上设置符号的"填色"为红色（CMYK 参数值为 0%、100%、100%、0%），效果如图 10-35 所示。

图 10-35 设置颜色

## 10.2.3　应用符号工具

使用工具面板中的符号喷枪工具可以在图形窗口中喷射大量无顺序排列的符号图形，也可以在工具面板中选择不同的符号编辑工具对喷射的符号进行编辑。

下面介绍应用符号工具的操作方法。

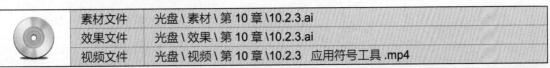

| 素材文件 | 光盘 \ 素材 \ 第 10 章 \10.2.3.ai |
| --- | --- |
| 效果文件 | 光盘 \ 效果 \ 第 10 章 \10.2.3.ai |
| 视频文件 | 光盘 \ 视频 \ 第 10 章 \10.2.3　应用符号工具 .mp4 |

【操练 + 视频】——应用符号工具

STEP 01 单击"文件"｜"打开"命令，打开一幅素材图像，如图 10-36 所示。

**STEP 02** 打开"符号"面板，选择"草地 1"符号图标。将鼠标指针移至工具面板中的符号喷枪工具图标  上双击鼠标左键，弹出"符号工具选项"对话框，设置"直径"为 100pt、"强度"为 5、"符号组密度"为 5，单击"符号喷枪"按钮 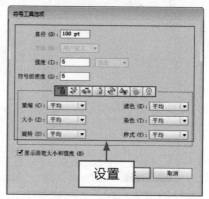，并在其下方的选项区中设置所有的参数为"平均"，如图 10-37 所示。

图 10-36 打开素材图像

图 10-37 设置工具选项

**STEP 03** 单击"确定"按钮，将鼠标指针移至图像窗口中的合适位置单击鼠标左键，即可喷射出一个符号图形，如图 10-38 所示。

**STEP 04** 采用同样的方法，为图像喷射多个合适的符号图形，如图 10-39 所示。

图 10-38 喷射一个符号图形

图 10-39 喷射多个符号图形

# CHAPTER 11

## 酷炫特效：效果、外观与图形样式

### 章前知识导读

使用"效果"命令可以为图形制作一些特殊的光照效果，带有装饰性的纹理效果，改变图形外观，以及添加特殊效果等。使用"外观"面板可以灵活地控制矢量图形，而图形样式是外观属性的集合，它可以快捷、一致地改变图形的外观属性。

### 新手重点索引

- 应用精彩纷呈的效果
- 应用外观与图形样式

# ⇢ 11.1 应用精彩纷呈的效果

Illustrator CC 中的"效果"可以分为"Illustrator 效果"和"Photoshop 效果",它是制作各种图形特殊效果的重要工具。

## 11.1.1 应用 3D 效果

3D 效果可以将开放路径、封闭路径或位图对象等转换为可以旋转、打光和投影的三维(3D)对象。在操作时还可以将符号作为贴图投射到三维对象表面,以模拟真实的纹理和图案。

下面介绍应用 3D 效果的操作方法。

| 素材文件 | 光盘 \ 素材 \ 第 11 章 \11.1.1.ai |
|---|---|
| 效果文件 | 光盘 \ 效果 \ 第 11 章 \11.1.1.ai |
| 视频文件 | 光盘 \ 视频 \ 第 11 章 \11.1.1 应用 3D 效果 .mp4 |

【操练 + 视频】——应用 3D 效果

**STEP 01** 单击"文件"|"打开"命令,打开一幅素材图像,并运用直接选择工具选择图形,如图 11-1 所示。

**STEP 02** 单击"效果"| 3D |"凸出和斜角"命令,弹出"3D 凸出和斜角选项"对话框,设置"位置"为"自定旋转",再依次设置"旋转角度"为 35°、20°、5°、"凸出厚度"为 15pt,设置相应的"斜角",并设置"高度"为 4pt,如图 11-2 所示。

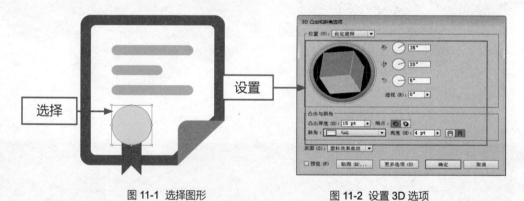

图 11-1 选择图形　　　　　　　图 11-2 设置 3D 选项

**STEP 03** 单击"确定"按钮,即可将设置的效果应用于图形中,如图 11-3 所示。

图 11-3 应用"凸出和斜角"效果

## 11.1.2 应用"变形"效果

Illustrator CC 具有图形变形的功能。在当前图形窗口中选择一个矢量图形，单击"效果"|"变形"|"弧形"命令，弹出"变形选项"对话框，通过"变形选项"对话框的"样式"下拉列表框中的部分选项即可对图形进行变形操作。

下面介绍应用"变形"效果的操作方法。

| | 素材文件 | 光盘 \ 素材 \ 第 11 章 \11.1.2.ai |
|---|---|---|
| | 效果文件 | 光盘 \ 效果 \ 第 11 章 \11.1.2.ai |
| | 视频文件 | 光盘 \ 视频 \ 第 11 章 \11.1.2 应用"变形"效果 .mp4 |

【操练＋视频】——应用"变形"效果

**STEP 01** 单击"文件" | "打开"命令，打开一幅素材图像并选择图形，如图 11-4 所示。

**STEP 02** 单击"效果" | "变形" | "凹壳"命令，弹出"变形选项"对话框，设置"弯曲"为 40%、"水平"为 10%、"垂直"为 3%，如图 11-5 所示。

图 11-4 选择图形

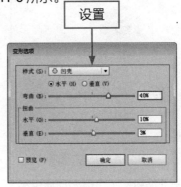

图 11-5 设置变形选项

**STEP 03** 单击"确定"按钮，即可将设置的效果应用于图形中，如图 11-6 所示。

图 11-6 应用"凹壳"效果

## 11.1.3 应用"扭曲与变换"效果

"扭曲与变换"效果组可以快速改变矢量对象的形状，这些效果不会永久改变对象的基本几何形状，可以随时修改或删除。

下面介绍应用"扭曲与变换"效果的操作方法。

| | | |
|---|---|---|
| 素材文件 | 光盘 \ 素材 \ 第 11 章 \11.1.3.ai | |
| 效果文件 | 光盘 \ 效果 \ 第 11 章 \11.1.3.ai | |
| 视频文件 | 光盘 \ 视频 \ 第 11 章 \11.1.3 应用"扭曲与变换"效果 .mp4 | |

【操练+视频】——应用"扭曲与变换"效果

STEP 01 单击"文件"│"打开"命令，打开一幅素材图像，如图 11-7 所示。

STEP 02 运用选择工具 选择相应的图形对象，如图 11-8 所示。

图 11-7 打开素材图像

图 11-8 选择图形对象

STEP 03 单击"效果"│"扭曲与变换"│"变换"命令，弹出"变换效果"对话框，设置"水平"为 150%、"垂直"为 150%，如图 11-9 所示。

STEP 04 单击"确定"按钮，即可将设置的效果应用于图形中，如图 11-10 所示。

图 11-9 设置变换选项

图 11-10 变换效果

## 11.1.4 应用"路径"效果

"路径"菜单中包含 3 个命令，分别是"位移路径"、"轮廓化对象"和"轮廓化描边"，它们用于编辑路径和描边。

下面介绍应用"路径"效果的操作方法。

| | 素材文件 | 光盘 \ 素材 \ 第 11 章 \11.1.4.ai |
|---|---|---|
| | 效果文件 | 光盘 \ 效果 \ 第 11 章 \11.1.4.ai |
| | 视频文件 | 光盘 \ 视频 \ 第 11 章 \11.1.4 应用"路径"效果 .mp4 |

【操练 + 视频】——应用"路径"效果

**STEP 01** 单击"文件"｜"打开"命令，打开一幅素材图像，如图 11-11 所示。

**STEP 02** 运用选择工具 ▶ 选择相应的图形对象，如图 11-12 所示。

图 11-11 打开素材图像

图 11-12 选择图形对象

**STEP 03** 单击"效果"｜"路径"｜"位移路径"命令，弹出"偏移路径"对话框，设置"位移"为 2mm，如图 11-13 所示。

**STEP 04** 单击"确定"按钮，即可将设置的效果应用于图形中，如图 11-14 所示。

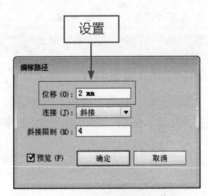

图 11-13 设置偏移选项

图 11-14 偏移效果

## 11.1.5 应用"风格化"效果

"风格化"效果可以为对象添加发光、投影、涂抹和羽化等外观样式。下面介绍应用"风格化"效果的操作方法。

| 素材文件 | 光盘 \ 素材 \ 第 11 章 \11.1.5.ai |
|---|---|
| 效果文件 | 光盘 \ 效果 \ 第 11 章 \11.1.5.ai |
| 视频文件 | 光盘 \ 视频 \ 第 11 章 \11.1.5 应用 "风格化" 效果 .mp4 |

【操练＋视频】——应用 "风格化" 效果

**STEP 01** 单击 "文件" ｜ "打开" 命令，打开一幅素材图像，如图 11-15 所示。

**STEP 02** 选择相应的图形，单击 "效果" ｜ "风格化" ｜ "外发光" 命令，弹出 "外发光" 对话框，设置 "模式" 为 "正常"、"颜色" 为黄色、"不透明度" 为 80%、"模糊" 为 20mm，单击 "确定" 按钮，即可将设置的效果应用于图形中，如图 11-16 所示。

图 11-15 打开素材图像　　　　图 11-16 应用 "外发光" 效果

## 11.1.6 应用 "像素化" 效果

"像素化" 效果组主要是按照指定大小的点或块对图像进行平均分块或平面化处理，从而产生特殊的图像效果。

下面介绍应用 "像素化" 效果的操作方法。

| 素材文件 | 光盘 \ 素材 \ 第 11 章 \11.1.6.ai |
|---|---|
| 效果文件 | 光盘 \ 效果 \ 第 11 章 \11.1.6.ai |
| 视频文件 | 光盘 \ 视频 \ 第 11 章 \11.1.6 应用 "像素化" 效果 .mp4 |

【操练＋视频】——应用 "像素化" 效果

**STEP 01** 单击 "文件" ｜ "打开" 命令，打开一幅素材图像，如图 11-17 所示。

**STEP 02** 选择图形，单击 "效果" ｜ "像素化" ｜ "铜版雕刻" 命令，弹出 "铜版雕刻" 对话框，在 "类型" 下拉列表框中选择 "精细点" 选项，单击 "确定" 按钮，即可将设置的效果应用于图形中，如图 11-18 所示。

图 11-17 打开素材图像　　　　图 11-18 应用 "铜版雕刻" 效果

## 11.1.7 应用"扭曲"效果

"扭曲"效果的主要作用是将图像按照一定的方式在几何意义上进行扭曲，使用"扭曲"效果组中的相关滤镜效果可以改变图像中的像素分布。由于该效果组对图像进行处理时，需要对各像素的颜色进行复杂的移位和插值运算，因此比较耗时；另一方面，该效果组中的效果产生的效果非常明显和强烈，并影响对图像所作的其他处理，所以在使用该效果组中的效果时需要慎重选用，并对所能达到的变形效果和变形程度进行精细的调整。

下面介绍应用"扭曲"效果的操作方法。

| 🔘 | 素材文件 | 光盘\素材\第 11 章\11.1.7.ai |
|---|---|---|
| | 效果文件 | 光盘\效果\第 11 章\11.1.7.ai |
| | 视频文件 | 光盘\视频\第 11 章\11.1.7 应用"扭曲"效果 .mp4 |

**✖【操练+视频】——应用"扭曲"效果**

**STEP 01** 单击"文件"｜"打开"命令，打开一幅素材图像，如图 11-19 所示。

**STEP 02** 按【Ctrl + A】组合键，选择全部的图形对象，如图 11-20 所示。

图 11-19 打开素材图像

图 11-20 选择全部图形对象

**STEP 03** 单击"效果"｜"扭曲"｜"玻璃"命令，弹出"玻璃"对话框，保持默认设置即可，如图 11-21 所示。

**STEP 04** 单击"确定"按钮，即可将设置的效果应用于图形中，如图 11-22 所示。

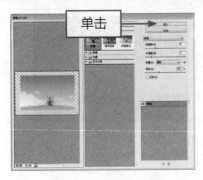

图 11-21 "玻璃"对话框

图 11-22 应用"玻璃"效果

## 11.1.8 应用"模糊"效果

使用"模糊"滤镜组中的滤镜可以对图像进行模糊处理，从而去除图像中的杂色，使图像变得较为柔和、平滑，通过该命令还可以突出图像中的某一部分。

下面介绍应用"模糊"效果的操作方法。

| 素材文件 | 光盘 \ 素材 \ 第 11 章 \11.1.8.ai |
|---|---|
| 效果文件 | 光盘 \ 效果 \ 第 11 章 \11.1.8.ai |
| 视频文件 | 光盘 \ 视频 \ 第 11 章 \11.1.8 应用"模糊"效果 .mp4 |

【操练 + 视频】——应用"模糊"效果

STEP 01 单击"文件"｜"打开"命令，打开一幅素材图像，如图 11-23 所示。

STEP 02 选择需要应用效果的图形，单击"效果"｜"模糊"｜"高斯模糊"命令，弹出"高斯模糊"对话框，在"半径"数值框中输入 5，单击"确定"按钮，即可将设置的效果应用于图形中，如图 11-24 所示。

图 11-23 打开素材图像　　　　　　　　　图 11-24 应用"高斯模糊"效果

## 11.1.9 应用"画笔描边"效果

使用"画笔描边"效果组中的效果可以用不同的画笔和油墨笔触效果使图像产生精美的艺术外观，还可以为图像涂抹颜色。需要注意的是，"画笔描边"效果组中的效果不能对 CMYK 和 HSB 颜色模式的图像起作用。

例如，使用"喷色描边"滤镜可以在图像中用颜料按照一定的角度进行喷射，从而重新绘制图像，如图 11-25 所示。

图 11-25 应用"喷色描边"效果

下面介绍应用"画笔描边"效果的操作方法。

| 素材文件 | 光盘 \ 素材 \ 第 11 章 \11.1.9.ai |
|---|---|
| 效果文件 | 光盘 \ 效果 \ 第 11 章 \11.1.9.ai |
| 视频文件 | 光盘 \ 视频 \ 第 11 章 \11.1.9 应用"画笔描边"效果 .mp4 |

【操练 + 视频】——应用"画笔描边"效果

STEP 01 单击"文件"｜"打开"命令，打开一幅素材图像，如图 11-26 所示。

STEP 02 运用直接选择工具选择相应的图形对象，如图 11-27 所示。

图 11-26 打开素材图像 　　　　　　　　　　　图 11-27 选择图形对象

STEP 03 单击"效果"｜"画笔描边"｜"喷溅"命令，弹出"喷溅"对话框，保持默认设置即可，如图 11-28 所示。

STEP 04 单击"确定"按钮，即可将设置的效果应用于图形中，如图 11-29 所示。

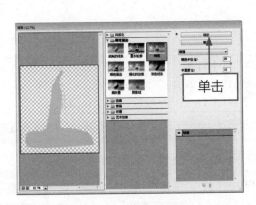

图 11-28 "喷溅"对话框 　　　　　　　　　　图 11-29 应用"喷溅"效果

## 11.1.10 应用"素描"效果

使用"素锚"滤镜组中的滤镜可以基于当前设置的描边和填色来置换图像中的色彩，从而生成一种更为精确的图像效果。

下面介绍应用"素描"效果的操作方法。

| 素材文件 | 光盘 \ 素材 \ 第 11 章 \11.1.10.ai |
| --- | --- |
| 效果文件 | 光盘 \ 效果 \ 第 11 章 \11.1.10.ai |
| 视频文件 | 光盘 \ 视频 \ 第 11 章 \11.1.10 应用"素描"效果 .mp4 |

【操练 + 视频】——应用"素描"效果

**STEP 01** 单击"文件"｜"打开"命令，打开一幅素材图像，如图 11-30 所示。

**STEP 02** 选择整幅图形，单击"效果"｜"素描"｜"基底凸现"命令，弹出"基底凸现"对话框，设置"细节"为 13、"平滑度"为 2、"光照"为"左上"，单击"确定"按钮，即可将设置的效果应用于图形中，如图 11-31 所示。

图 11-30 打开素材图像

图 11-31 应用"基底凸现"效果

### ☑ 11.1.11 应用"纹理"效果

"纹理"效果组中的效果可以在图像上制作出各种类似于纹理及材质的效果，如添加木材、大理石纹理、添加马赛克、玻璃效果、瓷砖效果等，这些效果所添加的特效可以使一幅位图图像好像是被画在各种不同的材质上面似的。

下面介绍应用"纹理"效果的操作方法。

| 素材文件 | 光盘 \ 素材 \ 第 11 章 \11.1.11.ai |
| --- | --- |
| 效果文件 | 光盘 \ 效果 \ 第 11 章 \11.1.11.ai |
| 视频文件 | 光盘 \ 视频 \ 第 11 章 \11.1.11 应用"纹理"效果 .mp4 |

【操练 + 视频】——应用"纹理"效果

**STEP 01** 单击"文件"｜"打开"命令，打开一幅素材图像，如图 11-32 所示。

**STEP 02** 选择整幅图形，单击"效果"｜"纹理"｜"马赛克拼贴"命令，弹出"马赛克拼贴"对话框，设置"拼贴大小"为 30、"缝隙宽度"为 5、"加亮缝隙"为 10，单击"确定"按钮，即可将设置的效果应用于图形中，如图 11-33 所示。

图 11-32 打开素材图像

图 11-33 应用"马赛克拼贴"效果

## 11.1.12 应用"艺术效果"效果

"艺术效果"滤镜组中有多达 15 种滤镜效果，它们主要是模仿不同画派的画家使用不同画笔和介质所画出的不同风格的图像效果。

下面介绍应用"艺术效果"效果的操作方法。

| | 素材文件 | 光盘 \ 素材 \ 第 11 章 \11.1.12.ai |
| --- | --- | --- |
| | 效果文件 | 光盘 \ 效果 \ 第 11 章 \11.1.12.ai |
| | 视频文件 | 光盘 \ 视频 \ 第 11 章 \11.1.12 应用"艺术效果"效果 .mp4 |

【操练＋视频】——应用"艺术效果"效果

STEP 01 单击"文件"｜"打开"命令，打开一幅素材图像，如图 11-34 所示。

STEP 02 按【Ctrl + A】组合键，选择全部的图形对象，如图 11-35 所示。

图 11-34 打开素材图像

图 11-35 选择全部图形对象

STEP 03 单击"效果"｜"艺术效果"｜"彩色铅笔"命令，弹出"彩色铅笔"对话框，保持默认设置，如图 11-36 所示。

STEP 04 单击"确定"按钮，即可将设置的效果应用于图形中，如图 11-37 所示。

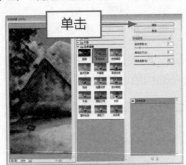

图 11-36 "彩色铅笔"对话框

单击

图 11-37 应用"彩色铅笔"效果

# ➠ 11.2 应用外观与图形样式

外观实际上是选择对象的外在表现形式，它与矢量图形本身的结构不一样。在随时改变图形的外观操作过程中，对象本身的结构不会发生变化。

## 11.2.1 应用"外观"面板

单击"窗口"｜"外观"命令或按【Shift + F6】组合键，调出"外观"面板。若在显示"外观"面板之前在当前图像窗口中选择了相应的对象，其"外观"面板显示的状态也会根据当前选择对象的不同而有所区别。

若所选择的图形在当前图像窗口中发生了变化，则"外观"浮动面板上的显示状态也会随着变化，而通过添加和编辑外观属性可以保留原有的外观属性。选择图形后，只要在外观属性框上单击鼠标左键，即可展开该外观属性的编辑选项。

下面介绍应用"外观"面板的操作方法。

| | 素材文件 | 光盘 \ 素材 \ 第 11 章 \11.2.1.ai |
|---|---|---|
| | 效果文件 | 光盘 \ 效果 \ 第 11 章 \11.2.1.ai |
| | 视频文件 | 光盘 \ 视频 \ 第 11 章 \11.2.1 应用"外观"面板 .mp4 |

**【操练＋视频】——应用"外观"面板**

**STEP 01** 单击"文件"｜"打开"命令，打开一幅素材图像，如图 11-38 所示。

**STEP 02** 选中相应的图形，单击"窗口"｜"外观"命令，调出"外观"浮动面板，将鼠标指针移至"添加新填色"按钮 ■ 上，如图 11-39 所示。

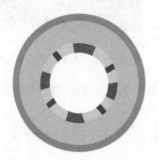

图 11-38 打开素材图像　　　　图 11-39 单击"添加新填色"按钮

**STEP 03** 单击鼠标左键，即可添加"填色"和"描边"两个外观属性项目。单击"填色"颜色块右侧的下拉按钮，在弹出的颜色面板中选择需要填充的颜色，如图 11-40 所示。

**STEP 04** 执行操作的同时，所选择图形外观的颜色也随之改变，如图 11-41 所示。

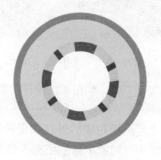

图 11-40 选择颜色　　　　图 11-41 改变外观

## 11.2.2 应用"图形样式"面板

图形样式是一组可反复使用的外观属性，它是一系列外观属性的集合。它可以对图形执行一系列的外观属性，这一特性可以快速而一致地改变图形轮廓的外观。

单击"窗口"丨"图形样式"命令或按【Shift + F5】组合键，调出"图形样式"面板，如图 11-42 所示。

图 11-42 "图形样式"面板

样式是一系列外观属性的集合，如颜色、透明、填充图案、效果以及变形。通过"图形样式"面板可以完成创建、命名、存储以及将样式应用到对象上等各项操作。

## 11.2.3 应用图形样式库

图形样式库是一组预设图形样式的集合。若要打开一个图形样式库，可单击"窗口"丨"图形样式库"命令，在其子菜单中选择该样式库，即可将该样式输入至当前图形窗口中。下面介绍应用图形样式库的操作方法。

| | | |
|---|---|---|
| 素材文件 | 光盘 \ 素材 \ 第 11 章 \11.2.3.ai | |
| 效果文件 | 光盘 \ 效果 \ 第 11 章 \11.2.3.ai | |
| 视频文件 | 光盘 \ 视频 \ 第 11 章 \11.2.3 应用图形样式库 .mp4 | |

**【操练＋视频】——应用图形样式库**

**STEP 01** 单击"文件"丨"打开"命令，打开一幅素材图像。选中相应的图形，在"图形样式"浮动面板下方单击"图形样式库菜单"按钮，在弹出的下拉列表中选择"3D 效果"选项，调出"3D 效果"浮动面板，在其中单击"3D 效果 1"图形样式，如图 11-43 所示。

**STEP 02** 此时即可将该图形样式应用于文字上，效果如图 11-44 所示。

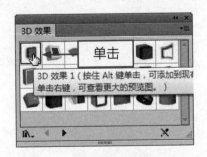

图 11-43 单击图形样式

图 11-44 应用图形样式

# CHAPTER

## 优化输出图形：
## 动作、切片与打印

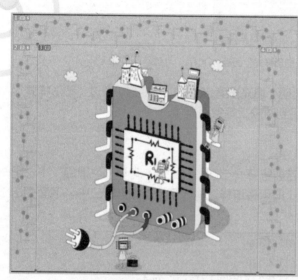

### 章前知识导读

在 Illustrator CC 中，可以将一系列的命令组成一个动作来完成其他任务，这样可以大幅降低工作强度，从而提高工作效率。另外，还可以根据需要对图形设置不同的打印参数，将其进行打印输出。

### 新手重点索引

- 使用动作实现自动化处理
- 使用切片定义图像的指定区域
- 将设计好的作品打印出来

# ▶ 12.1 使用动作实现自动化处理

在 Illustrator CC 中，设计师们不断追求更高的设计效率，动作的出现无疑极大地提高了工作效率。使用动作可以减少许多操作，大大降低了工作的重复度。例如，在转换百张图像的格式时，无需一一进行操作，只需对这些图像文件应用一个设置好的动作，即可一次性完成对所有图像文件的相同操作。

## 12.1.1 创建一个新的动作

Illustrator CC 提供了许多现成的动作以提高设计人员的工作效率，但在大多数情况下设计人员仍然需要自己录制大量新的动作，以适应不同的工作情况。

＊ 将常用操作录制成动作：根据自己的习惯将常用操作的动作记录下来，在设计工作中更加方便。

＊ 与"批处理"结合使用：单独使用动作尚不足以充分显示动作的优点，若将动作与"批处理"命令结合起来，则能够成倍放大动作的威力。

创建动作有以下 3 种方法：

＊ 方法 1：展开"动作"面板，单击"创建新动作"按钮 ，弹出"新建动作"对话框，设置相应的选项，单击"记录"按钮，即可创建一个新的动作。

＊ 方法 2：调出"动作"面板，单击面板右上角的按钮，在弹出的面板菜单中选择"新建动作"选项，弹出"新建动作"对话框，进行相应的设置后单击"确定"按钮即可。

＊ 方法 3：按住【Alt】键的同时单击"创建新动作"按钮，即可快速地创建动作集，并直接开始记录窗口中的动作。

下面介绍创建一个新动作的操作方法。

| | | |
|---|---|---|
| 素材文件 | 光盘 \ 素材 \ 第 12 章 \12.1.1.ai | |
| 效果文件 | 光盘 \ 效果 \ 第 12 章 \12.1.1.ai | |
| 视频文件 | 光盘 \ 视频 \ 第 12 章 \12.1.1 创建一个新的动作 .mp4 | |

【操练 + 视频】——创建一个新的动作

STEP 01 新建文档，单击"窗口"丨"动作"命令，图 12-1 所示。

STEP 02 调出"动作"浮动面板，单击"创建新动作"按钮 ，如图 12-2 所示。

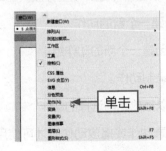

图 12-1 单击"动作"命令

图 12-2 单击"创建新动作"按钮

STEP 03 弹出"新建动作"对话框，设置"名称"为"动作 1"、"动作集"为"默认＿动作"、"功能键"为"无"、"颜色"为"黄色"，图 12-3 所示。

STEP 04 单击"记录"按钮，即可创建一个新的动作，图 12-4 所示。

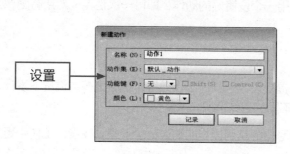

图 12-3 "新建动作"对话框

图 12-4 新建动作

专家指点

　　动作与自动化命令都被用于提高工作效率，不同之处在于动作的灵活性更大，而自动化命令类似于由 Illustrator CC 录制完成的动作。

　　"动作"实际上是一组命令，其基本功能具体体现在以下两个方面：

　＊ 将常用的两个或多个命令及其他操作组合为一个动作，在执行相同操作时直接执行该动作即可。

　＊ 对于 Illustrator CC 中最精彩的效果，若对其使用动作功能，可以将多个效果操作录制成一个单独的动作。执行该动作，就像执行一个效果操作一样，可对图像快速执行多种效果的处理。

## 12.1.2 对动作进行记录

　　使用"动作"面板可以对动作进行记录，在记录完成之后还可以执行插入等编辑操作。

　　"动作"面板中主要选项的功能如下：

　＊ "切换对话开 / 关"图标▢：当面板中出现这个图标时，动作执行到该步时将暂停。

　＊ "切换项目开 / 关"图标✔：可设置允许 / 禁止执行动作组中的动作、选定的部分动作或动作中的命令。

　＊ "展开 / 折叠"图标▼：单击该图标可以展开 / 折叠动作组，以便存放新的动作。

　＊ "创建新动作"按钮▯：单击该按钮，可以创建一个新的动作。

　＊ "创建新动作集"按钮▭：单击该按钮，可以创建一个新的动作组。

　＊ "开始记录"按钮●：单击该按钮，可以开始录制动作。

　＊ "播放选定的动作"按钮▶：单击该按钮，可以播放当前选择的动作。

　＊ "停止播放 / 记录"按钮■：该按钮只有在记录动作或播放动作时才可使用，单击该按钮可以停止当前的记录或播放操作。

下面介绍对动作进行记录的操作方法。

| | | |
|---|---|---|
| 素材文件 | 光盘\素材\第12章\12.1.2.ai | |
| 效果文件 | 光盘\效果\第12章\12.1.2.ai | |
| 视频文件 | 光盘\视频\第12章\12.1.2 对动作进行记录 .mp4 | |

**【操练＋视频】——对动作进行记录**

**STEP|01** 单击"文件"｜"打开"命令，打开一幅素材图像（如图 12-5 所示），调出"动作"浮动面板，并新建"动作 1"。

**STEP|02** 选中"动作 1"项目后，单击面板下方的"开始记录"按钮 ●，如图 12-6 所示。

图 12-5 打开素材图像

图 12-6 单击"开始记录"按钮

**STEP|03** 在图像中选择需要创建动作的图形，如图 12-7 所示。

**STEP|04** 单击鼠标右键，在弹出的快捷菜单中选择"变换"｜"旋转"选项，如图 12-8 所示。

图 12-7 选择图形

图 12-8 选择"旋转"选项

**STEP|05** 弹出"旋转"对话框，设置"角度"为 20°，如图 12-9 所示。

**STEP|06** 单击"确定"按钮，即可旋转图形，效果如图 12-10 所示。

**STEP|07** 再次在选择的图形上单击鼠标右键，在弹出的快捷菜单中选择"变换"｜"移动"选项，弹出"移动"对话框，设置"水平"为 5mm、"垂直"为 15mm，如图 12-11 所示。

**STEP|08** 单击"确定"按钮，所选择的图形进行了移动的动作，如图 12-12 所示。

**STEP|09** 再次在选择的图形上单击鼠标右键，在弹出的快捷菜单中选择"排列"｜"置于底层"选项，调整图形的排列顺序，如图 12-13 所示。

**STEP|10** 单击"动作"面板下方的"停止播放 / 记录"按钮 ■，如图 12-14 所示，系统将停止

记录动作，即完成动作的录制，此时"动作"面板中的"动作1"的项目中记录了图像窗口中的操作过程。

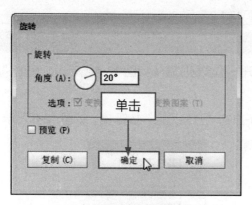

图 12-9 "旋转"对话框

图 12-10 旋转图形

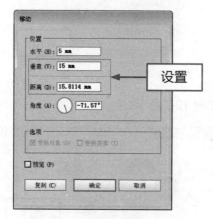

图 12-11 "移动"对话框

图 12-12 移动图形

图 12-13 调整图形排列顺序

图 12-14 记录动作

### 12.1.3 使用动作处理图像

在 Illustrator CC 中编辑图像时，可以播放"动作"面板中自带的动作，用于快速处理图像。下面介绍使用动作处理图像的操作方法。

| 素材文件 | 光盘 \ 素材 \ 第 12 章 \12.1.3.ai |
|---|---|
| 效果文件 | 光盘 \ 效果 \ 第 12 章 \12.1.3.ai |
| 视频文件 | 光盘 \ 视频 \ 第 12 章 \12.1.3 使用动作处理图像 .mp4 |

【操练＋视频】——使用动作处理图像

**STEP 01** 单击"文件"｜"打开"命令，打开一幅素材图像，如图 **12-15** 所示。

**STEP 02** 选择需要播放动作的图形，如图 **12-16** 所示。

图 12-15 打开素材图像

图 12-16 选择图形

**STEP 03** 选中"动作"面板中所录制的"动作 1"项目，单击面板下方的"播放当前所选动作"按钮 ▶，如图 **12-17** 所示。

**STEP 04** 所选择的图形按照录制的动作进行播放，如图 **12-18** 所示。

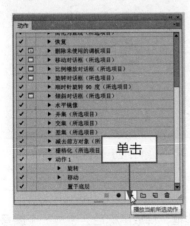

图 12-17 单击"播放当前所选动作"按钮

图 12-18 播放动作

批处理就是将一个指定的动作应用于某个文件夹下的所有图像或当前打开的多个图像。在使用批处理命令时，需要进行批处理操作的图像必须保存于同一个文件夹中或全部打开，执行的动作也需要提前载入至"动作"面板。

# 12.2 使用切片定义图像的指定区域

切片主要用于定义一幅图像的指定区域，一旦定义好切片后，这些图像区域可以用于模拟动画和其他图像效果。

## 12.2.1 使用切片工具创建切片

从图像中创建切片时，切片区域将包含图像中的所有像素数据。若移动该图层或编辑其内容，切片区域将自动调整以包含改变后图层的新像素。

当使用切片工具创建用户切片区域时，在用户切片区域之外的区域将生成自动切片，每次添加或编辑用户切片时都将重新生成自动切片，自动切片是由点线定义的。

下面介绍使用切片工具创建切片的操作方法。

| 素材文件 | 光盘 \ 素材 \ 第 12 章 \12.2.1.ai |
|---|---|
| 效果文件 | 光盘 \ 效果 \ 第 12 章 \12.2.1.ai |
| 视频文件 | 光盘 \ 视频 \ 第 12 章 \12.2.1 使用切片工具创建切片 .mp4 |

【操练 + 视频】——使用切片工具创建切片

STEP 01 单击"文件"|"打开"命令，打开一幅素材图像，如图 12-19 所示。

STEP 02 选取工具箱中的切片工具 ，拖曳鼠标至图像编辑窗口中的左上方，单击鼠标左键并向右下方拖曳，创建一个用户切片，如图 12-20 所示。

图 12-19 打开素材图像

图 12-20 创建用户切片

## 12.2.2 运用切片选择工具选择切片

运用切片工具在图像中间的任意区域拖曳出矩形边框，释放鼠标后会生成一个编号为 3 的切片（在切片左上角显示数字），在 3 号切片的左、右和下方会自动形成编号为 1、2、4 和 5 的切片，3 号切片为"用户切片"。每创建一个新的用户切片，自动切片就会重新标注数字。

用户切片、自动切片和子切片的外观不同，用户切片由实线定义，而自动切片由点线定义。同时，用户切片左上角切片名称后都有链接图标。

在 Illustrator CC 中创建切片后，可运用切片选择工具选择切片。下面介绍运用切片选择工具选择切片的操作方法。

| | 素材文件 | 光盘 \ 素材 \ 第 12 章 \12.2.2.ai |
| --- | --- | --- |
| | 效果文件 | 光盘 \ 效果 \ 第 12 章 \12.2.2.ai |
| | 视频文件 | 光盘 \ 视频 \ 第 12 章 \12.2.2 运用切片选择工具选择切片 .mp4 |

【操练 + 视频】——运用切片选择工具选择切片

**STEP 01** 单击"文件"|"打开"命令，打开一幅素材图像，如图 12-21 所示。

**STEP 02** 选取工具箱中的切片工具 ，拖曳鼠标至图像编辑窗口中的合适位置，单击鼠标左键并向右下方拖曳，创建切片，如图 12-22 所示。

图 12-21 打开素材图像

图 12-22 创建切片

**STEP 03** 选取工具箱中的切片选择工具 ，如图 12-23 所示。

**STEP 04** 移动鼠标指针至图像编辑窗口中的用户切片内单击鼠标左键，即可选择切片，如图 12-24 所示。

图 12-23 选取切片选择工具

图 12-24 选择切片

### 12.2.3 使用切片选择工具调整切片

使用切片选择工具选择要调整的切片，此时切片的周围会出现 4 个控制柄，通过对这 4 个控制柄进行拖曳，来调整切片的位置和大小。

下面介绍使用切片选择工具调整切片的操作方法。

| | | |
|---|---|---|
| 素材文件 | 光盘 \ 素材 \ 第 12 章 \12.2.3.ai | |
| 效果文件 | 光盘 \ 效果 \ 第 12 章 \12.2.3.ai | |
| 视频文件 | 光盘 \ 视频 \ 第 12 章 \12.2.3 使用切片选择工具调整切片 .mp4 | |

【操练 + 视频】——使用切片选择工具调整切片

STEP 01 单击"文件"|"打开"命令，打开一幅素材图像，如图 12-25 所示。

STEP 02 选取工具箱中的切片工具，拖曳鼠标至图像编辑窗口中的合适位置，单击鼠标左键并向右下方拖曳，即可创建切片，如图 12-26 所示。

图 12-25 打开素材图像          图 12-26 创建切片

STEP 03 选取工具箱中的切片选择工具，移动鼠标指针至图像编辑窗口中的用户切片内单击鼠标左键，即可选择切片并调出变换控制框，如图 12-27 所示。

STEP 04 拖曳鼠标至变换控制框的控制柄上，此时鼠标指针呈双向箭头形状，单击鼠标左键并拖曳至合适位置，即可调整切片，如图 12-28 所示。

图 12-27 调出变换控制框

图 12-28 调整切片

# ▶ 12.3 将设计好的作品打印出来

无论使用各种工具进行图形绘制，还是使用各种命令对图形进行处理，对于设计师而言最终的目的都是希望将设计作品发布到网络上或打印出来。但无论哪一种方式，在作品完成还没成稿之前，通常要将小样打印出来，用来检验与修改错误，或用来给客户看初步的效果。因此，有关打印方面的知识是设计人员所必须掌握的。

## ◤ 12.3.1 设置打印区域大小

在 Illustrator CC 中，单击"文件"|"打印"命令，弹出"打印"对话框。在该对话框中，可以根据需要打印输出对象的特性，及所要打印输出的打印要求进行更多的设置。下面将对"打印"对话框中的各个选项，以及其他主要参数进行简单的介绍。

在"打印"对话框的最上方有"打印预设"、"打印机"和 PPD 3 个参数选项。这 3 个选项不会随用户在设置"打印"对话框中的选项而改变。

＊ 打印预设：在该下拉列表框中可以选择打印设置的方式，有"自定"和"默认"两个选项。

＊ 打印机：在该下拉列表框中可以选择所要使用的打印机。

＊ PPD：在该下拉列表框中可以设置打印机所需描述的文件。

＊ 在"打印"对话框的"设置选项类型"列表框中选择"常规"选项，即可显示"常规"选项区。该选项设置区域中的主要选项含义如下：

＊ 份数：在该文本框中输入所要打印输出文件的份数。

＊ 拼版：选中该复选框，可在打印多页文件时设置文件打印输出页面的顺序。

＊ 逆页序打印：选中该复选框，可在打印多页文件时将所设置的打印输出的文件页序按反向顺序进行打印输出。

＊ 介质大小：用于设置所要打印输出的页面尺寸。

＊ "宽度"和"高度"选项：若在"大小"下拉列表框中选择"自定义"选项，该选项为可用状态。可在这两个文本框中自由设置所需打印输出的页面尺寸大小。

＊ 取向：用于设置打印输出的页面方向。只需单击相应的方向按钮，即可选择所需的方向。

＊ 打印图层：在该下拉列表框中可以选择打印图层的类型，如"可见图层和可打印图层"、"可见图层"和"所有图层"。

＊ 不要缩放：在"缩放"下拉列表框中选择该选项，可以按打印对象在页面中的原有比例进行打印输出。

＊ 调整到页面大小：在"缩放"下拉列表框中选择该选项，可以将打印对象缩放至适合页面的最大比例进行打印输出。

＊ 自定：在"缩放"下拉列表框中选择该选项，可以自定义打印对象在页面中的比例大小进行打印输出。

下面介绍设置打印区域大小的操作方法。

| 素材文件 | 光盘\素材\第 12 章\12.3.1.ai |
| --- | --- |
| 效果文件 | 光盘\效果\第 12 章\12.3.1.ai |
| 视频文件 | 光盘\视频\第 12 章\12.3.1 设置打印区域大小 .mp4 |

【操练 + 视频】——设置打印区域大小

STEP 01 单击"文件"|"打开"命令，打开一幅素材图像，如图 12-29 所示。

STEP 02 单击"文件"|"打印"命令，弹出"打印"对话框，在左侧列表框中选择"常规"选项，如图 12-30 所示。

图 12-29 打开素材图像

图 12-30 选择"常规"选项

STEP 03 在"选项"选项区的"缩放"下拉列表框中选择"调整到页面大小"选项，如图 12-31 所示。

STEP 04 执行操作后，即可修改打印区域大小，如图 12-32 所示，单击"完成"按钮。

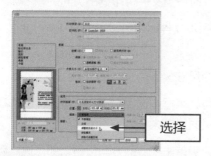

图 12-31 选择"调整到页面大小"选项

图 12-32 修改打印区域大小

专家指点

按【Ctrl + P】组合键，也可以弹出"打印"对话框。

## 12.3.2 预览显示打印颜色条

在"打印"对话框的"设置选项类型"列表框中选择"标记和出血"选项，即可显示"标记和出血"选项区。

该选项设置区域的主要选项含义如下：

\* 所有印刷标记：选中该复选框，可以在打印的页面中打印所有的印刷标记。

❋ 裁切标记：选中该复选框，可以在打印的页面中打印垂直和水平裁切标记。

❋ 套准标记：选中该复选框，可以在打印的页面中打印用于对准各个分色页面的定位标记。

❋ 颜色条：选中该复选框，可以在打印的页面中打印用于校正颜色的色彩色样。

❋ 页面信息：选中该复选框，可以在打印的页面中打印用于描述打印对象页面的信息，如打印的时间、日期、网线等信息。

❋ 印刷标记类型：在其右侧的下拉列表框中可以设置打印标记的类型，有"西式"和"日式"两种类型。

❋ 裁切标记粗细：在该文本框中输入数值，可用于设置裁切标记与打印页面之间的距离。

下面介绍预览显示打印颜色条的操作方法。

| | | |
|---|---|---|
| 素材文件 | 光盘 \ 素材 \ 第 12 章 \12.3.2.ai | |
| 效果文件 | 光盘 \ 效果 \ 第 12 章 \12.3.2.ai | |
| 视频文件 | 光盘 \ 视频 \ 第 12 章 \12.3.2 预览显示打印颜色条 .mp4 | |

【操练+视频】——预览显示打印颜色条

STEP 01 单击"文件"|"打开"命令，打开一幅素材图像，如图 12-33 所示。

STEP 02 单击"文件"｜"打印"命令，弹出"打印"对话框，在"常规"选项区中设置"缩放"为"调整到页面大小"，如图 12-34 所示。

图 12-33 打开素材图像

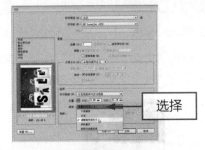

图 12-34 设置缩放选项

STEP 03 在左侧列表框中选择"标记和出血"选项，如图 12-35 所示。

STEP 04 在"标记"选项区中选中"颜色条"复选框，即可在预览区域显示颜色条，如图 12-36 所示，单击"完成"按钮。

图 12-35 选择"标记和出血"选项

图 12-36 显示颜色条

### 12.3.3 改变打印的方向

在"打印"对话框的"设置选项类型"列表框中选择"输出"选项，即可显示"输出"选项区。

该选项设置区域的主要选项含义如下：

\* 模式：在该下拉列表框中可以选择"复合"、"分色"等打印模式。

\* 药膜：药膜是指胶片或纸张的感光层所在面。药膜一般分为"向下"和"向上"两种。"向上"是指旋转胶片或纸张时，其感光层被朝上放置，打印出的图形图像和文字可以直接阅读，也就是正读；"向下"是指放置胶片或纸张时，其感光层被朝下放置，打印出的图形图像和文字不可以直接阅读，而显示为反向，也就是反读。

\* 图像：在该下拉列表中，用户可以选择"正片"和"负片"两种。"正片"如同人们日常所使用的相片，而"负片"如同底片的概念。

\* 打印机分辨率：在其右侧的下拉列表框中可以设置打印输出的网线线数和分辨率。网线线数和分辨率越大，所打印出的图像画面效果越清晰，但打印速度也就越慢。

下面介绍改变打印方向的操作方法。

| 素材文件 | 光盘 \ 素材 \ 第 12 章 \12.3.3.ai |
|---|---|
| 效果文件 | 光盘 \ 效果 \ 第 12 章 \12.3.3.ai |
| 视频文件 | 光盘 \ 视频 \ 第 12 章 \12.3.3 改变打印的方向 .mp4 |

【操练＋视频】——预览显示打印颜色条

**STEP 01** 单击"文件"|"打开"命令，打开一幅素材图像，如图 12-37 所示。

**STEP 02** 单击"文件" | "打印"命令，弹出"打印"对话框，在"常规"选项区中设置"缩放"为"调整到页面大小"，如图 12-38 所示。

图 12-37 打开素材图像

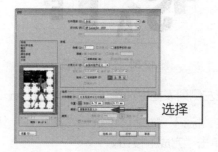

图 12-38 设置缩放选项

专家指点

在"打印"对话框的"设置选项类型"列表框中选择"图形"选项，即可显示"图形"选项区。该选项设置区域的主要选项含义如下：

\* 路径：用于设置打印对象中路径形状的打印输出质量。当打印对象中的路径为曲线时，若设置偏向"品质"，将会使路径线条具有平滑的过渡；若设置偏向"速度"，将会使路径线条变得粗糙。

* PostScript：用于设置 PostScript 格式的图形、字体的输出兼容性级别。

* 数据格式：用于设置数据输出的格式。

**STEP 03** 在左侧列表框中选择"输出"选项，如图 12-39 所示。

**STEP 04** 在"输出"选项区中设置"药膜"为"向下（正读）"，即可改变打印的方向，如图 12-40 所示。

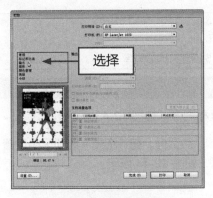

图 12-39 选择"输出"选项

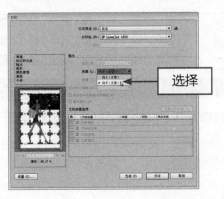

图 12-40 改变打印方向

## 12.3.4 改变打印输出时的渲染方法

在"打印"对话框的"设置选项类型"列表框中选择"颜色管理"选项，即可显示"颜色管理"选项区。

该选项设置区域的主要选项含义如下：

* 颜色处理：文件在打印时，为保留外观，Illustrator CC 会转换适合于选择打印机的颜色值。

* 打印机配置文件：用于设置打印对象的颜色配置文件。

* 渲染方法：用于设置配置文件转换为目的配置文件的颜色属性选项。

单击"文件"｜"打印"命令，弹出"打印"对话框，如图 12-41 所示。在左侧列表框中选择"颜色管理"选项，在"打印方法"选项区中设置"渲染方法"为"饱和度"，即可改变打印输出时的渲染方法，如图 12-42 所示。

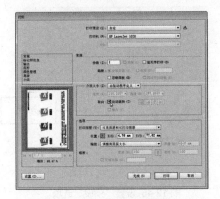

图 12-41 "打印"对话框

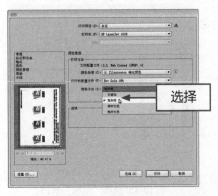

图 12-42 设置渲染方法

### 12.3.5 设置打印分辨率

在"打印"对话框的"设置选项类型"列表框中选择"高级"选项，即可显示"高级"选项区，在"预设"下拉列表框中可以设置打印时的分辨率高低。另外，可以选中"打印成位图"复选框，将当前的打印对象作为位图图像进行打印输出。

下面介绍设置打印分辨率的操作方法。

| | 素材文件 | 光盘 \ 素材 \ 第 12 章 \12.3.5.ai |
|---|---|---|
| | 效果文件 | 光盘 \ 效果 \ 第 12 章 \12.3.5.ai |
| | 视频文件 | 光盘 \ 视频 \ 第 12 章 \12.3.5 设置打印分辨率 .mp4 |

STEP 01 单击"文件"|"打开"命令，打开一幅素材图像，如图 12-43 所示。

STEP 02 单击"文件"｜"打印"命令，弹出"打印"对话框，在"常规"选项区中设置"缩放"为"调整到页面大小"，并选中"自动旋转"复选框，如图 12-44 所示。

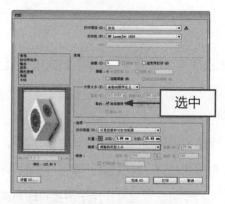

图 12-43 打开素材图像　　　　　图 12-44 选中"自动旋转"复选框

STEP 03 在左侧列表框中选择"高级"选项，如图 12-45 所示。

STEP 04 在"叠印和透明度拼合器选项"选项区中设置"预设"为"用于复杂图稿"，如图 12-46 所示，单击"完成"按钮。

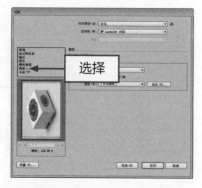

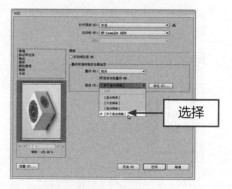

图 12-45 选择"高级"选项　　　　　图 12-46 设置"预设"选项

## 12.3.6 查看打印信息

在"打印"对话框的"设置选项类型"列表框中选择"小结"选项，即可显示"小结"选项区，在此可以查看打印信息。

"小结"选项设置区域的主要选项含义如下：

★ 选项：该区域显示的是用户在"打印"对话框中设置的参数信息。

★ 警告：该区域显示的是用户在"打印"对话框中设置的参数选项会导致问题和冲突时出现的提示信息。

★ 存储小结：单击该按钮，可以在弹出的对话框中保存小结信息。

下面介绍查看打印信息的操作方法。

| | | |
|---|---|---|
| 素材文件 | 光盘 \ 素材 \ 第 12 章 \12.3.6.ai | |
| 效果文件 | 光盘 \ 效果 \ 第 12 章 \12.3.6.ai | |
| 视频文件 | 光盘 \ 视频 \ 第 12 章 \12.3.6 查看打印信息 .mp4 | |

【操练＋视频】——查看打印信息

STEP 01 单击"文件"|"打开"命令，打开一幅素材图像，如图 12-47 所示。

STEP 02 单击"文件" | "打印"命令，弹出"打印"对话框，在"常规"选项区中设置"缩放"为"调整到页面大小"，并选中"自动旋转"复选框，如图 12-48 所示。

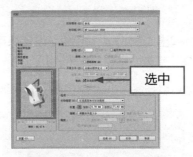

选中

图 12-47 打开素材图像　　　　图 12-48 设置"常规"选项

专家指点

在打印作品前，了解一些关于打印的基本知识，能够使打印工作顺利完成。

★ 打印类型：打印文件时，系统可以将文件传送到打印机处理，然后将文件打印在纸上、传送到印刷机上，或转变为胶片的正片或负片。

★ 图像类型：最简单的图像类型，例如，一页文字只会用到单一灰阶中的单一颜色，一个复杂的影像会有不同的颜色色调，这就是所谓的连续调影像，如扫描的图片。

★ 半色调：打印时若要制作连续调的效果，则必须将影像转化成栅格状分布的网点图像，这个步骤被称为半连续调化。在半连续调化的画面中，若改变网点的大小和密度，就会产生暗或亮的层次变化视觉效果。在固定坐标方格上的点越大，每个点之间的空间就越小，这样就会产生更黑的视觉效果。

＊ 分色：通常在印刷前都必须将需要印刷的文件作分色处理，即将包含多种颜色的文件输出分离在青色、洋红色、黄色和黑色 4 个印版上，这个过程被称为分色。通过分色，将得到青色、洋红色、黄色和黑色 4 个印版，在每个印版上应用适当的油墨并对齐，即可得到最终所需要的印刷品。

＊ 透明度：若需要打印的文件中包括具有设置了透明度的对象，在打印时系统将根据情况将该对象位图化，然后进行打印。

＊ 保留细节：打印文件的细节由输出设计的分辨率和显示器频率决定，输出设备的分辨率越高，就可用越精细的网线数，从而在最大程度上得到更多的细节。

**STEP 03** 在左侧列表框中选择"小结"选项，如图 12-49 所示。

**STEP 04** 单击右侧的"存储小结"按钮，如图 12-50 所示。

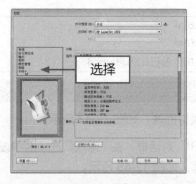

图 12-49 选择"小结"选项

图 12-50 单击"存储小结"按钮

**STEP 05** 弹出"存储为"对话框，设置保存路径，单击"保存"按钮，如图 12-51 所示。返回"打印"对话框，单击"完成"按钮。

**STEP 06** 可以在保存小结的位置打开相应的 TXT 文档，查看打印信息，如图 12-52 所示。

图 12-51 单击"保存"按钮

图 12-52 查看打印信息

# CHAPTER 13

## 设计实践：商业项目
## 综合实战案例

凤舞影视传媒制作公司

FENGWU SHOWBIZ MEDIA CREATES COMPANY

向南

行政总监

凤舞影视传媒制作公司

地址：湖南省长沙市五一大道148号
电话：800-8488850
传真：800-8488850
E-mail:FengwuMedia@126.com

## 章前知识导读

  Illustrator 已被广泛应用于平面广告设计、VI 设计、卡片设计、艺术图形创作等诸多领域，本章将通过 3 个商业项目综合实战案例介绍 Illustrator CC 的图形设计实践应用。

## 新手重点索引

  ✎ VI 设计——企业标志

  ✎ 卡片设计——公司名片

  ✎ 海报设计——玩具广告

# ▶️ 13.1 VI 设计——企业标志

本实例设计的是凤舞影视传媒制作公司 VI 设计中的企业标志设计，标志整体寓义明显，简洁而又活泼，并富有突破感和时代气息感，实例效果如图 13-1 所示。

图 13-1 实例效果

下面介绍"VI 设计——企业标志"的操作方法。

| | 素材文件 | 光盘 \ 素材 \ 第 13 章 \13.1(1).ai、13.1(2).ai、13.1(3).ai |
|---|---|---|
| | 效果文件 | 光盘 \ 效果 \ 第 13 章 \13.1.ai |
| | 视频文件 | 光盘 \ 视频 \ 第 13 章 \13.1 VI 设计——企业标志 .mp4 |

【操练 + 视频】VI 设计——企业标志

## 📝 13.1.1 制作标志整体效果

下面主要运用椭圆工具与"渐变"面板制作出企业标志的整体效果。

**STEP 01** 单击"文件" | "新建"命令，新建一个空白文档，如图 13-2 所示。

**STEP 02** 选取工具面板中的椭圆工具 ◎，如图 13-3 所示。

图 13-2 新建空白文档

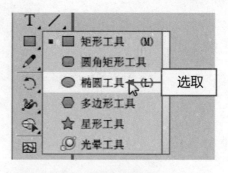

图 13-3 选取椭圆工具

**STEP 03** 在控制面板中设置"填色"为"无"、"描边"为"无"，如图 13-4 所示。

**STEP 04** 按住【Alt + Shift】组合键的同时在图像窗口中绘制一个正圆形，如图 13-5 所示。

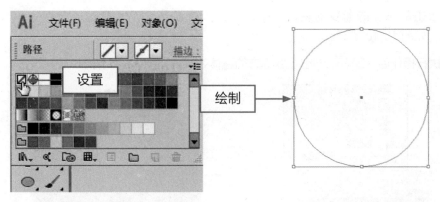

图 13-4 设置选项                    图 13-5 绘制正圆形

**STEP 05** 展开"渐变"面板，在"类型"下拉列表框中选择"径向"选项，如图 13-6 所示。

**STEP 06** 双击 0% 位置的渐变滑块，在调出的面板中设置 CMYK 参数值分别为 10%、0%、18%、0%，如图 13-7 所示。

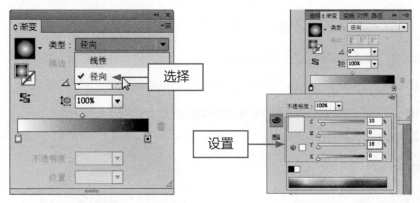

图 13-6 选择"径向"选项              图 13-7 设置 CMYK 参数值

**STEP 07** 双击 100% 位置的渐变滑块，在调出的面板中设置 CMYK 参数值分别为 80%、30%、100%、18%，如图 13-8 所示。

**STEP 08** 在渐变条上添加一个渐变滑块，设置"位置"为 55.76%，如图 13-9 所示。

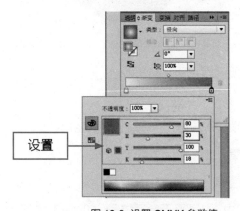

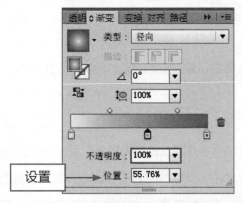

图 13-8 设置 CMYK 参数值              图 13-9 添加渐变滑块

**STEP 09** 双击新添加的渐变滑块，在调出的面板中设置 CMYK 参数值分别为 60%、2%、100%、6%，如图 13-10 所示。

**STEP 10** 执行操作后，即可制作出企业标志的整体效果，如图 13-11 所示。

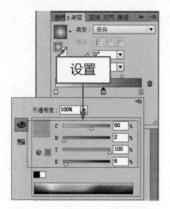

图 13-10 设置 CMYK 参数值

图 13-11 整体效果

## 13.1.2 制作标志细节效果

下面主要运用"路径查找器"浮动面板组合图形，制作出企业标志的细节效果。

**STEP 01** 选择所绘制的圆形，单击"编辑"|"复制"命令复制图形，如图 13-12 所示。

**STEP 02** 单击"编辑"|"粘贴"命令，粘贴所复制的图形，如图 13-13 所示。

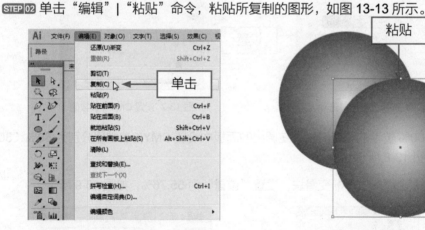

图 13-12 单击"复制"命令

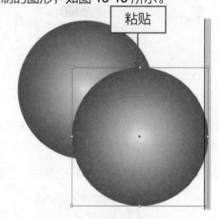

图 13-13 粘贴图形

**STEP 03** 调整所复制圆形的大小与位置，如图 13-14 所示。

**STEP 04** 同时选择两个圆形，如图 13-15 所示。

**STEP 05** 调出"路径查找器"浮动面板，单击"减去顶层"按钮 🔲，如图 13-16 所示。

**STEP 06** 执行操作后，即可得到一个月牙形的图形效果，如图 13-17 所示。

**STEP 07** 单击"文件"|"打开"命令，打开一幅素材图像，如图 13-18 所示。

**STEP 08** 运用选择工具 ▶ 将其拖曳至新建的文档窗口中，并调整至合适位置，如图 13-19 所示。

图 13-14 调整圆形

图 13-15 选择两个圆形

图 13-16 单击"减去顶层"按钮

图 13-17 图形效果

图 13-18 打开素材图像

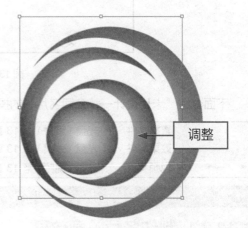

图 13-19 调整图形位置

STEP 09 单击"文件"|"打开"命令，打开一幅素材图像。运用选择工具 将其拖曳至新建的
文档窗口中，适当调整图形的大小和位置，效果如图 13-20 所示。

STEP 10 单击"文件"|"打开"命令，打开文字素材，运用选择工具 ▶ 将其拖曳至新建的文档窗口中，适当调整图形的大小和位置，效果如图 13-21 所示。

图 13-20 拖入素材图像

图 13-21 拖入文字素材

# ▸ 13.2 卡片设计——公司名片

本实例设计的是一款横排名片，以文字为主、图形为辅的创意设计，有力地传达了个人与企业的信息，实例效果如图 13-22 所示。

图 13-22 实例效果

下面介绍"卡片设计——公司名片"的操作方法。

| | 素材文件 | 光盘 \ 素材 \ 第 13 章 \13.2(1).ai、13.2(2).ai |
|---|---|---|
| | 效果文件 | 光盘 \ 效果 \ 第 13 章 \13.2.ai |
| | 视频文件 | 光盘 \ 视频 \ 第 13 章 \13.2 卡片设计——公司名片 .mp4 |

【操练＋视频】卡片设计——公司名片

## ◢ 13.2.1 制作名片轮廓效果

下面运用圆角矩形工具、锚点工具以及直接选择工具等制作名片的轮廓效果。

STEP 01 单击"文件"|"新建"命令，弹出"新建文档"对话框，设置"名称"为"公司名片"、

"宽度"为 297mm、"高度"为 210mm，如图 **13-23** 所示。

STEP 02 单击"确定"按钮，新建一个横向的空白文件，如图 **13-24** 所示。

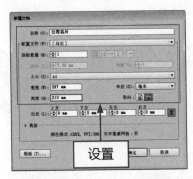

图 13-23 "新建文档"对话框

图 13-24 新建横向空白文件

STEP 03 选取工具面板中的圆角矩形工具，绘制一个"宽度"为 96mm、"高度"为 56mm、"圆角半径"为 10mm 的圆角矩形，如图 **13-25** 所示。

STEP 04 选取工具面板中的锚点工具，将鼠标指针移至圆角矩形右上角的锚点处，指针呈形状，如图 **13-26** 所示。

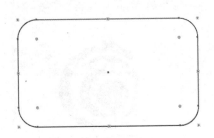

图 13-25 绘制圆角矩形

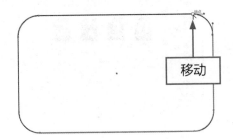

图 13-26 移动鼠标

STEP 05 单击鼠标左键，即可将该曲线锚点转换为直线锚点，如图 **13-27** 所示。

STEP 06 用同样的方法将另一个曲线锚点转换为直线锚点，如图 **13-28** 所示。

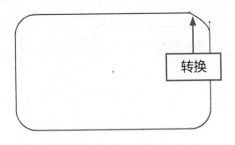

图 13-27 转换锚点

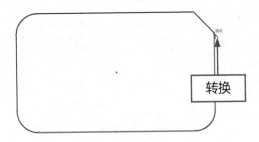

图 13-28 转换锚点

STEP 07 使用直接选择工具调整转换后的锚点位置，如图 **13-29** 所示。

STEP 08 参照步骤（4）～（7）的操作方法，将左下角的曲线锚点转换为直线锚点，并调整锚点位置，效果如图 **13-30** 所示。

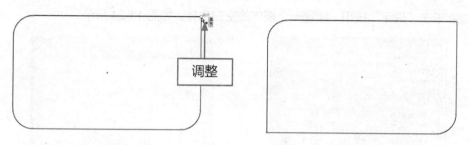

图 13-29　调整锚点位置　　　　　　　　　　　　　图 13-30　图像效果

## 13.2.2　制作名片细节效果

下面运用"置入"命令、文字工具以及添加素材等操作制作名片的细节效果。

**STEP 01** 单击"文件"｜"置入"命令，在弹出的"置入"对话框中选择需要置入的文件，如图 **13-31** 所示。

**STEP 02** 单击"置入"按钮，即可将文件置入到文档中，如图 **13-32** 所示。

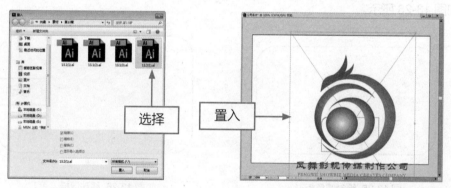

图 13-31　选择置入文件　　　　　　　　　　　　　图 13-32　置入企业标志

**STEP 03** 分别调整所置入图形的位置与大小，如图 **13-33** 所示。

**STEP 04** 单击控制面板中的"嵌入"按钮，即可添加素材图形，如图 **13-34** 所示。

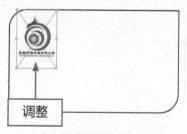

图 13-33　调整图形位置与大小

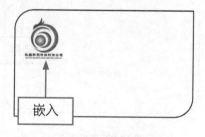

图 13-34　添加企业标志

**STEP 05** 选取工具面板中的文字工具T，在图像编辑窗口中的合适位置输入相应的文字，设置"字体"为"微软雅黑"、"字体大小"为 18pt、"填色"为黑色、"描边"为无，效果如图 **13-35**

所示。

STEP 06 单击"文件"|"打开"命令，打开一幅素材图像，并将其拖曳至当前文档窗口中的合适位置，如图 13-36 所示。

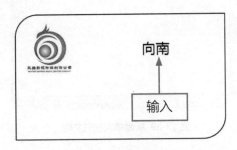
图 13-35 输入文字

图 13-36 添加名片信息素材

## ▶13.3 海报设计——玩具广告

本实例设计的是一款电动玩具车广告，整体设计以红色为主色调，尽显电动玩具车的档次，且极具视觉冲击力，实例效果如图 13-37 所示。

图 13-37 实例效果

下面介绍"海报设计——玩具广告"的操作方法。

| | | |
|---|---|---|
| 素材文件 | 光盘 \ 素材 \ 第 13 章 \13.3(1).ai、13.3(2).ai | |
| 效果文件 | 光盘 \ 效果 \ 第 13 章 \13.3.ai | |
| 视频文件 | 光盘 \ 视频 \ 第 13 章 \13.3 海报设计——玩具广告 .mp4 | |

【操练 + 视频】海报设计——玩具广告

### ▨ 13.3.1 制作广告背景效果

下面运用矩形工具与"渐变"面板制作出电动玩具车广告的背景效果。

STEP 01 单击"文件"|"新建"命令，弹出"新建文档"对话框，设置"名称"为"玩具广告"、"大小"为 A4、"取向"为横向◙，如图 13-38 所示。

STEP 02 单击"确定"按钮，新建一个横向的空白文件，如图 13-39 所示。

图 13-38 "新建文档"对话框

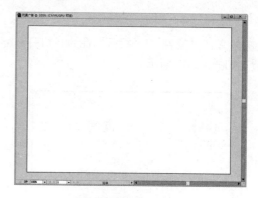

图 13-39 新建横向空白文件

**STEP 03** 选取工具面板中的矩形工具▣,绘制一个与页面相同大小的矩形,并设置"描边"为"无",如图 13-40 所示。

**STEP 04** 在"渐变"面板中设置"类型"为"径向",如图 13-41 所示。

图 13-40 绘制矩形

图 13-41 设置渐变类型

**STEP 05** 设置 0% 位置渐变滑块的"颜色"为红色(CMYK 颜色参考值分别为 11%、99%、99%、0%),如图 13-42 所示。

**STEP 06** 设置 100% 位置渐变滑块的"颜色"为暗红色(CMYK 颜色参考值分别为 50%、100%、100%、27%),如图 13-43 所示。

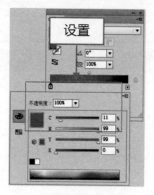

图 13-42 设置 CMYK 参数值

图 13-43 设置 CMYK 参数值

STEP 07 执行操作后，即可填充渐变色，效果如图 13-44 所示。

图 13-44 填充渐变色

## 13.3.2 添加商品广告图片

下面为玩具电动车广告添加商品素材图片，增强海报广告的视觉效果。

STEP 01 单击"文件"|"打开"命令，打开一幅素材图像，如图 13-45 所示。

STEP 02 将素材图像复制粘贴至当前工作窗口中，并调整其位置和大小，效果如图 13-46 所示。

图 13-45 打开素材图像

图 13-46 复制粘贴素材图像

STEP 03 单击"效果"|"风格化"|"投影"命令，弹出"投影"对话框，设置相应的选项，如图 13-47 所示。

STEP 04 单击"确定"按钮，即可为广告图片添加投影效果，如图 13-48 所示。

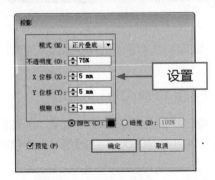

图 13-47 设置投影选项

图 13-48 添加投影效果

**STEP 05** 选取工具面板中的圆角矩形工具◙，在图像下方绘制一个圆角矩形，设置"填色"为白色，如图 13-49 所示。

**STEP 06** 在控制面板中设置"不透明度"为 80%，效果如图 13-50 所示。

图 13-49 绘制圆角矩形

图 13-50 设置图形不透明度

### 13.3.3 制作广告文字效果

下面主要运用文字工具、"创建轮廓"选项、"字符"面板等制作儿童玩具车广告的文字效果。

**STEP 01** 选取工具面板中的文字工具Ⓣ，在图像编辑窗口中的合适位置输入 shenyu，设置"字体"为"汉仪菱心体简"、"字体大小"为 40pt、"颜色"为红色（CMYK 颜色参考值分别为 0%、100%、100%、0%）、"描边"为白色、"描边粗细"为 3pt，效果如图 13-51 所示。

**STEP 02** 保持输入的文字为选中状态，单击鼠标右键，在弹出的快捷菜单中选择"创建轮廓"选项，将文字转换为轮廓，如图 13-52 所示。

图 13-51 输入并设置文字

图 13-52 将文字转换为轮廓

**STEP 03** 选取工具面板中的直接选择工具▷，选择轮廓文字中 Y 下面的两个锚点，如图 13-53 所示。

**STEP 04** 按键盘上的【←】键，调整锚点的位置，效果如图 13-54 所示。

**STEP 05** 选取工具面板中的文字工具Ⓣ，在图像编辑窗口中的合适位置输入文字"优雅和科技完美融合"，设置"字体"为"汉仪菱心体简"、"字体大小"为 50pt、"颜色"为白色、对齐方式为"居中对齐"，效果如图 13-55 所示。

**STEP 06** 展开"字符"面板，设置"行距"▲为 88pt，效果如图 13-56 所示。

图 13-53 选择两个锚点

图 13-54 调整锚点位置

图 13-55 输入并设置文字

图 13-56 设置文字效果

STEP 07 采用同样的方法，输入并设置另一段文字，设置"字体大小"为21pt，效果如图 13-57 所示。

STEP 08 单击"文件"|"打开"命令，打开一幅素材图像，将打开的素材图像复制粘贴至当前工作窗口中，并调整其位置，效果如图 13-58 所示。

图 13-57 输入其他文字

图 13-58 添加其他文字素材

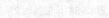